Die Technik des modernen Verkehrsflugzeuges

Klaus Hünecke

Die Technik des modernen Verkehrsflugzeuges

Einbandgestaltung: Ina Olenberg

Eine Haftung des Autors oder des Verlages
und seiner Beauftragten für Personen-, Sach-
und Vermögensschäden ist ausgeschlossen.

ISBN 3-613-01895-0

2. Auflage 2000
© Copyright (by Motorbuchverlag,
Postfach 10 37 43, 70 032 Stuttgart
Ein Unternehmen der
Paul Pietsch-Verlage GmbH + Co.

Lektoren: Anja Behrendt und Martin Benz M.A.
Layout und Satz: DOPPELPUNKT
    Auch und Grätzbach GbR, 71 229 Leonberg
Druck: Maisch & Queck, 70 839 Gerlingen
Bindung: K. Dieringer, 70 839 Gerlingen
Printed in Germany

Inhalt

Einleitung 8

**1 Die Entwicklung zum modernen
Verkehrsflugzeug** 10

**2 Einsatz und Betrieb von
Verkehrsflugzeugen** 21

2.1 Einteilung der Verkehrsflugzeuge 21
   2.1.1 Kurzstrecke 21
   2.1.2 Mittelstrecke 22
   2.1.3 Langstrecke 23
2.2 Wirtschaftlichkeit des Flugbetriebs 23
   2.2.1 Kosten des Flugbetriebs 23
   2.2.2 Flugprofil und Blockzeit 23
   2.2.3 Flugzeuge im Kostenvergleich 25
2.3 Beschaffung und Auswahl 25

3 Flugzeug-Entwurf 27

3.1 Bedeutung des Entwurfs 27
3.2 Phasen des Entwurfs 27
   3.2.1 Phasenvorlauf 27
   3.2.2 Vorbereitungsphase 28
   3.2.3 Durchführbarkeitsphase 28
   3.2.4 Konzeptphase 29
   3.2.5 Definitionsphase 29
   3.2.6 Entwicklungsphase 29
   3.2.7 Nutzungsphase 29
3.3 Zeitplan eines Projektes 30

4 Aerodynamik .32

**4.1 Abmessungen und Bezeichnungen
am Flugzeug** 32
   4.1.1 Bezugssystem 32
   4.1.2 Flügel 33

   4.1.3 Rumpf 36
   4.1.4 Höhenleitwerk 37
   4.1.5 Seitenleitwerk 37
4.2 Kräfte am Flügel 37
   4.2.1 Entstehung des Auftriebs 37
   4.2.2 Tragflügelprofil 38
   4.2.3 Profilströmung 39
   4.2.4 Druckbeiwert 39
   4.2.5 Widerstand und Grenzschicht 41
   4.2.6 Reynoldszahl 42
4.3 Aerodynamische Eigenschaften 44
   4.3.1 Aerodynamische Beiwerte 44
   4.3.2 Darstellung der aerodynamischen
       Eigenschaften 44
   4.3.2.1 Auftrieb 45
   4.3.2.2 Widerstand 47
   4.3.2.3 Längsmoment 50
   4.3.2.4 Gleitzahl .50
4.4 Aerodynamik des Tragflügels 50
   4.4.1 Überschall am Profil 50
   4.4.2 Entwicklungsschritte und Eigen-
       schaften transsonischer Profile 52
   4.4.3 Tragflügel-Entwurf 54
   4.4.3.1 Pfeilung .56
   4.4.3.2 Isobaren-Konzept 57
   4.4.3.3 Profilierung und Verwindung 58
4.5 Hochauftrieb 59
   4.5.1 Hinterkanten-Klappen 59
   4.5.2 Vorderkanten-Klappen 65
4.6 Aerodynamik der Leitwerke 67
   4.6.1 Aufgaben 67
   4.6.2 Höhenleitwerk 68
   4.6.3 Seitenleitwerk 69
4.7 Aerodynamik des Rumpfes 71
   4.7.1 Geometrie .71
   4.7.2 Strömungsfeld an Rumpf und Flügel 73
   Einfluß des Rumpfes auf den Flügel 73

Die Strömung am Rumpf 73
Sonstige Überlegungen zum Entwurf 74

5   Stabilität und Steuerbarkeit 75

5.1 Das Flugzeug im Luftraum 75
5.2 Begriffe zur Stabilität 77
5.3 Längsbewegung 77
    5.3.1 Statische Längsstabilität 78
    5.3.2 Neutralpunkt .81
    5.3.3 Schwerpunktlage und Längsstabilität 82
    5.3.4 Längssteuerbarkeit 83
    5.3.5 Einflüsse auf das Stabilitätsverhalten 84
    5.3.5.1 Manöverpunkt 84
    5.3.5.2 Einfluß der Machzahl 86
    5.3.6 Auslegung des Höhenleitwerks 88
    5.3.6.1 Hintere Schwerpunktlage 88
    5.3.6.2 Vordere Schwerpunktlage 89
    5.3.6.3 Vorgehensweise in der Praxis 90
5.4 Dynamische Längsbewegung 92
5.5 Seitenbewegung 93
    5.5.1 Richtungsstabilität 94
    5.5.2 Konfiguratorische Einflüsse 96
    5.5.3 Rollstabilität .97
    5.5.4 Konfiguratorische Einflüsse 98
    5.5.5 Steuerbarkeit der Seitenbewegung 101
    5.5.6 Einseitiger Triebwerkausfall 102
    5.5.7 Steuerbarkeit bei Triebwerkausfall .102
    5.5.8 Mindestgeschwindigkeit für
       Steuerbarkeit 103
5.6 Dynamische Seitenbewegung 105

6   Triebwerke 109

6.1 Wirkungsweise 109
6.2 Konstruktiver Aufbau 111
    6.2.1 Bläser-Abschnitt 111
    6.2.2 Verdichter 113
    6.2.3 Brennkammer 115
    6.2.3.1 Verbrennungsvorgang 115
    6.2.3.2 Umweltwirkung 116
    6.2.4 Turbine 117
    6.2.4.1 Aufbau und Wirkungsweise 118
    6.2.4.2 Kühlung 119
    6.2.5 Schubdüse .121
    6.2.6 Schub-Umkehr 121
    6.2.7 Einlauf 122
6.3 Triebwerk-Systeme 124
    6.3.1 Triebwerk-Regelsystem 125

6.3.2 Fadec-Regler im Airbus A320 125
6.3.3 Triebwerk-Bedienung 127
6.3.4 Anlaßvorgang 127
6.3.5 Cockpit-Anzeige 129
6.4 Triebwerk-Zellen-Integration 129
    6.4.1 Gondelströmung 130
    6.4.2 Wechselwirkung Flügel-Gondel . . .131

7   Baugruppen und Gewichte 134

7.1 Hauptgruppen 134
    7.1.1 Struktur 135
    7.1.2 Antriebs-Anlage 135
    7.1.3 Standard-Ausrüstung 136
    7.1.4 Sonderausrüstung 136
    7.1.5 Bewegliche Einsatz-Ausrüstung . . .136
    7.1.6 Besatzung und Dienstlast 136
    7.1.7 Nutzlast 136
    7.1.8 Kraftstoff 137
7.2 Massen- und Gewichtsdefinitionen 137
7.3 Nutzlast und Reichweite 139

8   Cockpit und Instrumentierung 140

8.1 Die Pilotenkanzel der A320 140
8.2 Elektronisches Instrumentensystem 141
8.3 Elektrische Flugsteuerung 142

9   Flugleistung 144

9.1 Elemente der Flugleistung 145
9.2 Kräfte am Flugzeug 147
9.3 Unbeschleunigter Horizontalflug 148
    9.3.1 Erforderlicher Schub 148
    9.3.2 Verfügbarer Schub 150
    9.3.3 Flugdauer und Reichweite 154
9.4 Steigflug 155
9.5 Sinkflug 157
9.6 Start 157
    9.6.1 Startablauf und Geschwindigkeiten 158
    9.6.2 Strecken beim Start 161
    9.6.2.1 Startstrecke 162
    9.6.2.2 Startabbruchstrecke 162
    9.6.2.3 Optimierte Startstrecke bei
       Triebwerausfall (BFL) 163
    9.6.3 Startsegmente und Steigforderungen164
    9.6.4 Einflüsse auf das Startverhalten . . .166
    9.6.4.1 Flugzeugseitige Faktoren 166
    9.6.4.2 Startbahnseitige Faktoren 168

9.6.4.3 Meteorologische Einflüsse 168
9.6.4.4 Eigenschaften des Antriebssystems169
9.7 Landung 170
9.7.1 Vorschriften und Definitionen 171
9.7.2 Lande-Steigforderungen 171
9.7.3 Sonstige Landeforderungen 173

10 Belastung der Struktur 174

10.1 Festigkeit der Flugzeugzelle 174
10.1.1 Statische Festigkeit 174
10.1.2 Lebensdauer 175
10.1.2.1 Ermüdung des Werkstoffs 175
10.1.2.2 Zeitbelastung 176
10.1.3 Aeroelastische Einflüsse 176
10.1.3.1 Flattern 178
10.1.3.2 Ruder-Umkehr 179
10.2 Grenzen des Flugbereichs 180
10.2.1 Beanspruchung der Zelle 180
10.2.2 Manöverlasten 181
10.2.3 Böenlasten 183
10.2.4 V-n-Diagramm 184

11 Das Verkehrsflugzeug von morgen 187

11.1 Aerodynamik 187
11.2 Neue Werkstoffe und Bauweisen 188
11.3 Antriebstechnik 190
11.4 Neuartige Steuerkonzepte 191
11.4.1 Manöverlast-Regelung 191
11.4.2 Böenlast-Abminderung 192
11.4.3 Aktive Flatterdämpfung 192
11.5 Großflugzeuge der Superlative 192

Schlußbemerkung 194

Was bringt die Zukunft? 195

Ein Wort des Dankes 196

Anhang 197

Literatur 200

Sachregister 202

Einleitung

Nahezu alles, was mit dem Flugzeug zusammen hängt, ist »Technik«. Kaum ein anderes Produkt wird in der öffentlichen Meinung so sehr mit dem Begriff »Technik« gleichgesetzt wie das Flugzeug. Dies mag dadurch erklärbar sein, daß erst durch die Technik der uralte Menschheitstraum vom Fliegen in Erfüllung ging.

Wenn wir heute das Flugzeug als selbstverständliches Reisemittel benutzen – sei es, um in den Urlaub zu fliegen oder geschäftlich schnell an jeden Ort der Erde zu gelangen –, wird uns kaum noch bewußt, daß erst wenige Jahrzehnte vergangen sind, da das Fliegen noch ein Abenteuer war, mit manchmal ungewissem Ausgang. Selbst das Ende des Luftverkehrs mit kolbengetriebenen Flugzeugen in den sechziger Jahren erscheint uns heute schon als ferne Vergangenheit – so sehr haben wir uns an den Transport mit schnellen »Düsenflugzeugen« gewöhnt.

Wie so oft in der Vergangenheit, bildete auch bei den strahlgetriebenen Verkehrsflugzeugen die militärische Entwicklung die Grundlage für eine zivile Anwendung größter Tragweite, von der noch Generationen nach uns profitieren werden. Als mit der Lockheed Super-Constellation in den sechziger Jahren die Ära der Verkehrsflugzeuge mit Kolbentriebwerken zu Ende ging, hatte der Strahlantrieb auch im zivilen Luftverkehr seinen Siegeszug längst angetreten. Die Einführung der britischen »Comet«, das erste Verkehrsflugzeug mit Strahlantrieb, verdoppelte schlagartig die Reisegeschwindigkeiten und halbierte die Reisezeiten. Doch der Preis dieser neuen Technologie war hoch: durch Material-Ermüdung zerbarsten einige Flugzeuge buchstäblich in der Luft. Die Industrie gab jedoch nicht auf und behob die Mängel.

Der zweite Technologieschub, der die Entwicklung des heutigen Unterschall-Verkehrsflugzeugs maßgeblich beeinflußte, war die Einführung des Pfeilflügels bei der »Boeing-707«. Strahlantrieb und Pfeilflügel – das waren die bestimmenden Merkmale, die den Luftverkehr revolutioniert haben und ihn bis auf den heutigen Tag prägen.

Galten anfangs Flugzeuge mit 50 Passagieren als groß, besitzen heutige Verkehrsflugzeuge mit der Boeing 747 Transport-Kapazitäten von über 400 Passagieren, und schon bald können es 1000 sein. Solche Dimensionen verlangen auf industrieller Seite Entwicklungsarbeiten großen Ausmaßes.

Der Entstehungsgang jedes Verkehrsflugzeugs beginnt üblicherweise mit einem Katalog von Forderungen, von denen Reichweite und Passagierkapazität die wichtigsten sind. Hinsichtlich der Reichweite erfolgt eine Einteilung nach Kurz-, Mittel- und Langstrecke, hinsichtlich der Passagierkabine nach Großraum- und Standardrumpf.

Die gestellten Forderungen muß der *Flugzeug-Entwurf* erfüllen. Entwurf bedeutet, daß die gestellte Aufgabe technisch und wirtschaftlich zu einem bestmöglichen Flugzeug führt.

Eine zentrale Stellung im Flugzeug-Entwurf nimmt die *Aerodynamik* ein, die als Sondergebiet der Strömungsphysik die am Flugzeug wirkenden Luftkräfte, wie Auftrieb und Widerstand, sowie deren Auswirkung auf die Gestaltung von Flügel, Rumpf und Leitwerk bestimmt.

Das Verhalten des Flugzeugs äußert sich in seinen *Flug-Eigenschaften*. Diese werden zwar durch die Aerodynamik maßgeblich bestimmt, aber ihre Beschreibung ist Aufgabe der *Flugmechanik*. Die von der Aerodynamik ermittelten Daten dienen der Flugmechanik zur Bestimmung von

Stabilität und Steuerbarkeit, den wichtigsten Flug-Eigenschaften überhaupt.

Die Leistungen moderner Verkehrsflugzeuge wären jedoch undenkbar ohne entsprechende Fortschritte in der Antriebstechnik. Grundsätzlich kommen bei allen Verkehrsflugzeugen *Triebwerke* mit hohem Nebenstrom-Verhältnis zum Einsatz, die den geforderten Schub bei akzeptablem Verbrauch liefern. Besonders auffällig ist die enorme Betriebssicherheit, die den Einsatz von zweistrahligen Flugzeugen auch auf der Langstrecke möglich gemacht hat.

Von größter Bedeutung ist das *Gewicht* des Flugzeugs, weil hierdurch die Erfüllung der Leistungsforderungen maßgeblich beeinflußt wird. Eine rigorose Gewichtsüberwachung muß das Erreichen der angestrebten Entwurfsziele von Anfang an sicherstellen.

Flugzeugzelle und Triebwerke sind die äußeren Attribute eines Verkehrsflugzeugs, die sein Erscheinungsbild prägen und denen man ihre Funktion gewissermaßen ansieht. Daneben existieren innerhalb des Flugzeugs zahlreiche »schwarze Kästen«, deren Funktion äußerlich nicht erkennbar ist und die dennoch für die Durchführung der Flugaufgabe von entscheidender Bedeutung sind. Die Entwicklung der *Elektronik* führte dazu, daß der Pilot nicht mehr unmittelbar auf die verschiedenen Steuerorgane wie Leitwerk, Klappen und Ruder Einfluß nimmt, sondern über elektronische Rechner und elektrische Systeme. Diese erleichtern die Arbeit und erhöhen die Sicherheit.

Die Nahtstelle zwischen Mensch und Technik ist das *Cockpit*, das bei modernen Verkehrsflugzeugen für eine Zwei-Mann-Bedienung ausgelegt wird. Das Cockpit ist derjenige Bereich, wo in den letzten Jahren die größten Veränderungen stattgefunden haben.

Die Summe aller zum Einsatz gelangenden Technologien schlägt sich in der *Flugleistung* nieder. Die Flugleistung beantwortet die Frage, was das Flugzeug hinsichtlich Reichweite, Reisegeschwindigkeit, Steigvermögen, Start und Landung kann.

Auch wenn Verkehrsflugzeuge heute einen hohen technischen Leistungsstand erreicht haben, ist ihre Entwicklung keineswegs abgeschlossen. Im Gegenteil: die Überlastung des Luftraums verlangt nach neuen Konzepten der Flugführung, aber auch nach Flugzeugen mit größerer Wirtschaftlichkeit; die Forderung nach sauberer Umwelt verlangt vom Triebwerkbau Lösungen für eine schadstoffarme Verbrennung bei gleichzeitiger Reduzierung des Lärmpegels; die erwartete Zunahme des Luftverkehrs verlangt Flugzeuge mit größerer Kapazität als selbst die größten Flugzeuge heute aufweisen; die hohen Kosten verlangen hochautomatisierte Fertigungsverfahren.

Mit diesem kurzen Überblick sollten Aufbau und Inhalt des vorliegenden Buches umrissen werden. Die gewählten Themen beschreiben den neuesten Stand der Technik. Die Darstellung ist verständlich gehalten und so gewählt, daß Vorkenntnisse kaum erforderlich sind.

Zahlenangaben erfolgen grundsätzlich im Internationalen Einheitensystem (SI-System), jedoch wird mitunter das Technische Einheitensystem zusätzlich angeführt. Wegen der großen Bedeutung der englischen Sprache wurde hinter zahlreiche Ausdrücke die englische Bezeichnung gesetzt. Größter Wert wurde auf Anschaulichkeit gelegt (wovon man sich leicht überzeugt) – angesichts der Komplexität der Materie besonders wichtig.

Das vorliegende Buch ist in unmittelbarer Nähe zur Praxis entstanden und wurde geschrieben für alle, die am Modernsten interessiert sind, was die Technik gegenwärtig zu bieten hat. Es wendet sich insbesondere an Leser, die sich einen fundierten Überblick über die Technik des modernen Verkehrsflugzeuges verschaffen wollen oder dies aus beruflichen Gründen tun müssen: Ingenieure in der Praxis, Schüler auf der Suche nach einem Berufsweg, Studenten der verschiedensten technischen Disziplinen. Auch für Weiterbildung und Schulung kann dieses Buch hilfreich sein.

1

Die Entwicklung zum modernen Verkehrsflugzeug

Wenn wir heute mit dem Flugzeug reisen, stört uns als Fluggast am ehesten die lange Anfahrzeit zum Flughafen, Verspätung durch überfüllte Luftstraßen, Warten auf das Gepäck. Am Flug selbst mißfällt uns allenfalls der Service an Bord, die ungenügende Auswahl an kostenlosen Zeitungen und Illustrierten, der mangelnde Sitzkomfort. Kein Gedanke an die technische Sicherheit beim Fliegen – dies ist selbstverständlicher Standard.

Und doch sind erst wenige Jahrzehnte vergangen, seit das strahlgetriebene Verkehrsflugzeug aus ersten Anfängen emporstieg. Wie so oft in der Vergangenheit, war auch in diesem Fall die militärische Entwicklung Grundlage für eine zivile Anwendung größter Tragweite, von der noch Generationen nach uns profitieren werden. Mit den ersten Einsätzen strahlgetriebener Kampfflugzeuge (der Messerschmitt Me-262) wurde deutlich, daß der Kolbenmotor als klassischer Flugzeugantrieb langfristig ausgedient hatte. Damit war der Weg frei für einen gewaltigen Geschwindigkeitssprung, der anfänglich allerdings auf Militärflugzeuge beschränkt blieb. Doch es war nur eine Frage der Zeit, wann der zivile Flugzeugbau ebenfalls von der neuen Technologie profitieren würde.

Bis in die fünfziger Jahre mußte sich die Verkehrsfliegerei noch mit alter Technologie begnügen: konventionelle Kolbentriebwerke, ungenügende Reichweite, Lärm innen und außen. Dennoch wurde all dies von den Passagieren akzeptiert, galt doch das Fliegen als Privileg, das nur wenigen zuteil wurde. Der Höhepunkt dieser Entwicklung war die amerikanische Lockheed »Super-Constellation«, ein Meisterstück eleganter Linienführung und zugleich das Ende einer Epoche (**Abb.1-1**).

1-1 Lockheed Super Constellation mit vier Kolbentriebwerken – Ende einer Ära

1-2 DeHavilland Comet 1 – das erste Verkehrsflugzeug mit Strahlantrieb

Die »Super-Constellation« (und die verbesserte Version L-1649 Super-Star) war das leistungsfähigste Langstreckenflugzeug der damaligen Zeit, konnte 86 Passagiere 8000 km weit befördern, war aber bei einer Reisegeschwindigkeit von 500 km/h lange in der Luft. Mit ihrer Ausmusterung 1967 war auch bei der deutschen Lufthansa das Zeitalter der Kolbenflugzeuge zu Ende. Der Strahlantrieb hatte seine Überlegenheit bewiesen.

Die Ursache hierfür lag gerade zwanzig Jahre zurück. Der damalige britische Flugzeughersteller »de Havilland« hatte 1946 unter großer Geheimhaltung mit den Arbeiten an seinem Projekt D.H.106, einem strahlgetriebenen Verkehrsflugzeug, begonnen. Erst beim »Roll-out« im April 1949 wurde das Flugzeug unter dem Namen »Comet« der Öffentlichkeit vorgestellt (**Abb.1-2**). Der Erstflug im Juli 1949 fand wieder im geheimen statt, um den technologischen Vorsprung gegenüber der US-amerikanischen Luftfahrt-Industrie nicht zu gefährden.

Die »Comet« benötigte ganze drei Jahre zwischen Reißbrett und Erstflug und nochmals drei Jahre für die Musterzulassung 1952. Mit ihrer Indienststellung bei der britischen Fluggesellschaft BOAC wurde die Reisegeschwindigkeit schlagartig verdoppelt, die Reisezeit halbiert – ein unschlagbarer Wettbewerbsvorsprung auf der Langstrecke.

Die »Comet« war auch auf anderen Gebieten revolutionär: neuartig die Flugsteuerung mit hydraulischer Kraftverstärkung, die Anwendung der Klebetechnik im Zellenbau, der Flügelkasten als Tank, die Nutzung von Verdichterluft für Druckkabine und Enteisung, Luftbremsen – alles Merkmale, die für den heutigen Flugzeugbau selbstverständlich sind. Damals aber waren sie technisches Neuland.

1954 folgte die Katastrophe. Nach jeweils 1000 Flügen zerbarsten zwei Flugzeuge in großer Höhe und stürzten ab – keine Überlebenden. Als Ursache wurde Material-Ermüdung an einem Blechausschnitt festgestellt. Die ohnehin höheren Spannungen, die stets an den Ecken von Blechausschnitten auftreten, führten zu einer Schwächung der unter Überdruck stehenden Passagierkabine und zu einem explosionsartigen Zerbersten des Rumpfes.

Daß ein Werkstoff unter Dauerbelastung ermüdet, war bekannt. Deshalb wurde ein abgedichteter »Comet«-Rumpf lange vor dem Erstflug unter Wasser so oft aufgepumpt und wieder entlastet, bis ein Versagen durch Ermüdung eintrat – nach 16.000 Lastwechseln, was ebenso vielen Flügen entsprach. Trotzdem passierten die beiden Unfälle nach nur 1000 Flügen. Später versagte ein weiterer Testrumpf im Wassertank bereits nach 3000 Lastwechseln. Damit war klar, daß die bisherigen Kenntnisse über Werkstoffe und Bauweisen das Problem nicht lösen konnten.

Die Ursachenforschung führte zu einem vollständigen Umdenken im Bereich der Leichtbau-Konstruktionen. Die Dauerfestigkeit einer Konstruktion wurde nun genau so hoch bewertet wie die Bruchfestigkeit, die bislang als wichtigstes Kriterium galt. In jener Zeit entstand der Begriff »failsafe«: eine Konstruktion wird so ausgeführt, daß örtlich zwar ein Riß von begrenzter Länge auftreten darf (engl.: fail), daß dann aber die Last um die Schadenstelle herumgeleitet und von der Nachbarkonstruktion sicher aufgefangen wird (engl.: safe).

Eine ganze Reihe von Werkstoff-Prüfverfahren, die heute zum selbstverständlichen Handwerkszeug der gesamten metallverarbeitenden Industrie gehören, geht auf die Untersuchungen an der »Comet« zurück, beispielsweise die zerstörungsfreie Materialuntersuchung mit Röntgenstrahlen, Wirbelstrom und Ultraschall.

Die Erschaffung des ersten Strahlverkehrsflugzeugs der Welt gilt als eine der herausragendsten Ingenieurleistungen, auch wenn durch die spektakulären Unfälle ein Schatten auf die technische Glanzleistung ihrer Erbauer fiel. Die Opfer waren der Preis, den der Pioniergeist des Menschen so häufig fordert.

Nach Behebung ihrer Schwächen wurde aus der »Comet 1« die »Comet 4«, die bei zwölf Gesellschaften zwanzig Jahre lang problemlos ihren Dienst versah und noch heute bei der britischen Luftwaffe in einer abgewandelten Version fliegt.

Der zweite Technologie-Schub, der die Entwicklung des heutigen strahlgetriebenen Unterschall-Verkehrsflugzeuges maßgeblich beeinflußte, ging von Boeing in den USA aus. Nach den Bombern B-17 und B-29 aus dem 2. Weltkrieg, die noch mit Kolbentriebwerken ausgerüstet waren,

1-3 Bomber B-47 : Boeing's Technologieträger für zivile Verkehrsflugzeuge

besaß Boeing mit dem sechsstrahligen Bomber B-47 (Erstflug 1947) ein völlig neuartiges Konzept, das größte technische und politische Bedeutung erlangen sollte (**Abb.1-3**).

Das Neuartige an der B-47 war neben dem Strahlantrieb ein Tragflügel mit Pfeilung (im Gegensatz zu den ungepfeilten Flügeln bisheriger Verkehrsflugzeuge einschließlich der »Comet«). Die Triebwerke waren an Gondelstielen, sog. Pylonen, unter dem Flügel aufgehängt – genau wie heute. Der Vorteil dieser Anordnung: die schweren Triebwerke werden dort getragen, wo auch der Auftrieb entsteht. Dadurch wird das Biegemoment an der Flügelwurzel (wo der Flügel mit dem Rumpf verschraubt ist) geringer, die Flügelstruktur wird leichter. Gleichzeitig wirken die Triebwerke bei dieser Anordnung (vor der Biegeachse des Flügels) als Massenausgleich dämpfend auf Flatterschwingungen, die zum Bruch des Flügels führen können (s. Kap. 10). Vorteile ergeben sich auch bei der Wartung, da die Triebwerke gut zugänglich sind.

Der Flügel der B-47 war relativ dünn und extrem biegsam. Der zentrale Träger war (wie im heutigen Flugzeugbau) ein Torsionskasten, dessen Ober- und Untergurtbleche von 16 Millimeter Wandstärke an der Flügelwurzel auf 5 Millimeter an der Spitze abnahmen.

Die B-47 konnte höher und schneller fliegen als alle vergleichbaren Flugzeuge ihrer Zeit. Das Flugzeug litt jedoch unter dem flugmechanischen Problem der »Dutch roll«; das sind kombinierte Roll- und Gierschwingungen, die sich immer stärker aufschaukeln und zum Bruch der Zelle durch Überbeanspruchung führen können (s. Kap. 5). Als Gegenmaßnahme kam bei der B-47 erstmals ein Gierdämpfer zum Einsatz, der die Schwingungen durch kontinuierliches Verstellen des Seitenruders dämpft. Derartige Gierdämpfer befinden sich heute in sämtlichen Verkehrsflugzeugen.

Kein Flugzeug der damaligen Zeit besaß so viele technische Neuerungen wie die B-47. Dieses Flugzeug bildete über Jahre das Rückgrat der strategischen Bomberflotte der USA, bis seine Ablösung durch den B-52-Bomber erfolgte, der noch heute fliegt. Technisch war die B-52 aber nur eine Weiterentwicklung der B-47.

Längst gehört die B-47 der Vergangenheit an, aber die Erfahrungen mit diesem Flugzeug dienten Boeing als Grundlage für den Einstieg in den strahlgetriebenen zivilen Luftverkehr. Nachdem die Fluggesellschaften zu Beginn der fünfziger Jahre trotz intensiver Bemühungen nicht für den Strahlantrieb zu begeistern waren, entschloß sich Boeing 1952 mit eigenen Mitteln zum Bau eines Prototyps, der unter der Bezeichnung »Model 367-80« im Jahre 1954 erstmals flog und später als »Boeing-707« Luftfahrtgeschichte schreiben sollte.

Nunmehr ließen sich die Fluggesellschaften vom Konzept eines strahlgetriebenen Verkehrsflugzeugs überzeugen. Die Auslieferungen der 707 begannen 1958 mit dem ersten Serienflugzeug an die Fluggesellschaft Pan Am. 1960 erhielt auch die deutsche Lufthansa dieses Flugzeug, das als »Boeing 707-430 Intercontinental« mit Rolls-Royce-Triebwerken ausgerüstet war (**Abb.1-4**). New York und Chicago konnten damit »non-stop« von Frankfurt aus erreicht werden. Der Strahlantrieb eroberte sich seinen Platz so schnell, daß die Lufthansa im Jahre 1961 bereits 75 Prozent ihrer Beförderungskapazität im reinen Strahlverkehr anbieten konnte.

Indessen verlangten die Gesellschaften auch ein Flugzeug für Mittel- und Kurzstrecken, für die sich die 707 als Langstreckenflugzeug nicht eignete. Boeing antwortete darauf mit der 720, die

1-4 Langstrecken-Verkehrsflugzeug Boeing 707

aus der 707 abgeleitet wurde und äußerlich von ihr kaum zu unterscheiden war. Die 720 hatte einen etwas anderen Flügel und einen kürzeren Rumpf, der 124 Passagiere (einschließlich der ersten Klasse) oder 165 Passagiere der Touristenklasse aufnehmen konnte. Das erste Serienflugzeug ging 1961 an American Airlines.

Mit dem 707-Programm geriet Boeing jedoch bald in finanzielle Bedrängnis, weil die Firma den vielseitigen Kundenwünschen durch immer neue Varianten zu entsprechen suchte. Innerhalb der ersten zwei Jahre konnte man beim Kauf einer 707 wählen zwischen zwei verschiedenen Flügeln, drei verschiedenen Rumpflängen und drei verschiedenen Triebwerkherstellern. Schon die Entwicklung eines einzigen Tragflügels verschlingt ein Vermögen. So kam es, daß die 707 zum Ende des Jahres 1959 bei einem Stückpreis von 5.8 Millionen Dollar einen Verlust von 200 Millionen Dollar »erwirtschaftete«, was dem gesamten damaligen Betriebskapital von Boeing entsprach. Lediglich die Erlöse aus dem militärischen Flugzeugbau verhinderten den Zusammenbruch der Firma.

Für den Kurzstreckenverkehr erwies sich die 720 dennoch als zu groß und zu teuer. Die amerikanischen Gesellschaften verlangten ein billigeres Flugzeug mit einer Kapazität von 125 bis 150 Passagieren. So wurde aus der 707 die 727 abgeleitet (**Abb. 1-5**). Boeing hatte erkannt, daß für Erfolg oder Mißerfolg eines Projektes fünf entwurfsbestimmende Größen maßgeblich sind:
–   Anzahl der Triebwerke (Betriebskosten)
–   Größe der Flügelpfeilung (Reiseflug-
    Geschwindigkeit)
–   moderne Flugsteuerung
–   Kurzstart-Fähigkeit
–   hohe Steig- und Sinkgeschwindigkeit (Lärm).

Schon immer waren es die Leistungsforderungen der großen Luftverkehrsgesellschaften, die einen Entwurf maßgeblich beeinflußten, im Fall der 727 die beiden US-amerikanischen Fluggesellschaften Eastern Airlines und United Airlines.

Die vordringliche Forderung von Eastern betraf die Fähigkeit, mit maximalem Gewicht auf einer Piste von 600 m landen zu können. Dies traf für den LaGuardia-Flughafen in New York zu. Um die Betriebskosten niedrig zu halten, sollte das Flugzeug nur zwei Triebwerke haben.

Die Forderungen von United betrafen die spezifischen Bedingungen eines Flughafens mit heißem Klima und großer geographischer Höhe (»hot and high«). Diese Bedingungen existieren am Hauptquartier von United in Denver (Colorado), wo sämtliche Routen zusammenlaufen. Aus Sicherheitsgründen verlangte United ein Flugzeug mit vier Triebwerken.

Die Forderung nach Kurzstart-Fähigkeit löste Boeing mit einem Klappensystem aus Dreifach-Spaltklappen, deren Auftriebsbeiwerte bis heute nicht wieder erreicht wurden (**Abb.1-6**). Als guter Kompromiß erwies sich auch die Anordnung von drei Triebwerken im Heckbereich, was zu akzeptablen Betriebskosten und ausreichender Sicherheit bei Triebwerkausfall führte. Als Triebwerk wählte Boeing das JT8D von Pratt & Witney, das aus dem militärischen J52-Triebwerk (eingebaut in den Marine-Kampfflugzeugen A-4 Skyhawk und A-6 Intruder) durch Hinzufügen eines zweiten Kreises abgeleitet wurde.

Allerdings wollte sich Boeing – abgeschreckt durch die hohen Kosten des 707-Programms –

1-5 Boeing 727-100 für Mittel- und Kurzstrecken

nur bei einer genügenden Anzahl von Vorbestellungen auf eine Produktion der 727 einlassen. Erst einen Tag vor dem kritischen Entscheidungstermin, am 30. November 1960, konnten jeweils 40 Festbestellungen der beiden entscheidenden Fluggesellschaften verbucht werden, woraufhin am 5. Dezember 1960 das »Go-ahead« für ein

1-6 Dreifach-Spaltklappen der Boeing 727 für gute Langsamflug-Eigenschaften

Flugzeug erteilt wurde, das in der Zivilluftfahrt einen ungeahnten Erfolg erzielen sollte.

1964 stellte die Fluggesellschaft United Airlines die erste »727-100« mit einer Kapazität von 94 Passagieren und einem Abfluggewicht von 69 Tonnen in Dienst. Die weiterentwickelte »727-200« konnte sogar 189 Passagiere aufnehmen, allerdings zu Lasten der Reichweite. Erst mit der »Advanced 727-200«, die zugleich eine optische »Aufmöbelung« der Passagierkabine erfuhr und den Eindruck eines Großraumjets vermittelte, wurde dieser Nachteil wieder behoben. Zwischen 1975 und 1978 verkaufte sich die 727 so gut, daß der Hauptanteil des Firmengewinns allein von diesem Flugzeug erbracht wurde.

Die 727 war nicht das einzige Flugzeug dieser Klasse auf dem Markt. Das Konzept mit drei Triebwerken in Heckanordnung stammt ursprünglich von der britischen »Trident«, die trotz ihres guten aerodynamischen Standards kein Erfolg wurde, weil sie ausschließlich für die britische Fluggesellschaft BEA konzipiert war. Der Markt verlangte inzwischen eine geräumige Passagierkabine mit ausreichender Höhe und sechs Sitzen pro Reihe – die »Trident« besaß nur fünf. Dieser Punkt (und der sehr kleine Rumpfdurchmesser) verhinderten, daß das Flugzeug auf dem lukrativen US-amerikanischen Markt Fuß fassen konnte. Hinzu kam eine lange Entwicklungszeit von sechs Jahren, die von der Konkurrenz genutzt wurde. In der Flugzeugbranche gilt, daß der Erstanbieter stets die größeren Verkaufserfolge erzielt.

Ebenfalls in Konkurrenz zur 727 standen die französische »Caravelle«, die britische BAC-111 und die amerikanische DC-9, alle mit Triebwerken in Heckanordnung. Allein die DC-9 kam mit 976 verkauften Flugzeugen auf eine beachtliche Stückzahl, mit ihren Varianten der MD-80 und MD-90-Familie bis Ende 1997 sogar auf 2197 Auslieferungen und 2275 Bestellungen – trotz fünf Sitzen pro Reihe (mitunter ist der Markt zu Konzessionen bereit, wenn Kaufpreis und Betriebskosten günstig sind).

Im August 1984 wurde die letzte Boeing-727F, eine Frachtmaschine, an die Gesellschaft »Federal Express« ausgeliefert. Das Konzept der 727 hatte sich durch den technischen Fortschritt und die Forderung nach größerer Wirtschaftlichkeit überlebt: drei Triebwerke und drei Mann Besatzung

wurden für die Mittelstrecke zu teuer. Überdies waren die Triebwerke zu laut – eine Folge des niedrigen Nebenstrom-Verhältnisses. Insgesamt wurden 1832 Flugzeuge dieses Typs gebaut, ein Erfolg, der bis zu diesem Zeitpunkt von keinem anderen strahlgetriebenen Verkehrsflugzeug erreicht wurde.

Neben der dreistrahligen 727 arbeitete Boeing an einem zweistrahligen Flugzeug, das vorzugsweise für die Kurzstrecke gedacht war. Zur Kostensenkung sollten möglichst viele Baugruppen und Vorrichtungen der in Produktion stehenden 727 übernommen oder mitbenutzt werden. Zwei getrennte Entwurfs-Teams erarbeiteten unabhängig voneinander zwei unterschiedliche Konzepte, die die geforderten Bedingungen erfüllten: eines

1-7 Klassischer Kurzstrecken-Jet: Boeing 737

mit Heck-Triebwerken, das andere mit Unterflügel-Triebwerken. Das Flugzeug mit Unterflügel-Triebwerken bot bei gleicher Reichweite sechs zusätzliche Passagiersitze. Damit war die »Boeing-737« geboren, die den Erfolg der 727 noch übertreffen sollte (**Abb.1-7**). Die erste Auslieferung der Grundversion mit der Typenbezeichnung »737-100«, von der nur 37 Stück gebaut wurden, erfolgte 1967; zur eigentlichen Standardversion wurde jedoch die nur unwesentlich veränderte »737-200«, von der die letzte Maschine im August 1988 ausgeliefert wurde. Insgesamt wurden von diesen beiden Versionen in zwanzig Produktionsjahren 1144 Flugzeuge gebaut.

Ergänzend zur »737-200« brachte Boeing im Jahre 1984 die »737-300« heraus, mit verbesserten, leiseren Triebwerke (das CFM56 von General Electric) und einem verlängerten Rumpf. Je nach Bestuhlung können 120 bis 149 Passagiere befördert werden. Ansonsten wurde der bewährte technologische Standard beibehalten, so daß die »-300« als Weiterentwicklung eines bestehenden

1-8 Lockheed C-5A »Galaxy« : Vorläufer der zivilen Großraum-Flugzeuge

Flugzeugs gilt (nämlich der »-200«), was die Zulassung beträchtlich erleichtert. Auf die gleiche Weise entwickelte Boeing aus der »-300« die größere »-400« für 135 bis 172 Passagiere und die kleinere »-500« für 100 bis 132 Passagiere, im wesentlichen durch Hinzufügen bzw. Entfernen von Rumpfsektionen und ansonsten minimalen Änderungen, vor allem im Cockpitbereich. Mit über 3884 bestellten Exemplaren, von den bis Ende 1997 2975 Flugzeuge ausgeliefert waren, hat sich die 737 mit all ihren Varianten als das bisher meistverkaufte strahlgetriebene Verkehrsflugzeug erwiesen. Auch wenn die 737 im wesentlichen den aerodynamischen Standard der sechziger Jahre darstellt, sorgen ein günstiger Kaufpreis und akzeptable Betriebskosten dafür, daß das Flugzeug auch weiterhin auf der Kurzstrecke einen großen Marktanteil hält – zumal die »737-300« mit einer Reichweite von 4000 km mehr als nur ein Kurzstreckenflugzeug ist.

Seine größten Impulse hat der Verkehrsflugzeugbau stets aus den zwei bedeutendsten Fachgebieten der Flugtechnik bezogen, der Aerodynamik und der Antriebstechnik. Daß hierbei bis in die siebziger Jahre die militärische Forschung für den

zivilen Flugzeugbau genutzt werden konnte, kann als Glücksfall angesehen werden. Ein solcher Glücksfall war auch die Entwicklung der Hoch-Bypass-Triebwerke, die ursprünglich für militärische Großraum-Transporter gedacht waren und letztlich zu einer völlig neuen Flugzeug-Kategorie geführt haben, dem »Jumbo-Jet«.

Auslöser für den Bau eines solchen Großraum-Flugzeugs war eine Ausschreibung der US-Luftwaffe für einen Schwerlast-Transporter mit der Fähigkeit, 750 ausgerüstete Soldaten zu befördern. Um diesen Auftrag bewarben sich die Firmen Boeing, McDonnel-Douglas und Lockheed als Flugzeug-Hersteller sowie General Electric und Pratt & Whitney als Triebwerk-Hersteller. Im Jahre 1965 erhielt Lockheed den Zuschlag für seine C-5A »Galaxy«, die durch vier Hochbypass-Triebwerke TF-39 von General Electric mit je 18.5 Tonnen Schub angetrieben wurde (**Abb.1-8**).

1-9 Boeing 747-400: der Jumbojet

Für Boeing bedeutete der Verlust des Auftrags zwar einen herben Rückschlag, doch wurde bereits während der Ausschreibungsphase bei den Luftverkehrsgesellschaften angefragt, ob Interesse für ein Langstreckenflugzeug besteht, mit dem sich 375 Passagiere befördern ließen – doppelt so viele wie mit bisherigen Flugzeugen. Zudem versprach die Verwendung von Hochbypass-Triebwerken wie bei der C-5 eine Verringerung des spezifischen Kraftstoffverbrauchs um 25 Prozent, was zu einer fühlbaren Steigerung der Reichweite führen würde. Trotz der Größe des Flugzeugs sollte durch neuentwickelte Hochauftriebshilfen der Start von existierenden Bahnen möglich sein.

Nachdem die Fluggesellschaft Pan American im Jahre 1966 25 Großraumflugzeuge zum Stückpreis von damals 20 Millionen Dollar bestellt hatte, gab Boeing grünes Licht für Entwicklung und Bau der 747, dem bislang größten Verkehrsflugzeug überhaupt (**Abb.1-9**). Da »Pan American« eine Reisefluggeschwindigkeit von mindestens 960 km/h (600 m.p.h.) verlangte, mußte Boeing eine größere Flügelpfeilung und stärkere Triebwerke zugestehen als ursprünglich geplant. Mit einer Geschwindigkeit entsprechend Mach 0.9 gehört daher die 747 noch heute zu den schnellsten (Unterschall-) Verkehrsflugzeugen – trotz ihres aerodynamischen Standards aus den sechziger Jahren.

Ursprünglich glaubte man nur an eine begrenzte Zukunft der 747, zumal die großen Hersteller einschließlich Boeing an Überschall-Projekten arbeiteten. Diese waren großenteils staatlich finanziert und wurden von den Luftverkehrsgesellschaften als die kommende Verkehrsflugzeug-Generation angesehen. Die 747 – inzwischen als Großprogramm angelaufen – mußte daher auch firmenintern gegen das Überschallprojekt »Boeing-2707« (250 Passagiere, Mach 2.7) konkurrieren. Niemand zweifelte an dessen Zukunft. Boeing sah in jeder zweiten 747 ein Frachtflugzeug, das vornehmlich für den Transport von Containern bestimmt war und auf seinem Hauptdeck Standard-Container in Zweierreihen nebeneinander aufnehmen sollte, wobei ein Standard-Container einen Querschnitt von 2.4 m x 2.4 m (8ft x 8ft) besitzt – daher der großvolumige Rumpf, der so charakteristisch für die neue Generation der Großraum-Flugzeuge ist. Da bei der Frachtversion die Beladung über den Rumpfbug erfolgen sollte, mußte die Rumpfnase hochklappbar sein. Das bedeutete: das Cockpit mußte hinter die Drehachse der Frachttür verlegt werden. Die Pilotenkanzel wirkt daher wie eine aufgesetzte Blase, die für das Aussehen des Flugzeugs typisch ist, zugleich aber Anbaumöglichkeiten für ein zweites Passagierdeck bot.

Eine große Hürde für die 747 war die wirtschaftliche Rezession, die beim Erstflug 1969 herrschte. Um zu überleben, sah sich Boeing zur Entlassung von 60.000 (!) Mitarbeitern gezwungen – über 60 Prozent seiner Belegschaft. Den Durchbruch schaffte die 747 jedoch, als der amerikanische Kongreß 1971 aus Umwelt- und Wirtschaftlich-

keitsgründen die Gelder für zivile Überschallprojekte sperrte. Dadurch sahen sich zahlreiche Luftverkehrsgesellschaften zur Umstellung ihrer langfristigen Flottenstrategie veranlaßt. Als Fluggerät für die lukrativen Langstrecken galt nunmehr die 747, auch wenn inzwischen zwei weitere Großraum-Langstreckenflugzeuge auf den Markt gekommen waren, die DC-10 von McDonnel-Douglas und die L-1011 von Lockheed, beide mit drei Triebwerken in Mischanordnung (**Abb.1-10**).

1-10 Großraum-Flugzeuge mit drei Triebwerken: McDonnel Douglas DC-10-30 (oben) und Lockheed L-1011 »Tristar«

Obwohl in der Grundkonzeption unverändert, existierten von der 747 allein bis 1991 fünfzehn verschiedene Versionen. Die » -400« als jüngste Version kann 450 Passagiere 13000 km weit befördern. Bis Ende 1997 wurden 1295 Flugzeuge bestellt und 1136 ausgeliefert. Vom Umfang her war die 747 das größte zivile Flugzeugprogramm überhaupt.

Diese in den sechziger Jahren konzipierten Flugzeuge mit ihren modernisierten Varianten werden auch noch im 20. Jahrhundert bei vielen Fluggesellschaften ihren Dienst versehen. Technische Neuerungen, die inzwischen zur Serienreife gelangt sind, finden insoweit Eingang, wie dies kostenmäßig oder systemseitig vertretbar ist. Dies gilt insbesondere für die modernen Bläsertriebwerke mit hohem Nebenstrom-Anteil, die sich wegen ihrer größeren Wirtschaftlichkeit und aus Gründen besserer Umwelt-Verträglichkeit überall durchgesetzt haben. Mit Hochbypass-Triebwerken können auch »betagte« Flugzeugtypen wirtschaftlich durchaus attraktiv bleiben, wie die weiterentwickelten 737 und DC-9 gezeigt haben.

Indessen mußten neueste Erkenntnisse der Tragflügel-Aerodynamik bei diesen Flugzeugen weitgehend unberücksichtigt bleiben, weil dies einen völligen Neuentwurf bedeutet hätte. Flugzeuge jedoch, die in den siebziger Jahren und danach entwickelt wurden, konnten von den modernen Forschungsergebnissen in vollem Umfang profitieren. Dies gilt insbesondere für die Airbus-Flugzeuge.

bislang nur drei- und vierstrahlige Flugzeuge verwendet wurden.

Airbus nutzte den inzwischen erreichten technischen Fortschritt vor allem auf zwei Gebieten, der Antriebstechnik und der Aerodynamik. Die modernen Hochbypass-Triebwerke waren nicht nur immer schubstärker geworden, sondern hatten auch eine ausreichende Zuverlässigkeit erreicht, so daß die Installation von nur zwei Trieb-

1-12 Airbus A310: Mittelstrecke, 210 Passagiere

1-11 Airbus A300: Großraum-Flugzeug mit zwei Triebwerken

Airbus hatte mit seinem ersten Flugzeug, das als »A300-B2« im Jahre 1974 in Dienst gestellt wurde, einen völlig neuen Flugzeugtyp konzipiert: ein Großraum-Flugzeug für die Mittelstrecke mit nur zwei Triebwerken (**Abb.1-11**). Gegenüber dem traditionellen Flugzeugbau war dies eine Sensation, weil für eine derartige Kombination aus Zuladung und Reichweite (260 Passagiere, 3000 km)

werken gewagt werden konnte. Für den Flügel boten sich relativ moderne (»überkritische«) Profile an, die durch internationale Forschungsarbeiten mit Hilfe von Großrechnern und neuer Rechenverfahren entwickelt worden waren. Dadurch konnte die aerodynamische Leistung, die sich in Auftrieb und Widerstand äußert, merkbar gesteigert werden.

Wegen der wirtschaftlichen Rezession zu Beginn der siebziger Jahre und einem daraus resultierenden niedrigen Verkehrsaufkommen hatte die A300 mit ihren 260 Sitzen einen schweren Start, so daß nur wenige Flugzeuge verkauft werden konnten. Im Jahre 1976 erklärte die Deutsche Lufthansa jedoch ihren Bedarf an einer 210-sitzigen Variante der A300, bestand aber auf einer Verringerung der zu hohen Betriebskosten. Das bedeutete jedoch die Entwicklung eines neuen Tragflügels mit Kosten in der Größenordnung von einer Milliarde Dollar. Nachdem die US-amerikanische Fluggesellschaft »Eastern Airlines« ebenfalls Interesse an einem solchen Flugzeug bekundet hatte, entschloß sich Airbus zum Bau des Flugzeugs unter der Bezeichnung A310 (**Abb.1-12**).

Der hohe aerodynamische Leistungsstandard der A310 wurde erzielt durch einen Flügel mit größerer Streckung und einem modernen überkritischen Tragflügelprofil. Daraufhin griff auch Boeing das Konzept eines zweistrahligen Großraumflugzeugs auf und brachte 1982 die 767 auf den Markt, als Antwort auf die A310. In beiden Flugzeugen wurde das Zweimann-Cockpit verwirklicht; der bisherige Flugingenieur wurde durch

mationen werden auf Sichtschirmen dargestellt. Inzwischen erweist sich die A320-Familie mit den Typen A319, A320 und A321 mit 1495 bestellten und 752 abgelieferten Flugzeugen (allein bis Ende 1997) als ungeahnter Erfolg.

Die Vergangenheit hat jedoch gezeigt, daß ein Hersteller nur dann langfristig Erfolg hat, wenn er nicht ein einziges Flugzeug, sondern eine ganze Flugzeug-Palette mit unterschiedlichen Reichwei-

1-13 Airbus A320: Kurz- und Mittelstrecke, 150 Passagiere

1-14 Airbus A340: Langstrecke, 260 Passagiere

konsequente Anwendung der Computer-Technik »wegrationalisiert«. Inzwischen hat sich das Zweimann-Cockpit selbst bei der großen »747-400« durchgesetzt.

Betrachtet man die derzeitigen modernen Verkehrsflugzeuge, fällt es schwer, gravierende äußere Unterschiede zu erkennen – so sehr haben sich die Formen einander angenähert. Die großen Veränderungen finden im Inneren statt. Einen ganz neuen Maßstab hat hierbei Airbus mit der A320 gesetzt, die 150 Passagiere befördern kann und auf einen Markt zielt, der bislang von den Typen 727, 737 und DC-9 beherrscht wurde (**Abb.1-13**). Die äußerlich eher konventionell wirkende A320 bietet eine Vielzahl neuer Technologien: so wurde die bisher übliche hydraulische Flugsteuerung durch die leichtere elektrische Steuerung ersetzt; das Flugzeug besitzt ein hochmodernes Cockpit mit einem handlichen seitlichen Steuergriff, der aus dem Kampfflugzeugbau entlehnt wurde und die bisherige Steuersäule ersetzt; die Computer-Technik wurde konsequent für die Avionik nutzbar gemacht, alle zur Bedienung erforderlichen Infor-

1-15 Airbus A330: Mittel- und Langstrecke, 295 Passagiere

ten und Passagier-Kapazitäten anbieten kann. Auch Airbus hat die lebenswichtige Bedeutung dieses »Familienkonzepts« erkannt. Nach Abdeckung der Kurz- und Mittelstrecke durch die Typen A320, A310 und A300-600 wurde mit der A340 die Langstrecke erschlossen (**Abb.1-14**). Die vierstrahlige A340 hat bei modernster Technik die gleiche Reichweite wie die 747 und wird dort eingesetzt, wo das Verkehrsaufkommen den Einsatz der teuren 747 nicht rechtfertigt.

Inzwischen kamen neue zweistrahlige Großraumflugzeuge auf den Markt mit Transportkapazitäten bis zu 370 Passagieren und 8000 km Reichweite: die 777 von Boeing (ab 1995) und die A330 von Airbus (**Abb.1-15**). Diese Flugzeuge lösen die Großraumflugzeuge der ersten Generation ab, die unterhalb der 747 angesiedelt waren, nämlich die DC-10 und die L-1011, deren Produktion im übrigen längst eingestellt ist. Hinsichtlich Aerodynamik, Antriebstechnik, Bauweisen und Elektronik sind sie das Modernste, was gegenwärtig als machbar angesehen wird.

Diese kurze Darstellung sollte die Entwicklung des strahlgetriebenen Verkehrsflugzeuges von den Anfängen bis zur Gegenwart aufzeigen und gleichzeitig auf die Bedeutung technischer Neuerungen hinweisen. In den folgenden Kapiteln wollen wir die Technik eingehender kennlernen.

2

Einsatz und Betrieb

Die Aufgabe des Luftverkehrs ist die Beförderung von Personen und Fracht. Was den Luftverkehr vor allen anderen Transportmöglichkeiten auszeichnet, ist seine Geschwindigkeit, die eine Überwindung großer Strecken in kurzer Zeit ermöglicht.

Der Luftverkehr hat beträchtliche volkswirtschaftliche Bedeutung; es ist üblich, den Luftverkehr als eigenständige Industrie anzusehen (airline industry). Bevor wir uns mit dem technischen Produkt »Flugzeug« beschäftigen, wollen wir daher einige betriebliche Aspekte kennenlernen, da hiervon die Technik unmittelbar beeinflußt wird.

2.1 Einteilung der Verkehrsflugzeuge

Maßgebliche Kriterien für die Einteilung der Verkehrsflugzeuge sind *Reichweite* (range) und *Passagier-Kapazität*. Zu jeder Reichweite gehören typische Flugzeuggrößen; innerhalb einer Reichweitenklasse kann eine weitere Unterteilung nach der Rumpfform erfolgen, wobei unterschieden wird zwischen Standardrümpfen (*narrow-body*) und großvolumigen Rümpfen (*wide-body*) mit einer oder mehreren Gangreihen (*aisle*).

Hinsichtlich der Reichweite erfolgt die Klassifizierung nach Kurz-, Mittel- und Langstrecke. Entfernungen bis zu 500 nm (900 km) gelten als typische Kurzstrecken, 2500 nm (4500 km) als Mittelstrecken und 7000 nm (13000 km) als Langstrecken. Die einzelnen Reichweiten-Kategorien überschneiden sich vielfach, so daß die Zahlen nur Anhaltswerte darstellen. Jede Reichweitenklasse verlangt Flugzeuge mit spezifischen Leistungs-

merkmalen, die den Flugzeug-Entwurf bestimmen (**Abb.2-1**).

2.1.1 Kurzstrecke

Eine typische Kurzstrecke hat eine Länge von 500 nm (900 km). Hierunter fällt der gesamte europäische Inlandverkehr, vielfach auch der grenzüberschreitende Verkehr.

Eine Kurzstrecke wird üblicherweise von Flugzeugen bedient, die zwei Triebwerke besitzen, entweder Turboprop- oder Strahlantrieb. Zwei Ausnahmen: HS146 mit vier Triebwerken und 82 bis 128 Sitzplätzen, überholtes Triebwerk-Konzept, aber relativ leise; japanischer Inlandverkehr mit Boeing 747SR, 500 Sitzplätze und Strecken teilweise unter 180 km.

Als klassisches strahlgetriebenes Kurzstrecken-Flugzeug galt bis in die neunziger Jahre die Boeing 737 mit einer Kapazität von 108 bis 172 Sitzplätzen, je nach Version. In zunehmendem Maße sind hier modernere Flugzeuge vertreten wie die Airbus-Typen A320 und A319. Auf Strecken mit geringerem Passagier-Aufkommen werden kleinere Strahlflugzeuge (Fokker F-28, F-100) oder Turboprop-Flugzeuge (ATR-42, F-27, F-50) eingesetzt. Typische Reisezeiten liegen zwischen 60 und 90 Minuten.

Ein Kurzstreckenflugzeug ist gekennzeichnet durch häufige Starts und Landungen, mit Flugzeiten, die sich pro Tag auf durchschnittlich 8 Stunden aufsummieren. Bedingt durch die Kürze der Flugstrecken sind die Flug-Eigenschaften beim Steigflug von großer Bedeutung; der eigentliche Reiseflug (stationärer Horizontalflug) ist nur von kurzer Dauer. Der Flugzeug-Entwurf muß daher das Kurzstreckenflugzeug auslegen für gute Start-

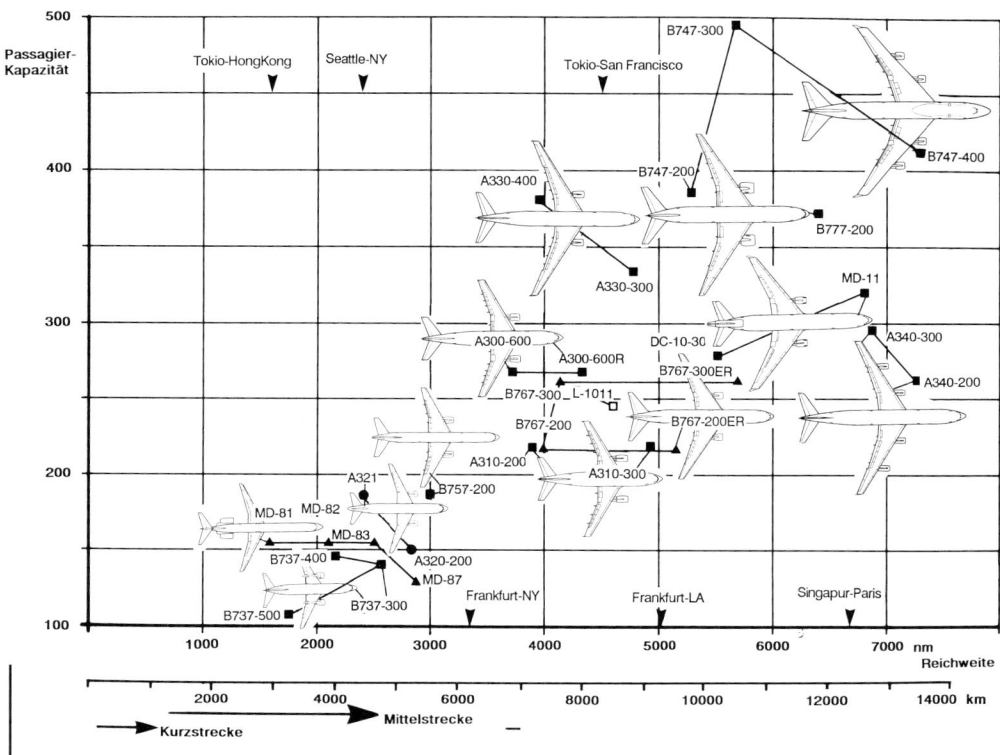

2-1 Leistungsfähigkeit heutiger Verkehrsflugzeuge

und Landeleistungen (Gleitzahlen), günstigen Kraftstoff-Verbrauch im Steigflug und kurze Bodenzeiten (turn-around).

Der unschlagbar günstige Kraftstoffverbrauch von Propellerturbinen mit ihrem hohen Vortriebs-Wirkungsgrad im niedrigen Geschwindigkeitsbereich (Steigflug) könnte das Kurzstreckenflugzeug zu einem bevorzugten Anwendungsgebiet zukünftiger Propfan-Antriebe machen, sollten diese einsatzbereit werden. Durch den Propfan-Antrieb wird eine Verringerung der Kraftstoffkosten um 30 Prozent gegenüber den modernsten strahlgetriebenen Flugzeugen erwartet.

Doch günstiger Kraftstoff-Verbrauch allein reicht heute nicht mehr aus. Propellerflugzeuge sind grundsätzlich sehr laut in der Kabine, was den Passagierkomfort erheblich einschränkt. Daher wird auch bei kleineren Flugzeugen zunehmend Strahlantrieb bevorzugt (z.B. Fairchild-Dornier 328).

2.1.2 Mittelstrecke

Eine typische Mittelstrecke ist 2500 nm (4500 km) lang. Sie wird üblicherweise bedient mit zweistrahligen Flugzeugen und Kapazitäten von 150 bis 380 Sitzplätzen (**Abb.2-1**). Typische Mittelstreckenflugzeuge: A321, A320, A330, B757, B767.

Mittelstrecken-Flugzeuge verbringen den größten Teil der Flugzeit im Reiseflug; Start und Landung machen nur einen kleinen Teil aus. Der Flugzeug-Entwurf muß daher diejenigen Eigenschaften optimieren, die das Flugzeug im Reiseflug besonders wirtschaftlich machen.

Da die Reisezeiten in der Größenordnung von zwei bis vier Stunden liegen, muß ein Mittelstrecken-Flugzeug nicht unbedingt für Höchstmachzahlen ausgelegt sein. Tatsächlich liegen die Reiseflug-Machzahlen der Mittelstrecke bei 0.8 oder etwas darunter. Für den Tragflügel als bestimmendes Bauteil zur Kennzeichnung der aerodynamischen Güte bedeutet dies:

– geringere Pfeilung
– größere Profildicke
– leichtere Bauweise.

2.1.3 Langstrecke

Eine typische Langstrecke liegt bei 7000 nm (13.000 km). Das klassische Langstreckenflugzeug ist die Boeing 747-400 mit 412 Sitzplätzen und Reichweiten bis 13.000 km. Dicht darunter waren lange Zeit die großen Dreistrahler angesiedelt: DC-10 und MD-11 mit ca. 320 Passagieren und 13.000 km Reichweite, L-1011 mit ebenso vielen Passagieren und 7500 km Reichweite. Für Langstrecken mit geringerem Passagieraufkommen ist die A340 optimal geeignet (bis zu 260 Passagiere). Zunehmend drängen zweistrahlige Flugzeuge auf den Langstreckenmarkt, z.B. B767, B777, A330, wobei insbesondere die 777 und die A330 die großen Dreistrahler DC-10 und L-1011 abgelöst haben.

Das dreistrahlige Flugzeug wurde in den sechziger Jahren konzipiert, erwies sich im Lauf der Zeit aber als teuer in der Wartung und zu komplex. Problematisch war insbesondere das Mitteltriebwerk. Der Erfolg des Dreistrahlers bestand vor allem darin, daß er nicht die Beschränkungen bei langen Überwasserflügen hatte wie der Zweistrahler. Der Zweistrahler ist jedoch dem Dreistrahler deutlich überlegen durch niedrige Sitzmeilenkosten.

Die Wirtschaftlichkeit eines Flugzeugs wird nämlich häufig beurteilt nach dem verbrauchten Kraftstoff pro Sitzmeile. In diesem Kennwert kommt der technische Standard eines Flugzeugs zum Ausdruck. Dieser wird maßgeblich bestimmt durch Aerodynamik, Antriebstechnik und die Zellenbauweise.

Für den Entwurf eines Langstreckenflugzeuges gelten grundsätzlich die gleichen Kriterien wie beim Mittelstreckenflugzeug. Wegen des hohen Kraftstoff-Anteils am Startgewicht ist ein niedriger Kraftstoffverbrauch und eine gute Aerodynamik besonders wichtig. Das Langstreckenflugzeug wird für höhere Flug-Machzahlen ausgelegt, um die langen Flugzeiten (oftmals über 10 Stunden) zu verkürzen. Eine hohe Reiseflug-Machzahl gilt daher auf der Langstrecke als Wettbewerbsvorteil.

2.2 Wirtschaftlichkeit des Flugbetriebs

Eine Fluggesellschaft muß mit den Einnahmen die Betriebskosten ihrer Flugzeuge decken und Gewinn erzielen. Zur Beschreibung der Kosten haben sich feststehende Begriffe herausgebildet, die nachfolgend erläutert werden.

2.2.1 Kosten des Flugbetriebs

Die Betriebskosten einer Fluggesellschaft werden unterteilt in direkte und indirekte Betriebskosten. Die *direkten* Betriebskosten (direct operating costs, DOC) hängen unmittelbar mit dem Betrieb des Flugzeugs zusammen und umfassen die Kosten für Kraftstoff, Besatzung, Wartung, Abschreibung, Versicherung und Gebühren (**Abb.2-2**). Die *indirekten* Betriebskosten (indirect operating costs, IOC) beziehen sich auf den internen Betrieb der jeweiligen Fluggesellschaft und umfassen Abschreibungen für Gebäude und Bodeneinrichtungen, Kosten für Verwaltung, Flugscheinverkauf und Kundendienst. Technische Fortschritte im Flugzeugbau beeinflussen nur die direkten Betriebskosten.

2.2.2 Flugprofil und Blockzeit

Als Flugprofil bezeichnet man die zeitliche Reihenfolge sämtlicher Flugabschnitte, die zur Durchführung eines vollständigen Fluges erforderlich sind. Hierzu gehören (**Abb.2-3**):
– Anlassen und Warmlaufen der Triebwerke (engine start)
– Rollen zum Startpunkt (taxi-out)
– Start und Start-Steigflug auf 1500 ft (take-off, initial climb)
– Steigflug auf Reiseflug-Höhe (climb)
– Reiseflug (cruise)
– Sinkflug (descent)
– Anflug und Landung (approach, landing)
– Rollen zum Haltepunkt (taxi-in)

Gemäß Vorschrift muß genügend Reserve-Kraftstoff für das Anfliegen eines Ausweichflughafens mitgeführt werden (**Abb.2-3**).

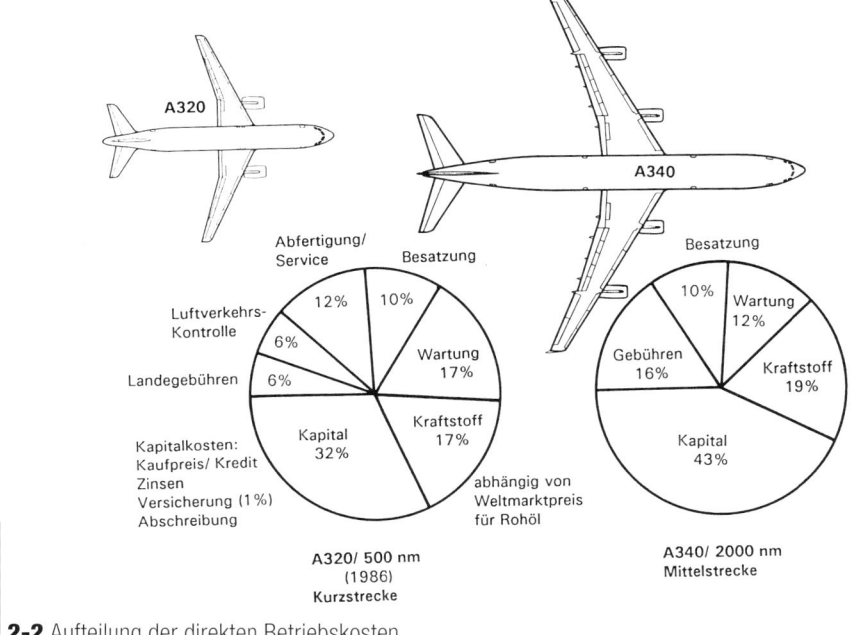

2-2 Aufteilung der direkten Betriebskosten

Ein *Flugprofil* bildet die Grundlage zur Leistungsermittlung des Flugzeugs, da mit jedem Flugabschnitt ein typischer Kraftstoff-Verbrauch und Reichweiten verbunden sind.

Ein wichtiger Bezugswert für die Kostenermittlung ist die *Blockzeit* (block time). Sie beginnt mit dem Entfernen der Radklötze (engl. block) vom Bugfahrwerk am Flugsteig und endet am Zielflug-

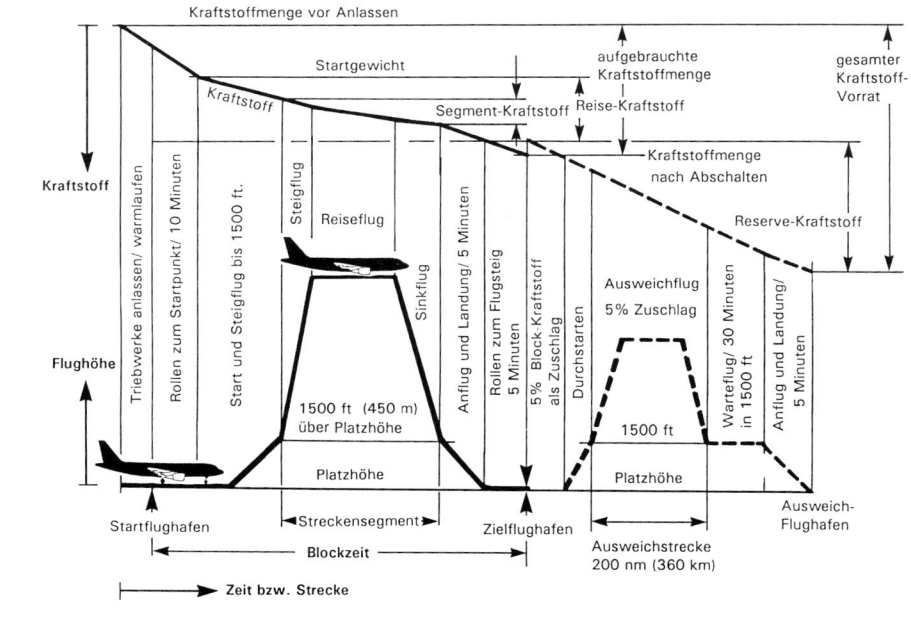

2-3 Flugprofil eines Verkehrsflugzeugs

hafen mit dem Stillstand des Flugzeugs und dem Vorlegen der Radklötze (**Abb. 2-3**).

2.2.3 Flugzeuge im Kostenvergleich

Eine Vorstellung über die Kosten eines Flugzeugtyps und über die Auswirkung neuer Technologien läßt sich gewinnen, wenn man die direkten Betriebskosten bei verschiedenen Fluggesellschaften miteinander vergleicht. Kosten-Aufstellungen von US-amerikanischen Fluggesellschaften werden regelmäßig in renommierten Fachzeitschriften veröffentlicht, beispielsweise in »Aviation Week and Space Technology« (**Tabelle 2.1**). Derartige Statistiken unterliegen natürlich den ständigen Schwankungen des Marktes.

Als Grundlage der Bewertung werden die direkten Betriebskosten auf geeignete Referenzwerte bezogen. Am häufigsten wird die *Blockstunde* als Bezugsgröße verwendet, doch sind auch *Sitzmeilen* und *Sitz-Blockstunden* als Bezugsgrößen üblich. Die direkten Betriebskosten können demnach folgendermaßen angegeben werden:

- in US-Dollar pro Blockstunde
- in US-Cent pro angebotene Sitzmeile
- in US-Dollar pro Sitz-Blockstunde
- in US-Dollar pro Tonnenmeile (für Luftfracht).

Das Ergebnis einer statistischen Auswertung wird maßgeblich von der Anzahl der untersuchten Flugzeuge beeinflußt. Eine Fluggesellschaft mit vielen Flugzeugen eines Typs (Beispiel: American Airlines mit 158 MD-80 im Jahr 1989, s. Spalte 4) hat nur halb so hohe Betriebskosten wie eine Gesellschaft mit nur wenigen Flugzeugen desselben Typs (Beispiel: Hawaiian Airlines mit 2 MD-80, s. Spalte 5). Während die Kosten des Airbus A300-B4 bei drei Fluggesellschaften im Durchschnitt bei 2.8 US-Cent pro angebotener Sitzmeile liegen (s. Spalte 2), kommt American Airlines auf nur 1.9 Cent (nicht in Tabelle). Am teuersten ist der Betrieb der Boeing 747SP (Special Performance) mit 4.7 Cent pro Sitzmeile (nicht in Tabelle).

Im übrigen zeigt die Statistik, daß eine Gesellschaft mit übersichtlichem Flottenpark (d.h. viele Flugzeuge desselben Typs und nur wenige Typen insgesamt) deutlich niedrigere Betriebskosten aufweist als Gesellschaften mit großer Typenvielfalt. Ebenso bedeuten lange tägliche Flugzeiten hohe Produktivität und niedrige Betriebskosten.

2.3 Beschaffung und Auswahl

Der Luftverkehr ist durch zwei Wesensmerkmale gekennzeichnet: harter Wettbewerb und magere

	Boeing 747-100/-200	Airbus A300-B4 (3 US-Airlines)	Boeing B767-300	McDonnel-Douglas MD-80 (American Airlines)	McDonnel-Douglas MD-80 (Hawaian Airlines)	Boeing B757-200 (Delta Airlines)
Durchschnittl. Sitzkapazität	403	260	232	142	170	187
Auslastung	69.5%	66.4%	65.5%	60.4%	59.0 %	66.0%
Anzahl Flugzeuge	50 Flz	43 Flz	30 Flz	158 Flz	2 Flz	45 Flz
Blockstunden (x1000)	208.3	140.1	137.4	599.1	4.7	181.6
Flugzeit täglich	11.5 h	8.9 h	12.6 h	10.4 h	6.6 h	10.9 h
Kraftstoff pro Blockstunde	13 400 l/h	6 800 l/h	5 620 l/h	- l/h	3690 l/h	3 860 l/h
Blockgeschwindigkeit	474 kt	398 kt	418 kt	343 kt	225 kt	379 kt
Kosten Besatzung pro Blockstunde	809 $	506 $	533 $	343 $	396 $	438 $
Kosten Kraftstoff pro Blockstunde	2149 $	912 $	852 $	510 $	569 $	549 $
Gesamte Flugkosten pro Blockstunde	3161 $	2145 $	2494 $	1056 $	1330 $	1267 $
Flugzeugwartung pro Blockstunde	385 $	222 $	102 $	84 $	340 $	91 $
Triebwerkwartung pro Blockstunde	512 $	127 $	84 $	59 $	641 $	271 $
Gesamte Wartungskosten	1400 $	480 $	256 $	224 $	1158 $	423 $
Gesamtkosten pro Flugzeug						
- Dollar pro Blockstunde	4970 $	2889 $	2759 $	1450 $	2 880 $	2124 $
- US-Cent pro angebotene Sitzmeile	2.6 ct.	2.8 ct.	2.9 ct.	-	-	-
Quelle: Aviation Week & Space Technology vom: Untersuchungs-Zeitraum 12 Monate 1.4.88-30.9.89	25.6.90	25.6.90	16.7.90	2.4.90	2.4.90	2.4.90

Tab. 2.1 Direkte Betriebskosten im Vergleich

Gewinne. Dies sind die Randbedingungen, nach denen die meisten Fluggesellschaften ihre Flottenpolitik ausrichten müssen.

Jeder Flugzeugtyp wird durch den technischen Fortschritt oder durch Abnutzung eines Tages zwangsläufig veralten und muß durch neues Gerät ersetzt werden. Dies ist dann der Fall, wenn die Luftfahrt-Industrie ein neues Flugzeug auf den Markt bringt, das eine spezifische Aufgabe besser erfüllen kann als bisheriges Gerät. Konkret äußert sich der technische Fortschritt, der ein neues Flugzeug über den bisherigen Standard heraushebt, in mindestens einem der folgendenFaktoren:

– Erhöhung von Nutzlast und Reichweite
– Senkung der Betriebskosten (Kraftstoff, Wartung)
– Steigerung der Ertragskraft
– Verbesserung der Umweltwirkung (Lärm, Abgas)
– Erhöhung des Flugkomforts
– Steigerung von Sicherheit und Zuverlässigkeit.

Erreicht werden diese Verbesserungen durch den Einsatz moderner Technologie, angefangen bei der Aerodynamik über wirtschaftlichere Triebwerke, leichtere Werkstoffe, digitale Elektronik bis hin zur Gestaltung von Kabinen und Frachträumen.

Technologie hat ihren Preis, denn der Hersteller muß die hohen Kosten für Forschung und Entwicklung im Verkaufspreis unterbringen. Andererseits wird jede Fluggesellschaft unter dem Aspekt der Wirtschaftlichkeit darauf bedacht sein, daß die günstigen Betriebskosten durch den Kaufpreis nicht wieder aufgezehrt werden. Beim Neuentwurf eines Flugzeugs muß sich der Hersteller dieser Problematik bewußt sein.

Es kann daher durchaus Sinn machen, wenn renommierte Hersteller Derivate bewährter Muster anbieten, die relativ wenig an neuer Technologie bieten, dafür aber vom Kaufpreis her attraktiv sind. So geschehen bei der MD-82 und 737-300, die recht leistungsfähige Flugzeuge sind im Vergleich zur konkurrierenden, aber wesentlich moderneren A320.

Die Entwicklung eines neuen Flugzeugs kostet gegenwärtig 3 Milliarden Dollar und mehr, ein Goßflugzeug wie A3XX etwa 12 Milliarden. Ein Hersteller kann angesichts dieser Größenordnungen kein Risiko eingehen und etwa am Markt vorbei produzieren. Der enge Kontakt zwischen Hersteller und Fluggesellschaften ist daher eine zwingende Notwendigkeit, zum Vorteil beider Partner. In den meisten Fällen verlangt jeder Hersteller ohnehin die verbindliche Zusage für die Abnahme einer minimalen Stückzahl durch eine renommierte Gesellschaft (launch customer), bevor das »Go-Ahead« für ein Projekt erteilt wird. Welche Kriterien letztlich jedoch für die Auswahl eines Flugzeugs entscheidend sind, wird jede Fluggesellschaft nach eigener Interessenlage definieren.

3

Flugzeug-Entwurf

Der Begriff »Entwurf« (aircraft design) kennzeichnet eine festgelegte Vorgehensweise, nach der ein Produkt für einen definierten Zweck herzustellen ist. Darüber hinaus umfaßt der Begriff Entwurf die detaillierte Beschreibung einzelner Komponenten und ihre Zusammenfügungzu einem geordneten Gesamtwerk.

Speziell im Flugzeugbau umfaßt der Entwurf die Gesamtheit aller Aktivitäten, die mit der Umsetzung technischer Vorgaben zu einem konkreten Projekt zusammenhängen, angefangen mit einer Idee und endend mit der Definition des konkreten Flugzeugs. Entwurf bedeutet mehr als nur die Anwendung von Theorie und Forschung; er ist zugleich die Suche nach einem Flugzeug, das die ihm gestellte Aufgabe technisch und wirtschaftlich bestmöglich erfüllt. Der Entwurf folgt bewährten Richtlinien, stellt aber kein starres Schema dar; er ist ein dynamischer Vorgang, der – auf Erfahrung gestützt – sich selbst korrigiert und ständig weiterentwickelt.

3.1 Bedeutung des Entwurfs

Von einem neuentworfenen Verkehrsflugzeug wird verlangt, daß die gestellte Transportaufgabe wirtschaftlicher erfüllt wird als mit vergleichbaren im Einsatz befindlichen Mustern. Dies bedeutet, daß in einen Entwurf neueste technologische Erkenntnisse aus vielen Fachgebieten einfließen. Der Flugzeug-Entwurf muß das »Kunststück« fertigbringen, die unterschiedlichen Interessen der Fachgebiete so zusammenzuführen, daß
a) jedes Fachgebiet optimal zum Gesamtprojekt beiträgt;

b) das fertige Flugzeug ein guter Kompromiß aller Einzelfähigkeiten darstellt;
c) die Leistungsforderungen des Flugzeugs erfüllt werden;
d) der Kosten- und Zeitplan eingehalten wird.

Der Flugzeug-Entwurf ist in seiner Bedeutung am ehesten vergleichbar mit der Architektur im Bauwesen. Je gründlicher und weitblickender die Entwurfsaufgabe durchgeführt wird, um so besser entspricht das fertige Flugzeug den festgelegten Forderungen.

3.2 Phasen des Entwurfs

Aus der Tatsache, daß moderne Verkehrsflugzeuge komplizierte und aus zahlreichen Komponenten zusammengesetzte Systeme darstellen, ergibt sich die Notwendigkeit, den Entwurfsprozeß in einem sinnvoll geordneten Schema ablaufen zu lassen. Ein solcher Ablaufplan beruht auf Erfahrungen mit bereits durchgeführten Projekten im eigenen Haus und bei anderen Herstellern.

Beim Entwurfsprozeß wird zwischen einzelnen *Phasen* unterschieden, die zeitlich aufeinander folgen und den jeweiligen Entwicklungsstand eines Projektes kennzeichnen (**Abb. 3-1**).

3.2.1 Phasenvorlauf

Unumgänglich für die Entscheidungsfindung am Anfang eines Projektes sind Aktivitäten, die im bedarfsorientierten, aber noch weiten Vorfeld stattfinden. Hierunter fallen technische und betrieblich orientierte Studien sowie Komponenten- und Ex-

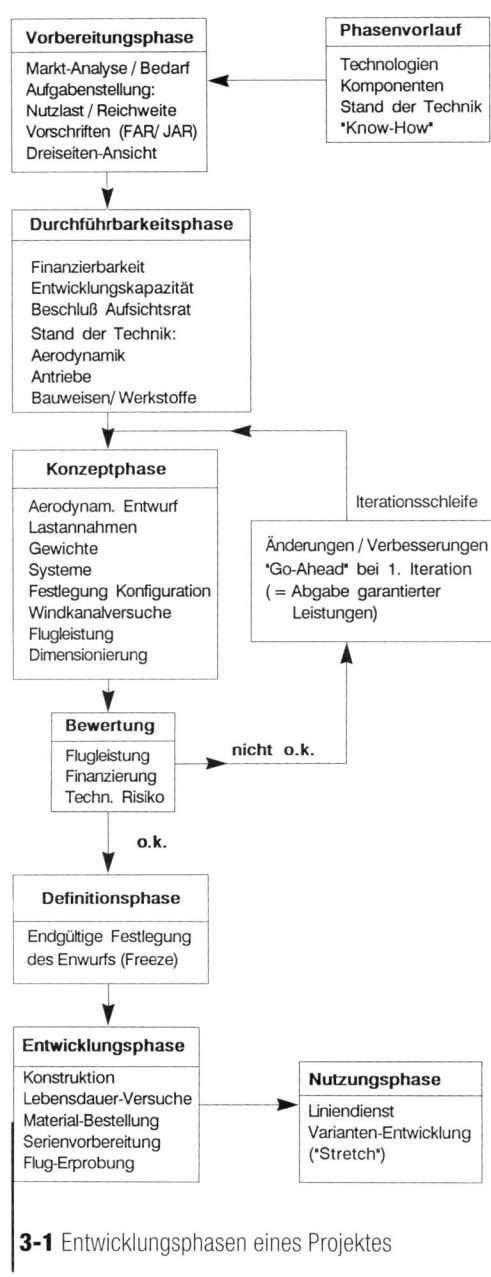

3-1 Entwicklungsphasen eines Projektes

perimental-Entwicklungen, die dazu dienen, neue Technologien zu entwickeln und so aufzubereiten, daß sie anwendbar und hinsichtlich ihres Risikos abschätzbar sind. Gerade hier gilt es, verläßliche Unterlagen zu schaffen, weil aus Erfahrung bekannt ist, daß die größten Fehler meist am Anfang gemacht werden. Man bezeichnet diesen Abschnitt als *Phasenvorlauf* (pre-phase activities).

3.2.2 Vorbereitungsphase

Der eigentliche Entwicklungsprozeß beginnt mit grundsätzlichen Überlegungen, die das Entwurfsziel festlegen und das geplante Projekt vorbereiten. Hierzu gehören Bedarfsabschätzungen und vergleichende Untersuchungen von existierenden oder geplanten Flugzeugen anderer Hersteller, die in Konkurrenz zu eigenen Entwicklungen stehen.

Innerhalb der *Vorbereitungsphase* (initial configuration estimate) werden wichtige Parameter untersucht, die Einfluß auf die Flugleistung haben, wie Nutzlast, Reichweite, Flug-Machzahl, Einsatzprofil. Hierzu werden von der Projektabteilung verschiedene Möglichkeiten der Flugzeuggestaltung entwickelt und hinsichtlich der gestellten Leistungsforderungen bewertet. Derjenige Entwurf, der die Forderungen am besten erfüllt, dient den Fachabteilungen als Grundlage für die weitere Entwurfsarbeit. Kennzeichnend ist ein Datensatz der wichtigsten Leistungen einschließlich der Erstellung einer *Dreiseiten-Ansicht*.

In der Vorbereitungsphase werden relativ wenige Mitarbeiter eingesetzt. Die von ihnen erzeugten Daten haben vorläufigen Charakter, erlauben aber eine erste Aussage, ob das geplante Flugzeug imstande ist, die gestellten Leistungsforderungen zu erfüllen.

3.2.3 Durchführbarkeitsphase

Nach Abschluß der Vorbereitungsphase muß auf der Basis der geleisteten Arbeit nach Wegen gesucht werden, wie das angestrebte Flugzeugprojekt kostengünstig verwirklicht werden kann. Diesem Zweck dient die *Durchführbarkeitsphase* (feasibility phase).

Die Durchführbarkeitsphase gestaltet sich insbesondere dann als schwierig, wenn im Entwurfsprozeß Risiken vorhanden sind, die mit dem Erfahrungsschatz der Mitarbeiter nicht zu bewältigen sind. Angesichts der Tatsache, daß Flugzeug-Entwicklungen einen Finanzbedarf von drei bis fünf Milliarden Dollar haben, ist es zwingend notwendig, vorhandene Risiken schrittweise abzubauen oder den Entwurf mit bewährten (aber weniger innovativen) Methoden durchzuführen.

Der Zwang zur Minimierung technologischer Risiken ist der Grund dafür, daß die Entwicklung bei neuen Verkehrsflugzeugen stets in kleinen Schritten (evolutionär) erfolgt. Nur in Ausnahmefällen kann auf bewährte Konzepte nicht zurückgegriffen werden. Dies war beispielsweise der Fall bei der »Comet«, dem ersten Verkehrsflugzeug mit Strahlantrieb, und der »Concorde«, dem ersten Verkehrsflugzeug für Überschall. Ansonsten hat sich bei den Herstellern das »Familienkonzept« durchgesetzt, bei dem ein neues Projekt auf seinen bewährten Vorgängern aufbaut und fortschrittliche Technologien dort einsetzt, wo diese anwendungsreif sind (Beispiel: elektrische Flugsteuerung A320).

3.2.4 Konzeptphase

An die Durchführbarkeitsphase schließt sich die *Konzeptphase* (conceptual design) an, in der die bisherigen Lösungsvorschläge miteinander verglichen werden. Der Hersteller hat zwar schon eine weitgehend gefestigte Vorstellung über Aussehen und Leistung des zukünftigen Flugzeugs, aber sämtliche wichtigen Parameter wie Abmessungen, Flügelfläche, Streckung, Klappenanordnung sind noch veränderbar, wenn Windkanalversuche oder Rechenergebnisse dies erfordern sollten.

Die Konzeptphase verläuft innerhalb einer Wiederholungsschleife, die der Optimierung des Entwurfs dient (*Iteration*). Für die Aerodynamik kann der Wiederholungsvorgang beispielsweise durch unzureichende Annahmen für Vorentwurfs-Überlegungen ausgelöst werden. Mit Hilfe von Rechenverfahren und Windkanalversuchen werden verbesserte aerodynamische Daten bereitgestellt (Auftriebsbeiwerte, Gleitzahlen), die die Flugleistungsforderungen etwa in Teilbereichen erfüllen, aber zu höherem Gewicht und verringerter Reichweite führen. Mit einer überarbeiteten Aerodynamik wird der Vorgang wiederholt und damit die Flugleistung erneut überprüft, bis schließlich die geforderten Leistungen erfüllt werden.

Theoretisch ließen sich die Iterationen ununterbrochen fortführen, würde nicht gerade die Konzeptphase unter hohem Zeitdruck stehen. Das Ergebnis der Konzeptphase ist ein Datensatz zur Beschreibung eines Flugzeugs, das die geforderten Leistungen erbringt.

3.2.5 Definitionsphase

Nach Beendigung der Konzeptphase folgt die *Definitionsphase* (project definition phase), die die endgültige Festlegung der äußeren Abmessungen des Flugzeugs auf der Basis der voraufgegangenen Untersuchungen zum Ziel hat. Durch den Einsatz des Flugsimulators und modernster Rechenverfahren wird das Flugverhalten lange vor dem Erstflug ermittelt. An maßstabgetreuen Modellen wird im Windkanal der gesamte Nieder- und Hochgeschwindigkeitsbereich untersucht. Kostspielige Ermüdungsversuche an kritischen Strukturteilen bis hin zur Zerstörung einer Serienzelle (Bruchzelle) sollen Aufschluß über die Einhaltung der geforderten Belastungen und der Lebensdauer geben. Dadurch sollen gegebene Garantien gegenüber den Fluggesellschaften abgesichert und Risiken so weit wie möglich ausgeschlossen werden.

3.2.6 Entwicklungsphase

Mit der Definitionsphase, die einen Zeitraum von wenigstens einem Jahr beansprucht, ist der Entwurf im eigentlichen Sinn abgeschlossen. Die daran anschließende *Entwicklungsphase* (development phase) hat die Umsetzung der bisher geleisteten Arbeit für das fertige Flugzeug zum Ziel: das *Projekt* wird zum *Programm*. Hierzu gehören die Anfertigung detaillierter Konstruktionszeichnungen, die Schaffung von Fertigungsmitteln (Baulehren und Vorrichtungen), Bestellung von Material, Bau von Prototypen, Flug-Erprobung und Muster-Zulassung.

3.2.7 Nutzungsphase

Nach Auslieferung der ersten Serienflugzeuge beginnt die Bewährung des Flugzeugs im täglichen Liniendienst. Hierzu gehört die Betreuung und Schulung der Kunden im Umgang mit dem neuerworbenen Gerät, die Ersatzteilbeschaffung und die Behebung von Entwurfsmängeln, die trotz aller Sorgfalt und Erfahrung erst im Einsatz sichtbar werden.

Zugleich denkt der Hersteller über Weiterentwicklungen des Flugzeugs nach, meist in Richtung auf Erweiterung der Transport-Kapazität (*stretch*),

Einbau von Triebwerken anderer Hersteller, Leistungssteigerung durch aerodynamische Verbesserungen (clean-up), Vergrößerung der Reichweite, höhere Zuladungen.

Der Phasenablauf (wie oben geschildert) entspricht weitgehend der Vorgehensweise in der Industrie, obgleich die Trennung zwischen den einzelnen Phasen in der Praxis oftmals weniger scharf ist, da jedes Projekt anderen Randbedingungen unterliegt.

– endgültige Festlegung der Konfiguration (Einfrieren)
– »Go-ahead« (Abgabe garantierter Leistungen)
– Erstflug
– Musterzulassung.

Ein besonderes Ereignis in einem Flugzeugleben stellt der Erstflug dar (**Abb.3-3**).

3.3 Zeitplan eines Projektes

Der zeitliche Ablauf eines Verkehrsflugzeug-Projektes umfaßt etwa sechs Jahre, von der vorläufigen Konfiguration bis zur Musterzulassung (**Abb. 3-2**). Nach der Festlegung der vorläufigen Geometrie, der Massenverteilung und einer Grob-Abschätzung wichtiger aerodynamischer Daten erfolgt die Berechnung der auftretenden Belastung in einem ersten *Lastenlauf* (loads loop). Unter einem Lastenlauf hat man Berechnungen zu verstehen, die zur Dimensionierung der Bauteile führen. Der erste Lastenlauf dient der Vordimensionierung, weil die verwendeten Daten noch nicht abgesichert sind.

Durch den Einsatz moderner Rechenverfahren und durch Windkanalversuche wird noch im ersten Jahr die aerodynamische Datenbasis durch verläßliche Zahlen verbessert und für den zweiten Lastenlauf verwendet. Mit dem Ergebnis der ermittelten Lasten wird die Dimensionierung der Bauteile überarbeitet.

Mit den endgültigen aerodynamischen Daten, die zur verbindlichen Dimensionierung der Bauteile führen, wird ein letzter Lastenlauf durchgeführt. Anschließend erfolgen Nachweisrechnungen für die Behörden im Zusammenhang mit der Zulassung des Flugzeugs. Parallel dazu erfolgt die *Vorkonstruktion*, nach Absicherung der Lasten dann die *Detail-Konstruktion*. Die Vorbereitung für den Bau (Entwicklungsphase) umfaßt die Materialbeschaffung, die Teilefertigung und den Vorrichtungsbau (**Abb. 3-2**). Ein zeitlicher Ablaufplan ist weiterhin gekennzeichnet durch wichtige Eckdaten, die für das Projekt von kritischer Bedeutung sind (sog. *Meilensteine*), wie

3-3 Meilenstein im Leben eines Flugzeugs: der Erstflug (Airbus A340,15.11.1992)

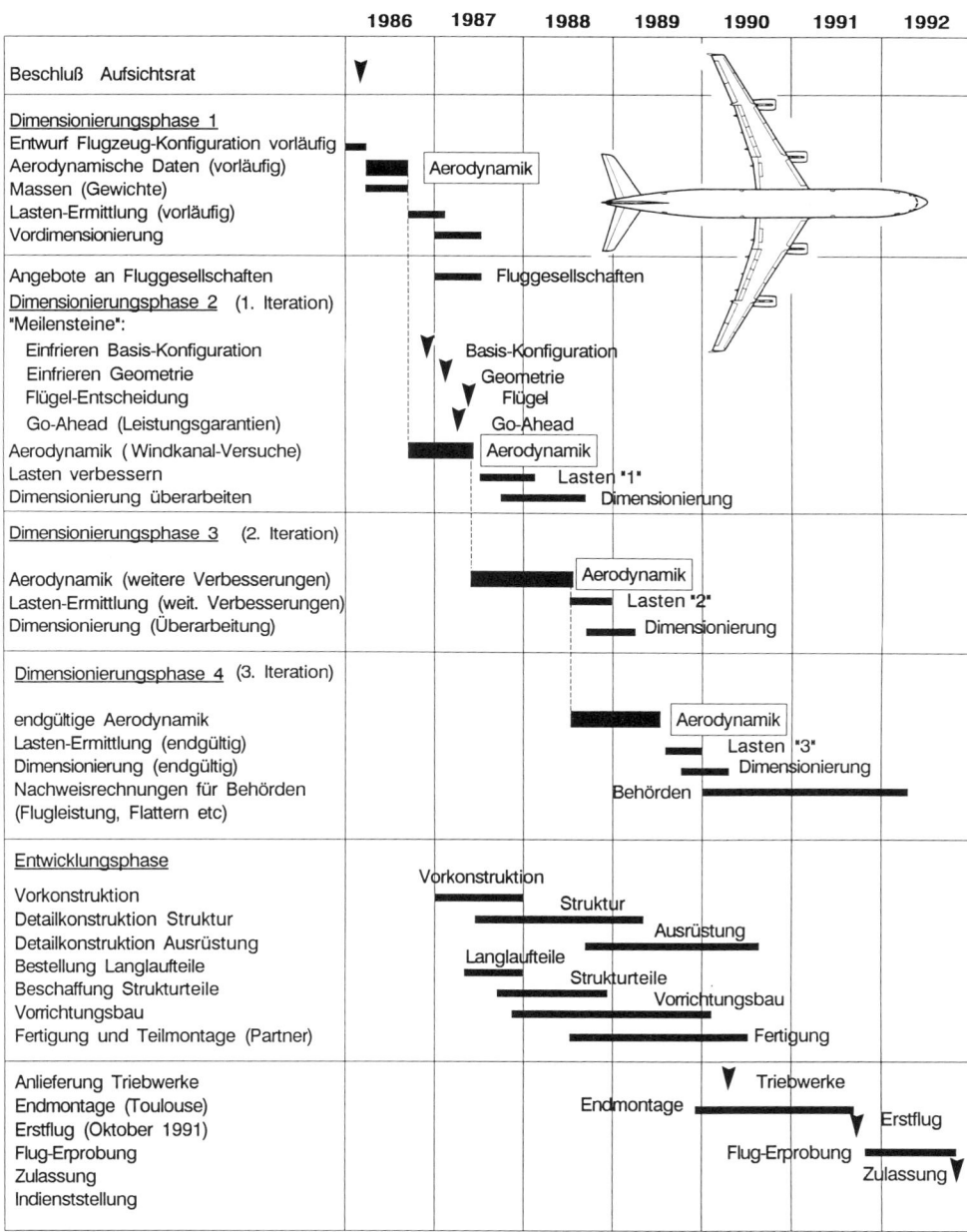

3-2 Ablaufplan eines Projektes (Airbus A340)

4

Aerodynamik

Die Aerodynamik ist ein Teilgebiet innerhalb der Strömungsphysik. Sie beschäftigt sich mit Luftkräften, die bei der Bewegung durch die Atmosphäre am Flugzeug insgesamt oder an seinen Teilen wirksam sind. Die Luftkräfte hängen oftmals in komplizierter Weise von der Konstruktion des Flugzeugs, den Eigenschaften der Atmosphäre und dem jeweiligen Flugzustand ab. Es gehört zur Aufgabe der Aerodynamik, diese Zusammenhänge zahlenmäßig zu beschreiben oder zumindest plausible Erklärungen für rechnerisch unzugängliche Vorgänge abzugeben. Schließlich bildet die Aerodynamik eine unerläßliche Grundlage für die Abschätzung der Flugleistung, beispielsweise für Fluggeschwindigkeit, Reichweite, Flugdauer, Start- und Landestrecke. Die Aerodynamik gehört zu wichtigsten Fachgebieten im Flugzeugbau.

In diesem Abschnitt wird neben allgemeingültigen Grundlagen besonders die Aerodynamik moderner Verkehrsflugzeuge dargestellt.

4.1 Abmessungen und Bezeichnungen am Flugzeug

Bereits im frühen Entwicklungsstadium kommt es darauf an, eine möglichst realistische Dreiseitenansicht mit den wichtigsten Maßen des zukünftigen Flugzeugs verfügbar zu haben (General Arrangement, **Abb. 4-1**). Eine solche Darstellung bildet eine wichtige Arbeitsgrundlage.

4.1.1 Bezugssystem

Die in einer Zeichnung angegebenen Maße sind einem Bezugssystem zugeordnet, das aus gedachten Linien oder Ebenen besteht, die durch das Flugzeug gelegt werden. Als Bezugssystem wird ein rechtwinkliges Koordinatensystem verwendet, das folgendermaßen angeordnet ist:

X-Koordinaten sind Ebenen senkrecht zu einer willkürlich gelegten Rumpfbezugsachse. Der Wert $x = 0$ liegt hinreichend weit vor der Rumpfspitze, so daß negative Werte auch bei Änderungen des Entwurfs mit Sicherheit vermieden werden. x zählt positiv in Richtung Heck.

X-Werte sind sämtliche Maßangaben in Flugzeuglängsrichtung, z.B. Rumpflänge, Flügeltiefe, Abstand der Neutralpunkte (**Abb. 4-1**, Seitenansicht und Draufsicht).

Y-Koordinaten sind Ebenen, die die x-Ebenen senkrecht schneiden. In der Draufsicht stehen die y-Ebenen senkrecht zur Zeichen-Ebene und erscheinen als Linien parallel zur Rumpfachse. Der Wert $y = 0$ stellt die Symmetrie-Ebene des Flugzeugs dar. Y zählt – in Flugrichtung gesehen – positiv nach rechts.

Y-Werte sind sämtliche Maßangaben in Spannweitenrichtung, z.B. Spannweite des Flügels, Spannweitenlagen des Triebwerks, Spannweitenlagen der Neutralpunkte von Flügel und Höhenleitwerk (**Abb. 4-1**, Vorderansicht und Draufsicht).

Z-Koordinaten sind Ebenen senkrecht zu den x- und y-Ebenen. Sie erscheinen damit als horizontale Linien in der Seiten- und Vorderansicht. Der Wert $z = 0$ liegt so weit unterhalb des Flugzeugs, daß negative z-Werte nicht auftreten können. $Z = 0$ entspricht i. allg. der Fahrbahnhöhe bei maximalem Rampengewicht des Flugzeugs (Fahrwerk voll eingefedert). Von hier aus zählt z positiv nach oben.

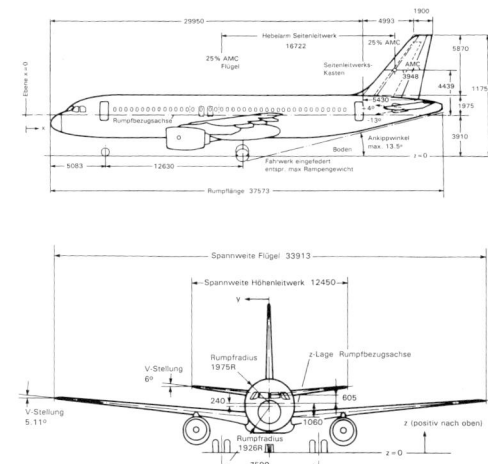

4-1 Dreiseiten-Ansicht (Airbus A320)

In z-Richtung werden Bauhöhen vermaßt, z.B. Höhe des Seitenleitwerks, Abstand des Wurzelprofils des Höhenleitwerks von der Rumpfbezugsachse, Höhe der Rumpfbezugsachse über Grund (**Abb. 4-1**, Seitenansicht und Vorderansicht).

Neben diesem Hauptkoordinatensystem werden für bestimmte Baugruppen aus Gründen der Vereinfachung sekundäre Koordinatensysteme verwendet. Dies trifft insbesondere auf den Flügel mit V-Stellung zu, für den man ein gedrehtes Koordinatensystem einführt. Dessen Ursprung liegt üblicherweise im Durchstoßpunkt des Vorderholms in den Rumpf. Ein solches zusätzliches Koordinatensystem ist z.B. erforderlich, um die beweglichen Teile am Flügel (Vorflügel, Klappen, Spoiler, Querruder) zu vermaßen oder um das Ausfahren der Klappen zu untersuchen (Ausfahrkinematik).

4.1.2 Flügel

Das aerodynamisch bedeutsamste und technologisch hochwertigste Bauteil ist der Flügel, zu dessen Hauptdaten folgende Größen gehören (**Abb. 4-2**):
- Flügelfläche S (m²)
- Spannweite b (m)
- Pfeilwinkel φ (°) der Vorderkante und der 25%-Linie (Phi)
- Streckung Λ (-) (Lambda)
- Zuspitzung λ (klein-Lambda)

- mittlere aerodynamische Flügeltiefe l_A (m)
- mittlere geometrische Flügeltiefe l_m ;
folgende Daten als Verteilung entlang der Spannweite:
- Flügeltiefe l (m)
- Flügeldicke d/l (-)
- Verwindung γ (Gamma)

Darüber hinaus sind Maßangaben für die beweglichen Teile des Flügels, die sog. »movables«, erforderlich, z.B. Hinterkantenklappen, Querruder, Spoiler und Vorflügel.

Flügelfläche
Eine bestimmende Größe ist die Flügelfläche S, die für zahlreiche Beiwerte als Bezugsgröße verwendet wird (wing reference area). Die Flügel-

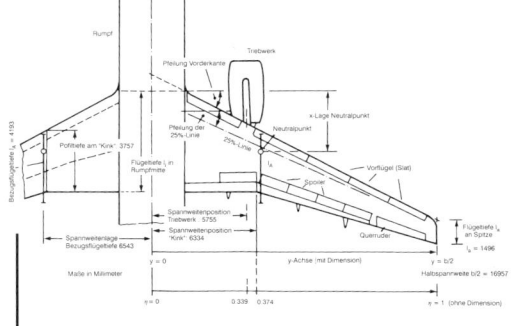

4-2 Geometrie des Tragflügels (Airbus A320)

fläche ist definiert als Projektionsfläche bei Draufsicht, d.h. ohne Berücksichtigung einer V-Stellung (genauer: die Projektion auf die x-y-Ebene).

Ein gewisses Problem ergibt sich im Rumpfbereich, wo der Flügel tatsächlich nicht mehr existiert. Die Erzeugung des Auftriebs hört beim Anschluß des Flügels an den Rumpf nicht plötzlich auf, sondern setzt sich infolge Interferenz (Wechselwirkung) auf dem Rumpf weiter fort, allerdings in abgeschwächter Form. Es ist daher für aerodynamische Betrachtungen gerechtfertigt und allgemein üblich, eine gedachte Flügelfläche auch im Rumpfbereich anzunehmen. Hierfür werden häufig die geradlinigen Verbindungen der Durchstoßpunkte von Flügelvorder- und -hinterkante willkürlich gewählt.

Spannweite und Halbspannweite

Die größte Erstreckung des Flügels in y-Richtung ist die Spannweite (span). Wegen der Symmetrie des Flugzeugs ist für aerodynamische Untersuchungen in den meisten Fällen die Betrachtung nur einer Flügelhälfte ausreichend, so daß die Halbspannweite $b/2$ eine wichtige Bezugsgröße darstellt. Mit ihr lassen sich dimensionsbehaftete Spannweitenpositionen, d.h. Maßangaben in Meter oder Millimeter, in dimensionslose (und damit einfacher zu handhabende) Größen umwandeln. Dies geschieht dadurch, daß die jeweiligen y-Werte durch die Halbspannweite $b/2$ dividiert werden. Auf diese Weise gelangt man zur dimensionslosen Spannweitenkoordinate η (Eta):

$$\eta = \frac{y}{b/2}$$

In Rumpfmitte ($y = 0$) hat η den Wert 0, an der Flügelspitze ($y = b/2$) den Wert 1. Die relative Spannweitenkoordinate η läuft mithin zwischen 0 und 1 (**Abb. 4-2**).

Mittlere geometrische Flügeltiefe

Spannweite und Flügelfläche definieren die mittlere geometrische Flügeltiefe l_m (mean geometric chord):

$$l_m = \frac{\text{Flügelfläche S}}{\text{Spannweite b}}$$

l_m ist eine Bezugsflügeltiefe, die als Rechengröße verwendet wird. Sie ist weiterhin von Bedeutung für die nachfolgend erklärte Streckung.

Für den Airbus A320 (als Beispiel) beträgt die mittlere geometrische Flügeltiefe 3.61 m (mit $S = 122.4\ m^2$ und $b = 33.91\,m$).

Streckung

Das Verhältnis aus der Spannweite b und der mittleren geometrischen Flügeltiefe l_m ergibt die Streckung (engl.: aspect ratio; Symbol Λ = Lambda nur im Deutschen, international: A)

$$\text{Streckung } \Lambda = \frac{b}{l_m} = \frac{b^2}{S}$$

Die anschaulichere Bezeichnung *Seitenverhältnis* für die Streckung ist heute nicht mehr gebräuchlich, sie ist in der englischen Bezeichnung »aspect ratio« aber noch erhalten.

Die Streckung als Maß für die Schlankheit des Flügels gehört zu den entscheidenden aerodynamischen Kenngrößen. Von ihr hängt insbesondere der Reiseflugwiderstand und damit die Wirtschaftlichkeit eines Flugzeugs ab. Übliche Werte der Streckung liegen bei Verkehrsfluzeugen zwischen 7 und 10 (bei Kampflugzeugen zwischen 2 und 5, bei Segelflugzeugen zwischen 16 und 20). Die Tendenz im Verkehrsflugzeugbau geht dahin, die Streckung möglichst groß zu machen, weil dadurch der Widerstand verringert und die Leistung im Reiseflug verbessert wird.

Flügeltiefe und Zuspitzung

Die Flügeltiefe (wing chord) ist der Abstand zwischen der Vorder- und Hinterkante an einer beliebigen Spannweitenposition. Flügel mit konstanter Tiefe entlang der Spannweite sind im Großflugzeugbau nicht üblich. Man findet diesen Flügeltyp aber bei Sportflugzeugen, wo zugunsten einer kostensparenden Fertigung (nur ein einziges Profil) eine nicht-optimale aerodynamische Leistung in Kauf genommen wird.

Bei Tragflügeln für Verkehrsflugzeuge nimmt die Flügeltiefe in Spannweitenrichtung stets ab (**Abb. 4-3**). Der Kurvenverlauf weist an Stellen der geknickten Vorder- oder Hinterkante ebenfalls Knicke auf. Obwohl aus konstruktiven Gründen unerwünscht, ist ein Knick der Hinterkante kaum

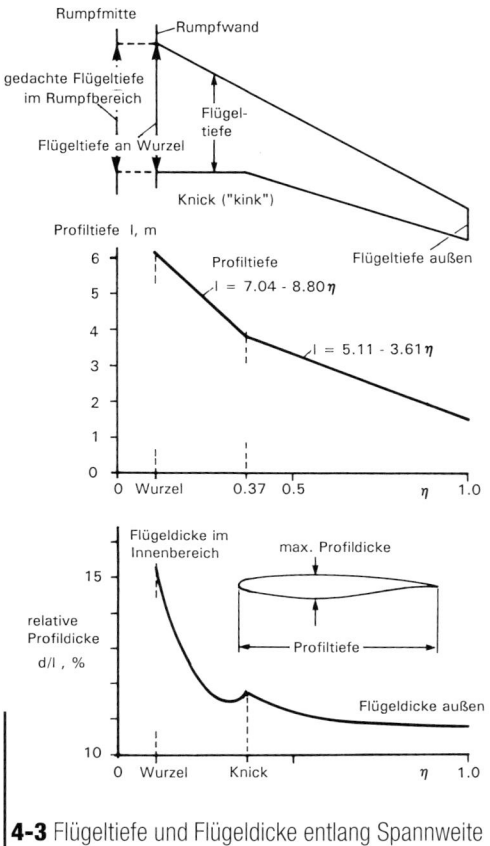

4-3 Flügeltiefe und Flügeldicke entlang Spannweite

Mittlere aerodynamische Flügeltiefe

Im Zusammenhang mit dimensionslosen aerodynamischen Beiwerten wird als Bezugslänge eine mittlere aerodynamische Flügeltiefe l_A verwendet (mean aerodynamic chord, m.a.c., MAC, AMC; **Abb. 4-1, 4-2**). Diese Größe ist insbesondere bei Stabilitätsbetrachtungen von Bedeutung (s. Kap.5).

Pfeilung

Ein wichtiger Parameter ist die Pfeilung (sweep). Die Angabe erfolgt als Winkel, den eine bestimmte Prozentlinie des Flügels – meist die 25%-Linie – mit der Querachse (y-Achse) bildet. Ebenfalls gebräuchlich ist die Angabe einer Vorderkantenpfeilung (0%-Linie, **Abb. 4-2**). Pfeilung ist erforderlich für den Schnellflug, weil der Widerstand des Flügels dadurch verringert wird. Übliche Werte der Pfeilung liegen bei Verkehrsflugzeugen im Bereich zwischen 25 und 32 Grad, gemessen an der 25%-Linie (Tabelle 4.1).

Flügeldicke

Grundsätzlich erfolgt die Auslegung eines Tragflügels nach den Bedingungen des Reisefluges (Schnellflug). Das bedeutet: ein Flügel muß möglichst dünn gebaut werden, damit der aerodynamische Widerstand bei hohen Flug-Machzahlen niedrig ist. Andererseits erfordert die Struktur des Flügels die Einhaltung einer Mindestbauhöhe. Mit größerer Bauhöhe verringert sich das Strukturgewicht, der Flügel wird leichter, so daß aus konstruktiven Gründen ein Flügel möglichst dick gebaut werden sollte. Auch aus Gründen ausreichender Tankkapazität muß der Flügel möglichst dick sein, um die Reichweitenforderungen zu erfüllen.

Die eine Forderung schließt die andere aus, beide lassen sich nicht gleichzeitig verwirklichen. Die endgültige Dickenverteilung des Flügels muß daher ein ausgewogener Kompromiß der gegensätzlichen Forderungen sein.

Die Dicke wird angegeben in Prozent der jeweiligen Flügeltiefe. Im Rumpfbereich ist die Dicke mit etwa 15% am größten, im Außenbereich liegt sie bei etwa 10% (**Abb. 4-3**).

Verwindung

Eine weitere Maßnahme zur Verbesserung der Flugeigenschaften ist die Verwindung (twist). Als

zu vermeiden, da eine ausreichende Flügeltiefe für die Unterbringung des eingezogenen Fahrwerks verfügbar sein muß.

Das Maß für die Abnahme der Flügeltiefe in Spannweitenrichtung ist die *Zuspitzung* (taper ratio). Sie ist definiert als Verhältnis der Flügeltiefe an der Spitze zur Flügeltiefe in Rumpfmitte (innen):

$$\text{Zuspitzung } \lambda = \frac{\text{Flügeltiefe an Spitze}}{\text{Flügeltiefe in Rumpfmitte}}$$

Die Zuspitzung ist ein konstruktives Hilfsmittel, um die Lastverteilung des Flügels zu beeinflussen, damit bei der Erzeugung von Auftrieb möglichst wenig Widerstand entsteht. Auch bei unzureichender Längsstabilität, die durch die Wanderung des Flügel-Neutralpunktes bei hohen Flug-Machzahlen auftritt, kann das Mittel der Zuspitzung Abhilfe schaffen (s. Kap.5).

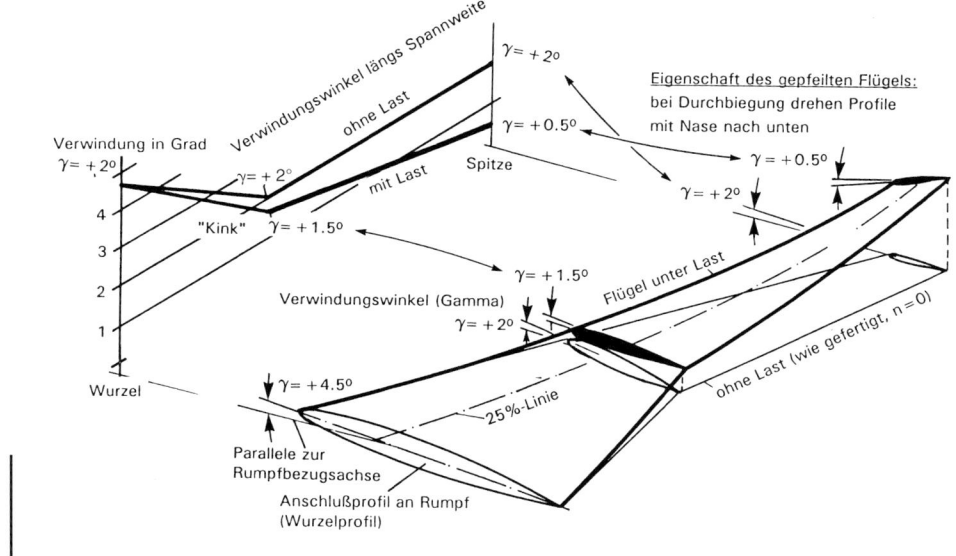

4-4 Verwindung eines gepfeilten Flügels unter Last

Verwindung bezeichnet man die Verdrehung der Profile gegeneinander, und zwar derart, daß die Nasen der Profile in Richtung Flügelspitze zunehmend nach unten verdreht werden. Daher weisen Profile am Außenflügel einen geringeren (geometrischen) Anstellwinkel auf als am Innenflügel (**Abb. 4-4**).

Die Verwindung ist ein aerodynamisches Hilfsmittel, um eine widerstandsarme Auftriebsverteilung anzunähern oder um ein günstiges Abreißverhalten für die Strömung zu erzielen. Die Angabe erfolgt als Verwindungsverteilung über der Spannweite (twist along span), üblicherweise für zwei Zustände, den Flügel ohne Last (n=0) entsprechend der Fertigung in der Bauvorrichtung (engl.: jig, daher »jig shape«), und für den Flügel unter Last (n=1, »flight shape«, **Abb. 4-4**).

Der Verwindungswinkel des Wurzelprofils ist zugleich der Anschlußwinkel, unter dem der Flügel mit dem Rumpf verschraubt wird. Er liegt zwischen 3 und 6 Grad.

Es gehört zu den besonderen Eigenschaften eines (nach hinten) gepfeilten Flügels, daß die Verwindung größer wird, wenn der Flügel unter Last durchbiegt. Man kann diesen Sachverhalt anschaulich darstellen mit Hilfe eines elastischen Lineals, das in gepfeilter Stellung an einer Tischkante festgehalten wird. Je stärker das freistehen

de Ende hochgebogen wird, desto mehr dreht das Profil des Lineals außen herunter. (Der umgekehrte Fall, nämlich ein unerwünschtes Aufdrehen der Profile, tritt bei einem vorwärts gepfeilten Flügel auf, der bei Kampfflugzeugen untersucht wird).

V-Stellung

Die Neigung einer Flügelhälfte gegenüber der y-Achse bezeichnet man als V-Stellung (**Abb. 4-1**). Bei positiver V-Stellung (dihedral) ist der Flügel nach oben abgewinkelt. Dies ist der weitaus häufigste Fall. Negative V-Stellung (anhedral) ist bei Hochdeckern, z.B. Militärtransportern, üblich. Frühere sowjetische Verkehrsflugzeuge besaßen auch als Tiefdecker negative V-Stellung, z.b. TU-104.

Die V-Stellung ist einaerodynamisches Hilfsmittel, um die Seitenbewegung zu verbessern, d.h. das Verhalten des Flugzeugs unter Seitenwind-Einfluß (Schiebeflug, s. Kap.5).

Die V-Stellung bei heutigen Verkehrsflugzeugen beträgt ca. 5 Grad (Airbus A320: 5.1 Grad, Airbus A310: 11.1 Grad innen, 4.1 Grad außen, Boeing 747: 7.0 Grad, Boeing 767: 5.0 Grad, aber BAe 146: -3.0 Grad (Hochdecker!); s. auch Tabelle 4.1).

4.1.3 Rumpf

Der Rumpf (fuselage) eines Verkehrsflugzeuges

besteht aus dem strömungsgünstigen Bug, einem zylindrischen Mittelteil und dem konisch zulaufenden Heck. Diese Form ist zwar aerodynamisch nicht optimal, erlaubt aber eine kostengünstige Fertigung. Sie bietet zudem die Möglichkeit, den Rumpf in einfacher Weise zu verlängern oder zu verkürzen.

Die wichtigsten Rumpfparameter sind (**Abb. 4-1**):

- Rumpflänge (fuselage length)
- Rumpfdurchmesser (diameter), bei nicht-kreisförmigen Querschnitten ein äquivalenter oder Ersatz-Rumpfdurchmesser
- Schlankheitsgrad (fineness ratio) als Verhältnis von Rumpflänge zu Durchmesser.

4.1.4 Höhenleitwerk

Das Höhenleitwerk (horizontal tailplane, USA: stabilizer) dient der Steuerung und Stabilisierung der Längsbewegung. Hierzu gehören z.B. Steigflug, Gleitflug, Reichweitenflug.

Zur *Stabilisierung* wird das Höhenleitwerk als Gesamtfläche verstellt, wobei die Verstellung relativ langsam erfolgt (typisch ist eine Verstellung von 0.5 Grad/ Sekunde). Das im hinteren Bereich des Höhenleitwerks angebrachte Höhenruder (elevator) dient dagegen zur *Steuerung*. Entsprechend seiner Aufgabe muß es sehr schnell auf Verstellbefehle reagieren (ca. 10 Grad/Sekunde).

Das Höhenleitwerk wirkt wie ein Tragflügel, so daß zu seiner Beschreibung weitgehend die gleichen Kenngrößen verwendet werden wie beim Flügel (**Abb. 4-1**).

4.1.5 Seitenleitwerk

Das Seitenleitwerk (vertical tail, fin) hat die Aufgabe, dem Flugzeug ausreichende Richtungsstabilität zu geben. Es muß ferner in der Lage sein, durch gewollte Ruderausschläge die Richtung des Flugzeugs zu ändern. Dementsprechend erfolgt eine Unterteilung in die feststehende *Flosse* (fin) und das bewegliche *Ruder* (rudder). Geometrisch ist der Aufbau ähnlich einem Tragflügel, so daß die wesentlichen Bezeichnungen des Flügels auch beim Seitenleitwerk wiederkehren (**Abb. 4-1**).

4.2 Kräfte am Flügel

Während des Fluges erzeugt die vorbeistreichende Luft überall am Flugzeug Kräfte, die an verschiedenen Stellen unterschiedlich groß sind. Am Tragflügel sind die Kräfte so groß, daß sie das gesamte Flugzeug in der Luft halten können – im Falle der Boeing 747-400 maximal 394 Tonnen, die von 535 m^2 Flügelfläche getragen werden. Der Flügel ist das am stärksten belastete Bauteil eines Flugzeugs. Die richtige Bestimmung der Kräfte ist Voraussetzung für eine rationale Flügelkonstruktion, die die erforderliche Strukturfestigkeit bei geringstem Strukturgewicht erbringt.

Die am Tragflügel auftretenden Kräfte haben vielfältige Ursachen, nicht nur aerodynamische. Die folgenden Kräfte sind während des Fluges sowie bei Start und Landung wirksam:

- *aerodynamische* Kräfte, die von der Strömung am Tragflügel erzeugt werden und flächenhaft auf dem gesamten Flügel verteilt sind (Flächenlast);
- das *Eigengewicht* der Tragflügelkonstruktion (Flächenlast);
- das *Kraftstoffgewicht*, da der Flügel zugleich Tank ist (Flächenlast);
- *konzentrierte Lasten*, die als Punktlasten am Flügel wirken (im Gegensatz zur flächenhaft verteilten Last), z.B. Rumpf, Triebwerke, Fahrwerk;
- *konzentrierte Kräfte*, die nicht an die Flugzeugmasse gebunden sind: Triebwerkschub, Umkehrschub, Bremskräfte durch Fahrwerk und Spoiler;
- *Trägheitskräfte* durch die Flugzeugmasse, hervorgerufen beim Manöverflug (Kurvenflug, Abfangen; wirksam als Flächen- und Punktlasten).

In diesem Abschnitt werden nur die *aerodynamischen* Kräfte behandelt.

4.2.1 Entstehung des Auftriebs

Bei der Bewegung durch die Luft erzeugt die Strömung am Tragflügel Druck unterschiedlicher Stärke, der auf der Flügeloberseite vorwiegend als *Un-*

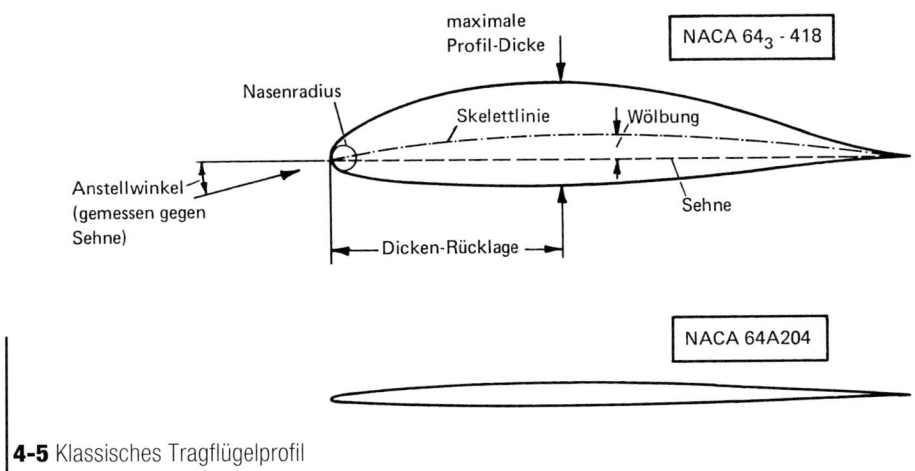

4-5 Klassisches Tragflügelprofil

terdruck (Sogkräfte), auf der Unterseite vorwiegend als *Überdruck* (Druckkräfte) wirkt. Man bezeichnet die Oberseite daher auch als Saugseite und die Unterseite als Druckseite. In ihrer Gesamtheit bilden die verschiedenen Druckarten am Flügel eine *Druckverteilung* (pressure distribution), die gleichsam wie ein »Druckgebirge« auf dem Flügel liegt.

Voraussetzung für die Entstehung von Auftrieb ist das Vorhandensein einer *Druckdifferenz* zwischen Ober- und Unterseite des Flügels. Damit sich eine Druckverteilung ausbilden kann, muß der Flügelquerschnitt entsprechend geformt sein. Diese Form ist das *Tragflügelprofil* (wing section, profile) (**Abb. 4-5**). Die Strömung um ein Profil ist der Schlüssel zum Verständnis der Auftriebsentstehung.

4.2.2 Tragflügelprofil

Ein klassisches Profil, das vorwiegend für reine Unterschallgeschwindigkeiten geeignet ist, wird durch folgende geometrische Größen beschrieben (**Abb. 4-5**):

1. *Mittellinie* oder Skelettlinie (mean line)
Diese Linie ist das Gerüst des Profils; sie verläuft in der Mitte zwischen Ober- und Unterseite. Bei Tragflügeln ist die Mittellinie üblicherweise gekrümmt; sie kann aber auch geradlinig sein, z.B. beim Seitenleitwerk. Die Mittellinie bestimmt die wesentlichen aerodynamischen Eigenschaften

des Profils, z.B. Lastverteilung, Nickmoment, Anstellwinkel für Nullauftrieb (s. Kap.4.3).

2. *Sehne* (chord)
Die Sehne ist die geradlinige Verbindung zwischen den Endpunkten der Mittellinie. Ihre Länge (=Profiltiefe) ist die entscheidende Bezugsgröße eines Profils. Der Winkel, den die Sehne mit der Anströmrichtung bildet, ist der Anstellwinkel (angle-of-attack, incidence).

3. *Wölbung* (camber)
Die Abweichung der gebogenen Mittellinie von der geradlinigen Sehne wird als Wölbung bezeichnet. Es ist allgemein üblich, daß zur Kennzeichnung lediglich die größte Erhebung der Skelettlinie über der Sehne sowie der Abstand dieser Erhebung von der Profilvorderkante angegeben wird. Beide Größen werden auf die Profiltiefe bezogen und als Prozentwerte angegeben.

4. *Dickenverteilung*
Die Dickenverteilung (thickness distribution) wird senkrecht zur Skelettlinie konstruiert, indem die Koordinaten der Ober- und Unterseite des ungewölbten Profils zeichnerisch auf die Skelettlinie aufaddiert werden. Die Profildicke nimmt bis zu ihrem Maximalwert stetig zu und fällt dann zur Hinterkante allmählich ab. Zur Kennzeichnung der Profildicke wird die Größe des Dickenmaximums und seine Lage (Dickenrücklage) – bezogen auf die Profiltiefe – angegeben. Der vordere Teil eines Profils (die Profilnase) ist Teil eines Kreises, des-

sen Radius ebenfalls auf die Profiltiefe bezogen wird. Die Hinterkante ist zugeschärft.

Dies sind die wesentlichen Kenngrößen eines konventionellen (klassischen) Profils; *konventionell* dehalb, weil für moderne Tragflügel inzwischen andere Profile verwendet werden, die bei den heute üblichen hohen Fluggeschwindigkeiten eine wirksamere Auftriebs-Erzeugung ermöglichen. Auf diese sog. *überkritischen* Profile kommen wir noch zu sprechen.

Klassische Profile werden im heutigen modernen Flugzeugbau aber weiterhin bei den Leitwerken verwendet.

4.2.3 Profilströmung

Die unter einem Anstellwinkel zufließende Strömung wird durch die Verdrängungswirkung des Profils zum Ausweichen gezwungen. Im Bereich des Staupunkts (an der Profilnase) wird die Strömung zunächst verzögert, im Staupunkt selbst sogar zum völligen Stillstand gebracht (**Abb. 4-6**, oben). Luftteilchen, die sich auf Stromlinien oberhalb der Staustromlinie bewegen und entlang der Profiloberseite strömen, erfahren im Nasenbereich eine hohe Beschleunigung, hervorgerufen durch die starke Umlenkung an der Kontur. Hierbei steigt die Strömungsgeschwindigkeit auf Werte an, die erheblich über der Anströmgeschwindigkeit liegen.

Es besteht ein enger Zusammenhang zwischen Strömungsgeschwindigkeit und Druck: bei größer werdender Geschwindigkeit nimmt der Druck ab, bei kleiner werdender Geschwindigkeit zu (Gesetz von Bernoulli, Energie-Erhaltung). Dies bedeutet, daß sich im Nasenbereich der Oberseite wegen der dort herrschenden Übergeschwindigkeit eine hohe *Unterdruckspitze* (Sogspitze) aufbaut. Anschließend werden die Luftteilchen – der Kontur folgend – wieder verzögert, wobei ihre Strömungsgeschwindigkeit immer noch größer ist als die Anströmgeschwindigkeit. Bei diesem Vorgang wird der Unterdruck allmählich abgebaut: die Luftteilchen geben ihre Geschwindigkeitsenergie ab, der Druck steigt wieder an (**Abb. 4-6**).

Luftteilchen, die sich auf Stromlinien unterhalb der Staustromlinie bewegen, werden im vorderen Bereich der Unterseite durch die Verdrängungswirkung umgelenkt und verzögert: es entsteht eine *Überdruckzone* (**Abb. 4-6**, oben). Mit zuneh-

mender Beschleunigung wird die Überdruckzone abgebaut, die Geschwindigkeit überschreitet bereichsweise sogar die Anströmgeschwindigkeit, wobei sich ein Bereich mit schwachem Unterdruck ausbildet. Allerdings ist deren nach unten gerichtete Saugkraft geringer als die nach oben gerichtete Saugkraft der Oberseite, so daß in der Summe eine nach oben gerichtete Kraft verbleibt. Im rückwärtigen Bereich der Unterseite wird die Strömung unter Druckanstieg wieder verzögert, bis an der Hinterkante der Druck der Oberseite erreicht wird.

Sämtliche am Profil wirkenden Druckkräfte lassen sich zu einer einzigen resultierenden Luftkraft zusammenfassen. Diejenige Komponente der Luftkraft, die *senkrecht* zur Anströmrichtung wirkt, ist nach Definition der *Auftrieb* (**Abb. 4-6**, Mitte).

4.2.4 Druckbeiwert

Die bisher erfolgte anschauliche Beschreibung der Strömung am Profil und die daraus ableitbare Druckverteilung ist zwar nützlich für das Erkennen von Zusammenhängen; die Praxis aber, die mit Zahlen umgehen muß, verlangt eine andere Darstellungsform. Zunächst ist man stets bestrebt, dimensionslose Größen einzuführen. Dadurch werden Vergleiche erleichtert und Fehlerquellen verringert. Aus diesem Grunde wird nicht der Druck selbst verwendet (der z.B. im Windkanal dimensionsbehaftet mit der Dimension N/m^2 ermittelt wurde), sondern daraus gewonnene dimensionslose *Druckbeiwerte* C_p (pressure coefficient).

Die Bildung eines dimensionslosen Druckbeiwertes erfolgt nach der Vorschrift: »gemessener Druck p an einer Stelle des Profils minus statischer Druck p_∞ der freien Anströmung (ergibt Unteroder Überdruck mit Dimension), geteilt durch einen Bezugs-Staudruck fi ρV^2 (macht dimensionslos).«

$$C_p = \frac{p - p\infty}{1/2\rho V^2}$$

Wegen der engen Beziehung zwischen Druck und Strömungsgeschwindigkeit läßt sich der Druckbeiwert auch durch Geschwindigkeiten ausdrücken wie folgt (auf die rechnerische Herleitung wird hier verzichtet):

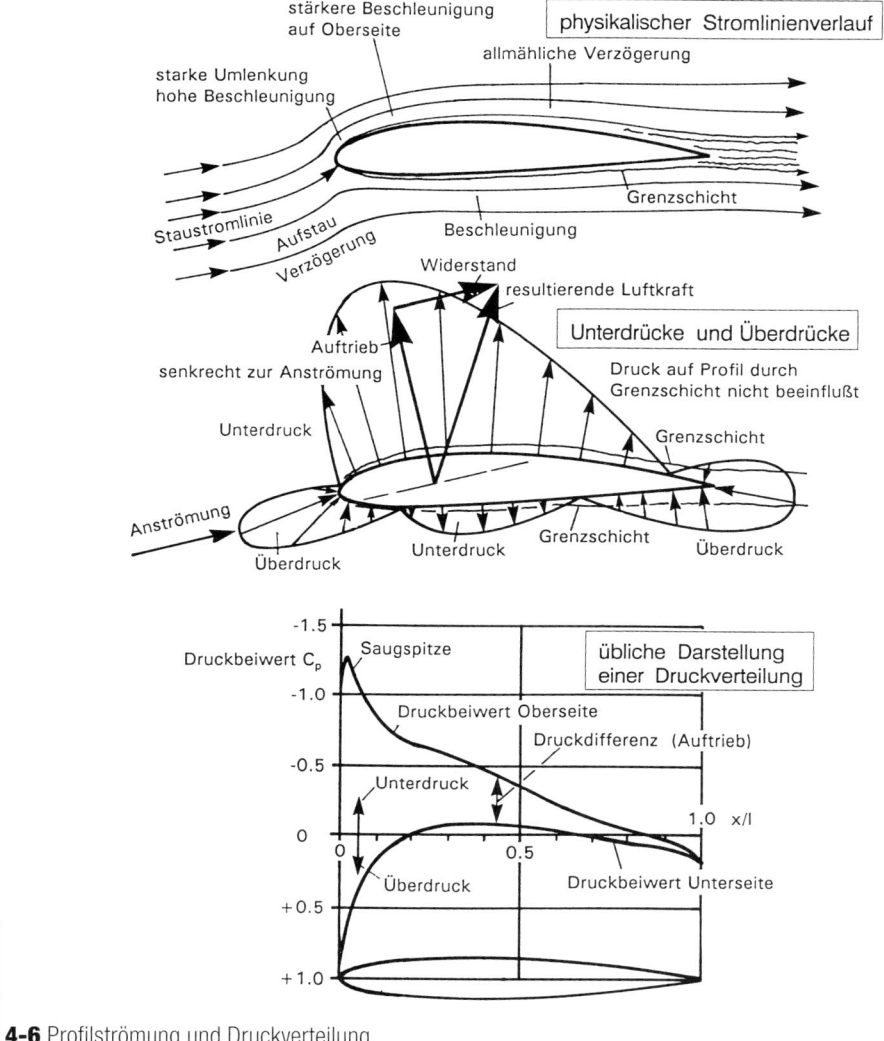

4-6 Profilströmung und Druckverteilung

$$C_p = 1 - (V/V_\infty)^2$$

(V=Strömungsgeschwindigkeit an einer Stelle auf dem Profil; V_∞ Strömungsgeschwindigkeit der ungestörten Strömung weit vor dem Profil)

Obwohl Geschwindigkeiten selbst nicht meßbar sind (sondern nur die Drücke, die sie verursachen), lassen sich durch die zweite Definition wichtige Aussagen zum Druckbeiwert im Zusammenhang mit der Profilströmung ableiten:

Im Staupunkt hat die Geschwindigkeit den Wert Null (V = 0) und C_p daher den Wert +1. Dies ist unter den gemachten Annahmen (verlustfreie Strömung, inkompressibel) der größtmögliche Wert, den C_p annehmen kann. Auf der anschließenden Beschleunigungsstrecke durchläuft die Strömungsgeschwindigkeit schon kurz hinter dem Staupunkt den Wert der freien Anströmung (V = V_∞). In diesem Punkt ist der Druckbeiwert Null (Während für die Profilströmung dieser Punkt ohne besondere Bedeutung ist, wird beim Rumpf an dieser Stelle der Fahrtmesser angebracht, weil der dort gemessene Druck am ehesten den Bedingungen der ungestörten Strömung entspricht).

Die Übergeschwindigkeiten auf der Profil-oberseite – aber auch auf Teilstrecken der Unterseite – führen stets zu negativen C_p-Werten, da $V>V_\infty$. Untergeschwindigkeiten ($V<V_\infty$), die vorwiegend auf der Profilunterseite auftreten – aber auch im hinteren Bereich der Oberseite – bedingen positive C_p-Werte.

Die graphische Darstellung der Druckverteilung erfolgt in der Weise, daß die jeweiligen Druckbeiwerte über der dimensionslosen Sehnenlänge x/l aufgetragen werden, d.h. zwischen den Werten x/l = 0 (Profilvorderkante, x = 0) und x/l = 1 (Profilhinterkante, x = l, **Abb. 4-6**). Die Besonderheit dieser Darstellungsform liegt darin, daß entgegen üblicher Vorzeichenregelung negative C_p-Werte nach oben aufgetragen werden. Dadurch wird optisch erreicht, daß die Druckverteilung der Oberseite (mit ihren negativen C_p-Werten) stets der oberen Kurve zugeordnet wird, was die Anschaulichkeit erhöht.

Die hier mitgeteilte Darstellungsweise von Druckverteilungen am Profil ist in der Luftfahrt international gebräuchlich. Die Auftriebskraft wird aus der Druckverteilung durch Aufsummieren bestimmt.

4.2.5 Widerstand und Grenzschicht

Die bei der Umströmung des Profils entstehende Auftriebskraft ist nicht kostenlos zu erlangen, sondern muß durch Überwindung von Widerstand teuer erkauft werden. Ein beträchtlicher Teil des Strömungswiderstandes, den ein Flugzeug überwinden muß, entsteht durch Reibung. Ursache für die Reibung ist die Zähigkeit (viscosity) der Luft. Zähigkeit bedeutet, daß kleinste Luftteilchen im Molekülbereich bei einer Verschiebung gegeneinander Widerstandskräfte erzeugen, die eine Verschiebung verhindern wollen. Die Widerstandskräfte werden als Schubspannungen (shear stress) wandparallel (tangential) übertragen, im Gegensatz zu Druckspannungen, die nur senkrecht (= normal) auf einer Oberfläche wirken können.

Mit dem Begriff der Zähigkeit verbinden wir üblicherweise Flüssigkeiten, z.B. Öl. Viele Eigenschaften der Flüssigkeiten gelten aber auch für Gase. Bei der Luft, die ein spezielles Gas darstellt, bewirkt deren Zähigkeitseigenschaft, daß Luftteil-

chen unmittelbar an der Flugzeugkontur haften bleiben: an der Oberfläche ist die Strömungsgeschwindigkeit (relativ zur Kontur) Null. Zwischen der festen Oberfläche und der schnellfließenden Außenströmung existiert eine dünne Schicht, in der sich die Geschwindigkeit ausgleicht. Dieser wandnahe Bereich zäher Strömung, der jeden umströmten Körper vollständig umgibt, heißt *Grenzschicht* (boundary layer). Eine Grenzschicht entwickelt sich überall, wo eine feste Berandung mit einer Strömung zusammenwirkt (**Abb. 4-7**). Man bezeichnet den durch die Grenzschicht verursachten Widerstand als *Reibungswiderstand* (friction drag). Die Verringerung des Reibungswiderstandes gehört zu den größten Herausforderungen an die Luftfahrtforschung der Zukunft.

Innerhalb der Grenzschicht können zwei grundlegend verschiedene Strömungsformen vorherrschen: der *laminare* Zustand (den der Flugzeugbauer gern hätte) und der *turbulente* (der sich am Flugzeug stets einstellt). Je nach Zustandsform hängt hiervon die Geschwindigkeitsverteilung in der Grenzschicht und damit der Widerstand ab.

Bei einer laminaren Grenzschicht fließen die Teilchen *schichtförmig* in mikroskopisch dünnen Platten (daher die Bezeichnung laminar, von lateinisch lamina = Platte), wobei die Strömungsgeschwindigkeit schichtweise zur Profilkontur hin abnimmt. Innerhalb einer Schicht bleibt die Geschwindigkeit konstant, an der Wand ist die Geschwindigkeit Null (Wandhaften).

Eine laminare Grenzschicht ist relativ dünn, verursacht geringen Reibungswiderstand und ist daher flugtechnisch günstig. Sie ist gewissermaßen eine gut »geschmierte« Luftströmung. Da sich jedoch die einzelnen Luftpartikel ausschließlich wandparallel (=tangential) zur Kontur bewegen, besitzt die laminare Grenzschicht nicht die Fähigkeit, von der energiereichen Außenströmung Energie aufzunehmen, so daß trotz geringer Reibungswirkung ihre Bewegungsenergie bald aufgezehrt ist. Sie haftet deshalb schlecht an den gekrümmten Flächen eines Profils. Ihre Neigung zur Ablösung wird gefördert, wenn die Grenzschicht in Gebiete mit Druckanstieg einströmt, wie dies im rückwärtigen Teil eines Profils der Fall ist.

Der laminare Zustand der Grenzschicht ist typisch für Körper mit kleinen Abmessungen oder

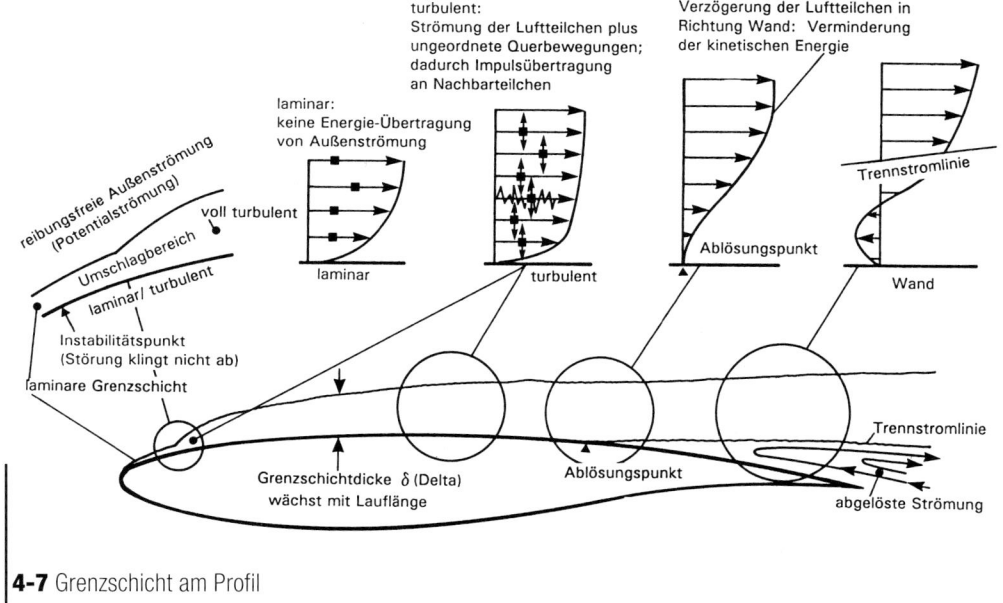

4-7 Grenzschicht am Profil

für niedrige Geschwindigkeiten. In der Praxis gilt dies insbesondere für Windkanal-Modelle (die wegen der begrenzten Kanalgröße klein sein müssen) oder für Segelflugzeuge (die nur langsam fliegen). An Tragflügeln schnellfliegender Großflugzeuge tritt laminare Grenzschicht nur im vordersten Teil des Flügelprolfils oder des Rumpfes auf. Bereits nach sehr kurzer Lauflänge (wenige Zentimeter) erfolgt der Umschlag in den turbulenten Zustand, was stets höheren Widerstand bedeutet.

Die turbulente Grenzschicht ist dadurch gekennzeichnet, daß die einzelnen Luftteilchen nicht nur eine tangentiale (wandparallele) Hauptströmungsrichtung besitzen, sondern zusätzlich ungeordnete und zufallsbedingte Querbewegungen ausführen. Hierbei gelangen sie in Nachbarzonen, wo sie mit anderen Luftteilchen zusammenstoßen und Energie entweder abgeben oder aufnehmen, je nach den Geschwindigkeiten der reagierenden Teilchen. Auf diese Weise erfolgt ein Impuls-Austausch innerhalb der Grenzschicht, wobei Strömungsenergie von der Außenströmung bis in die wandnahen Bereiche der Grenzschicht übertragen wird. Hierdurch erklärt sich auch das vollere Geschwindigkeitsprofil (**Abb. 4-7**). Infolge der dynamischen Vorgänge in der turbulenten Grenzschicht ist deren Reibungswiderstand größer als im laminaren Fall. Die turbulente Grenzschicht ist

jedoch in der Lage, einen Druckanstieg im rückwärtigen Teil des Profils leichter zu überwinden und die Strömung länger anliegend zu halten, bevor auch sie ablöst.

Außerhalb der Grenzschicht verhält sich eine Strömung so, als sei keine Reibung vorhanden. Solche Strömungen sind rechnerisch zugänglich und in der Strömungsmechanik als Potentialströmungen bekannt. Innerhalb der Grenzschicht sind die Strömungsverhältnisse rechnerisch nur näherungsweise zu erfassen. Mit diesem schwierigen Gebiet beschäftigt sich die *Grenzschicht-Theorie*, ein Spezialgebiet innerhalb der Strömungsphysik. Da die Zähigkeit bei einem Flugzeug etwa 40% des Reiseflug-Widerstandes verursacht, unternimmt die Flugzeug-Industrie größte Anstrengungen, um hinter das Geheimnis der Grenzschicht-Strömungen zu gelangen und Wege für eine Verminderung des Reibunswiderstandes zu finden.

4.2.6 Reynoldszahl

In den meisten Fällen läßt sich der Widerstand von umströmten Körpern wegen zu großer Schwierigkeiten nicht berechnen, man muß ihn messen. Da aber häufig der Widerstand von sehr großen Körpern interessiert (in diesem Fall Flugzeuge), an denen Messungen nicht möglich sind (weil das

Flugzeug erst gebaut werden soll oder weil der Meßaufwand zu groß ist), mißt man an verkleinerten Modellen. Der aus der Messung ermittelte Widerstandsbeiwert kann jedoch nur dann auf die Großausführung übertragen werden, wenn die Messungen am Modell unter strömungsmechanisch ähnlichen Bedingungen erfolgen wie bei der Großausführung.

Das Vergleichsmaß für die strömungsmechanische Ähnlichkeit ist die *Reynoldszahl*. Sie ist definiert als Verhältnis von Trägheitskraft zu Zähigkeitskraft:

$$\text{Reynoldszahl} = \frac{\text{Trägheitskraft}}{\text{Zähigkeitskraft}}$$

Die Reynoldszahl enthält drei Größen, auf die es ankommt:

- die *Strömungsgeschwindigkeit* V (im Fluge die wahre Fluggeschwindigkeit V_{TAS})
- eine *charakteristische Körperlänge* l (üblicherweise die aerodynamische Bezugsflügeltiefe l_A)
- die *kinematische Zähigkeit* der Luft (Symbol ist das griechische Nü: ν).

Beispiel 1

Für den Airbus A310 ist die Freiflug-Reynoldszahl zu ermitteln mit den Randbedingungen:
Fluggeschwindigkeit V_{TAS}= 450 kt
Flughöhe 10.000 m.

V = 450kt = 231.5 m/s
l_A = 5.83 m (s. Tabelle 4.1)
ν = 1.16*10$_{-5}$ m²/s
(für T=223K in 10000 m,
s. Standard-Atmosphäre)

$$Re = \frac{231.5 * 5.83}{1.16 * 10^{-5}} = 1.16 * 10^8$$

Beispiel 2

Bei derselben Machzahl ist die Reynoldszahl für das Windkanal-Modell im Maßstab 1:8.5 zu ermitteln.

Schallgeschwindigkeit in 10 km Höhe:
$a = \sqrt{\kappa RT} = \sqrt{1.4*287*233} = 306$ m/s
Schallgeschwindigkeit in 0 km Höhe bei 288K(=15C):
$a_0 = 340$ m/s
erforderliche Strömungsgeschwindigkeit im Windkanal:
$V = M*a_0 =$
0.76* 340 = 258 m/s.
Bezugsflügeltiefe des Modells:
l_A = 5.83/8.5 = 0.69 m
Kinematische Zähigkeit der Luft :
$\nu = 1.43 *10^{-5}$ m²/s

$$Re = \frac{258 * 0.69}{1.43 * 10^{-5}} = 1.24 * 10^7$$

Die Reynoldszahl des (relativ großen) Modells ist bei gleicher Machzahl eine Zehnerpotenz kleiner als bei der Großausführung. Demnach wird beim Modell zwangsläufig ein falscher Reibungswiderstand gemessen, der korrigiert werden muß. Die Korrektur der Meßwerte auf die Großausführung ist nicht einfach und bedarf großer Erfahrung.

Tatsächlich gibt es nur zwei Möglichkeiten, mit denen sich eine Übereinstimmung der Reynoldszahl zwischen Windkanalversuch und Freiflug erreichen ließe: entweder man führt den Versuch an einem Modell im Maßstab 1:1 durch, oder man senkt die Zähigkeit der strömenden Luft ab (die Zähigkeit steht bei der Re-Zahl im Nenner!). Im ersten Fall hätte das Modell dieselbe Größe wie das Original. Dieser Weg scheidet aus. Im zweiten Fall ändert man den Zustand der strömenden Luft im Windkanal. Hierbei wird die physikalische Tatsache ausgenutzt, daß die Zähigkeit der Luft mit steigendem Druck und fallender Temperatur abnimmt.

Die Steigerung der Reynoldszahl durch Erhöhen des Drucks ist in der Windkanaltechnik seit langem üblich, indem die geschlossene Umlaufstrecke »aufgepumpt« wird. Allerdings kann der Druck wegen der Belastungen von Modell und Windkanal nicht beliebig angehoben werden, so daß bei weitem nicht die Reynoldszahlen erreicht werden, die im Freiflug auftreten. Mit einer neuartigen Windkanaltechnik wird dieser Nachteil behoben: zusätzlich zur Erhöhung des Drucks erfolgt eine Absenkung der Temperatur. Dies geschieht durch Einspritzen von flüssigem Stickstoff in den

Luftstrom, der dadurch bis auf -220 C (100K) abkühlt. Ein derartiger Kryo-Kanal, der einzige in Europa, existiert beim Deutschen Zentrum für Luft- und Raumfahrt in Köln (DLR). Dieser Kanaltyp erfordert aufgrund der Tieftemperaturen eine völlig neue Technik.

4.3 Aerodynamische Eigenschaften

Die Art und Weise, wie sich ein Flugzeug in der Luft verhält, wird von seinen Eigenschaften bestimmt. Hierzu gehört z.B. das Verhalten bei Überschreiten des maximalen Anstellwinkels, der maximal nutzbare Auftrieb, die Entwicklung des Widerstandes mit der Geschwindigkeit, die Lage der Luftangriffskraft, das Verhalten bei hohen und niedrigen Geschwindigkeiten. Zur Beschreibung der aerodynamischen Eigenschaften dienen die aerodynamischen *Beiwerte*.

4.3.1 Aerodynamische Beiwerte

Wenn ein Flugzeug entworfen wird, gehört dazu auch die Bestimmung der Luftkräfte, die später an ihm wirken werden. Dies ist erforderlich, damit die einzelnen Bauteile entsprechend bemessen werden können, so daß die nötige Festigkeit erzielt wird und dennoch das Gewicht niedrig ist. Auch für die Ermittlung der Flugleistung und für die Flugmechanik müssen die Luftkräfte bekannt sein.

Die entscheidenden Luftkräfte sind *Auftrieb* und *Widerstand*. Sie werden durch folgende Faktoren bestimmt:

– Größe der Tragfläche (Symbol S, Dimension m^2)
– Staudruck der Anströmung (Symbol q, Dimension N/m^2)
– aerodynamischer Kennwert ohne Dimension: Auftriebsbeiwert C_A bzw. Widerstandsbeiwert C_W.

Es ist üblich, an Stelle der dimensionsbehafteten Kräfte Auftrieb und Widerstand ihre dimensionslosen Beiwerte C_A und C_W zu verwenden:

Auftriebsbeiwert $\quad C_A = A/qS$

Widerstandsbeiwert $\quad C_W = W/qS$

Zur vollständigen Kenntnis über die Wirkung der Luftkräfte am Tragflügel reichen Auftrieb und Widerstand allein nicht aus, da sie nur Größe und Richtung der resultierenden Luftkraft liefern. Es fehlt noch ihr Angriffspunkt. Hierfür benutzt man das *Längsmoment* (pitching moment), das von der Auftriebskraft um einen beliebigen Punkt erzeugt wird. Als Bezugspunkt wird häufig ein Punkt gewählt, der in 25 Prozent der Bezugsflügeltiefe l_A liegt (**Abb. 4-2**). Analog zum Auftriebs- und Widerstandsbeiwert wird ein Momentenbeiwert C_m definiert:

Momentenbeiwert $\quad C_m = M/qSl_A$

M ist das Moment der Auftriebskraft, das diese mit einem willkürlich festgelegten Hebelarm bildet (Moment = Kraft * Hebelarm). Der Ausdruck qSl_A ist ein Bezugsmoment ohne physikalische Bedeutung, das dazu dient, den Momentenbeiwert dimensionslos zu machen (qSl_A = Staudruck*Flügelfläche*Bezugsflügeltiefe; Dimension Nm).

Aerodynamische Beiwerte haben einen unschätzbaren Vorteil: sie sind unabhängig von der Flügelgröße und haben sowohl für das Windkanalmodell als auch für die Großausführung denselben Zahlenwert. Sie stellen damit ideale Vergleichs- und Beurteilungsmaße dar.

4.3.2 Darstellung der aerodynamischen Eigenschaften

Auftrieb und Widerstand hängen entscheidend vom Anstellwinkel ab. Ihr Verhalten bei veränderlichem Anstellwinkel kommt in der Beiwert-Darstellung der aerodynamischen Eigenschaften zum Ausdruck (**Abb. 4-8**). In Diagrammform aufgetragen wird üblicherweise der Auftriebsbeiwert jeweils als Funktion

– vom Anstellwinkel: $\quad C_A = f(\alpha)$
– vom Widerstandsbeiwert: $\quad C_A = f(C_W)$
– vom Momentenbeiwert: $\quad C_A = f(C_m)$

Aus dieser Darstellung lassen sich entscheidende Aussagen des aerodynamischen Verhaltens ableiten.

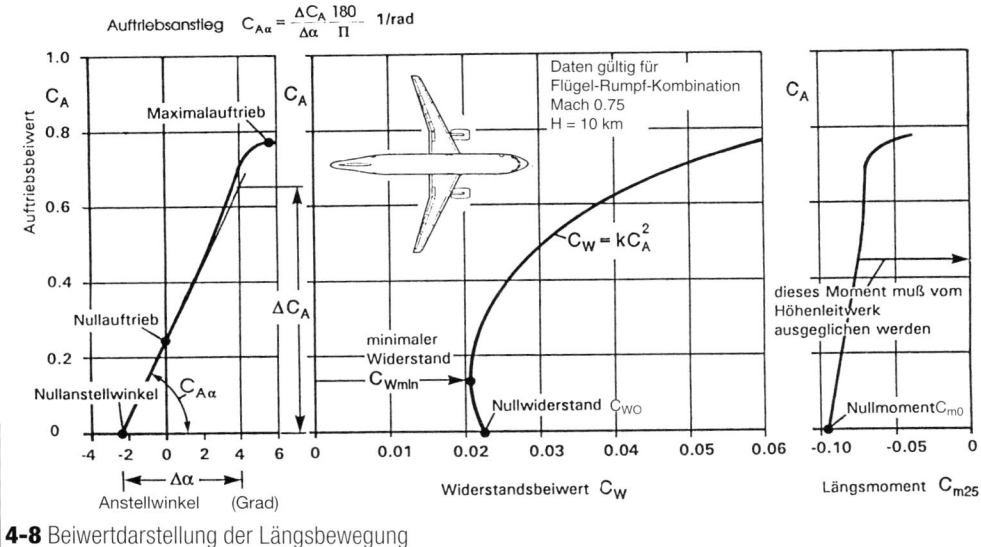

Auftriebsanstieg $C_{A\alpha} = \dfrac{\Delta C_A}{\Delta\alpha} \cdot \dfrac{180}{\Pi}$ 1/rad

Daten gültig für
Flügel-Rumpf-Kombination
Mach 0.75
H = 10 km

$C_W = k C_A^2$

dieses Moment muß vom
Höhenleitwerk
ausgeglichen werden

Maximalauftrieb

Nullauftrieb

ΔC_A

Nullanstellwinkel $C_{A\alpha}$

minimaler
Widerstand

C_{Wmin}

Nullwiderstand C_{WO}

NullmomentC_{m0}

$\longleftarrow \Delta\alpha \longrightarrow$
Anstellwinkel (Grad)

Widerstandsbeiwert C_W

Längsmoment C_{m25}

4-8 Beiwertdarstellung der Längsbewegung

4.3.2.1 Auftrieb

Im unteren Anstellwinkelbereich ist die Auftriebskurve linear, die Strömung liegt auf dem gesamtem Profil an – ganz so, wie sich der Flugzeugbauer dies wünscht (**Abb. 4-9**). Hier liegt der normale Arbeitsbereich eines Flügels.

Bei einer Erhöhung des Anstellwinkels über den linearen Teil hinaus beginnt die Strömung abzulösen, die Auftriebskurve weicht von ihrem linearen Verlauf ab. Dadurch werden die Auftriebsgewinne kleiner, bis schließlich der Auftrieb seinen Maximalwert erreicht. Die Strömungsablösungen sind jetzt so groß, daß bei weiterer Erhöhung des Anstellwinkels der Auftrieb großflächig zusammenbricht: die Auftriebskurve hat ihr Maximum überschritten. Flugtechnisch bedeutet dieser Bereich den Absturz des Flugzeugs, weil der Flügel seine Aufgabe nicht mehr erfüllen kann. Der nichtlineare Bereich ist daher für den Flugbetrieb verboten. Gelangt das Flugzeug trotzdem versehentlich dorthin, muß es von sich aus sofort in den sicheren Flugzustand zurückkehren. Der Nachweis erfolgt in der Flugerprobung für die Musterzulassung.

Die Auftriebskurve ermöglicht eine Aussage über das aerodynamische Verhalten und liefert hierzu wichtige Größen, z.B. Maximalauftrieb, Auftriebsanstieg, Nullanstellwinkel und Nullauftrieb (**Abb. 4-8**).

Der *Maximalauftriebsbeiwert* C_{Amax} (maximum lift) kennzeichnet nicht nur den höchsten Auftrieb, der mit dem Flügel erreichbar ist, sondern mit der *Überziehgeschwindigkeit* V_S (stalling speed) die entscheidende Bezugsgeschwindigkeit für den Langsamflug. Diese folgt aus der Definition des Auftriebsbeiwertes, wobei Auftrieb A = Gewicht G gilt:

$$\text{Auftriebsbeiwert } C_A = \frac{A}{1/2\rho\, V^2\, S}$$

$$\text{Überziehgeschwindigkeit } V_S =$$
$$= \sqrt{\frac{G\,(=A)}{1/2\rho * C_{Amax} * S}}$$

ρ (Rho) = Luftdichte, V = Fluggeschwindigkeit, S = Flügelfläche.

Der Auftriebsanstieg $C_{A\alpha}$[*] als Tangente der Auftriebskurve beschreibt, wie sich der Auftriebsbeiwert mit dem Anstellwinkel ändert. Er kennzeichnet den linearen Kurvenverlauf, der den normalen Betriebsbereich eines Flügels darstellt. Der Auftriebsanstieg wird gebildet aus einer Auftriebs-

---

[*] gesprochen c-a-alfa

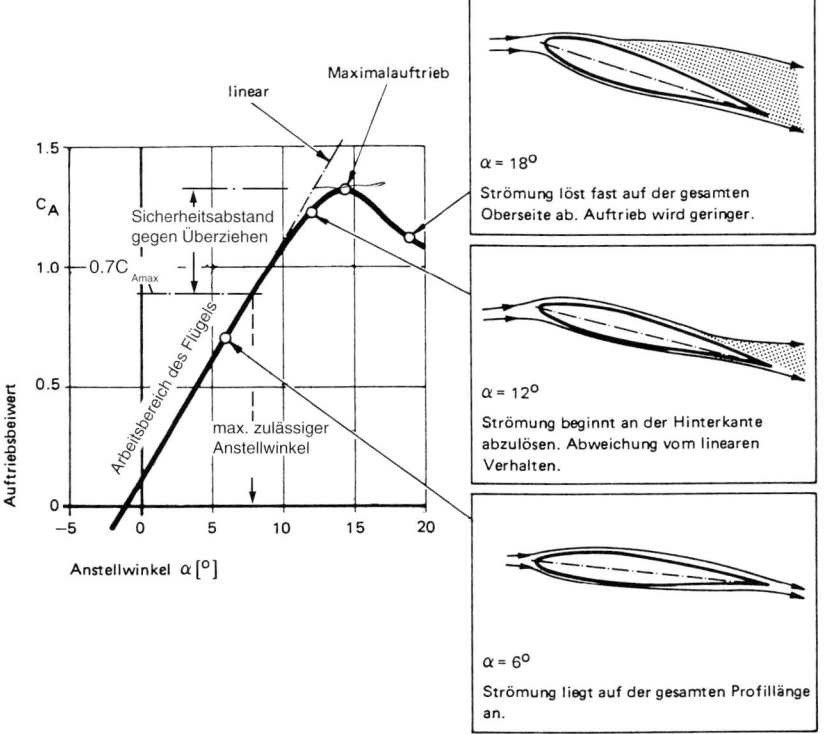

4-9 Zusammenhang zwischen Auftriebsverlauf und Strömungsform amProfil

differenz ΔC_A und einer Anstellwinkel-Differenz Δ_α und hat üblicherweise die Dimension 1/rad, seltener 1/o (Abb. 4-8):

$$C_{A\alpha} = \frac{\Delta C_A * 180^\circ}{\Delta\alpha * \pi} \quad (1/rad) \quad bzw.$$

$$C_{A\alpha} = \frac{\Delta C_A}{\Delta\alpha} \quad (1/^\circ)$$

Der Auftriebsanstieg ist abhängig von Streckung, Pfeilung und Flug-Machzahl; er liegt bei Verkehrsflugzeugen je nach Flug-Machzahl zwischen 5 und 8 (Beispiel Airbus A320: $C_{A\alpha} = 5.2$ bei Mach 0.2).

Verläuft die Auftriebskurve zu steil, reagiert das Flugzeug empfindlicher auf Böen; eine flachere Neigung kann den Passagierkomfort erhöhen.

Der Schnittpunkt der Auftriebskurve mit der Achse $C_A = 0$ ergibt den *Nullanstellwinkel* α_0 (zero lift incidence). Der Nullanstellwinkel ist stets nega-

tiv, wenn der Flügel – wie bei Verkehrsflugzeugen üblich – verwunden ist und ein gewölbtes (=unsymmetrisches) Profil besitzt. Ist das Profil symmetrisch und der Flügel unverwunden, geht die Auftriebskurve durch den Koordinaten-Ursprung, so daß $\alpha_0 = 0$ ist. Bei Verkehrsflugzeugen liegt α_0 bei -2.5°.

Mit Hilfe des Nullanstellwinkels und des Auftriebsanstiegs wird der lineare Teil der Auftriebskurve beschrieben:

$$C_A = C_{A\alpha} * (\alpha - \alpha_0)$$

In den Datensätzen, die für jedes Flugzeugmuster erstellt werden und die als Grundlage aller Berechnungen dienen, wird üblicherweise $C_{A\alpha}$ und α_0 als Funktion der Flug-Machzahl angegeben.

Der *Nullauftrieb* C_{A0} ist der Auftrieb bei einem Anstellwinkel von Null Grad (lift at zero incidence). Er entsteht durch Verwindung des Flügels und

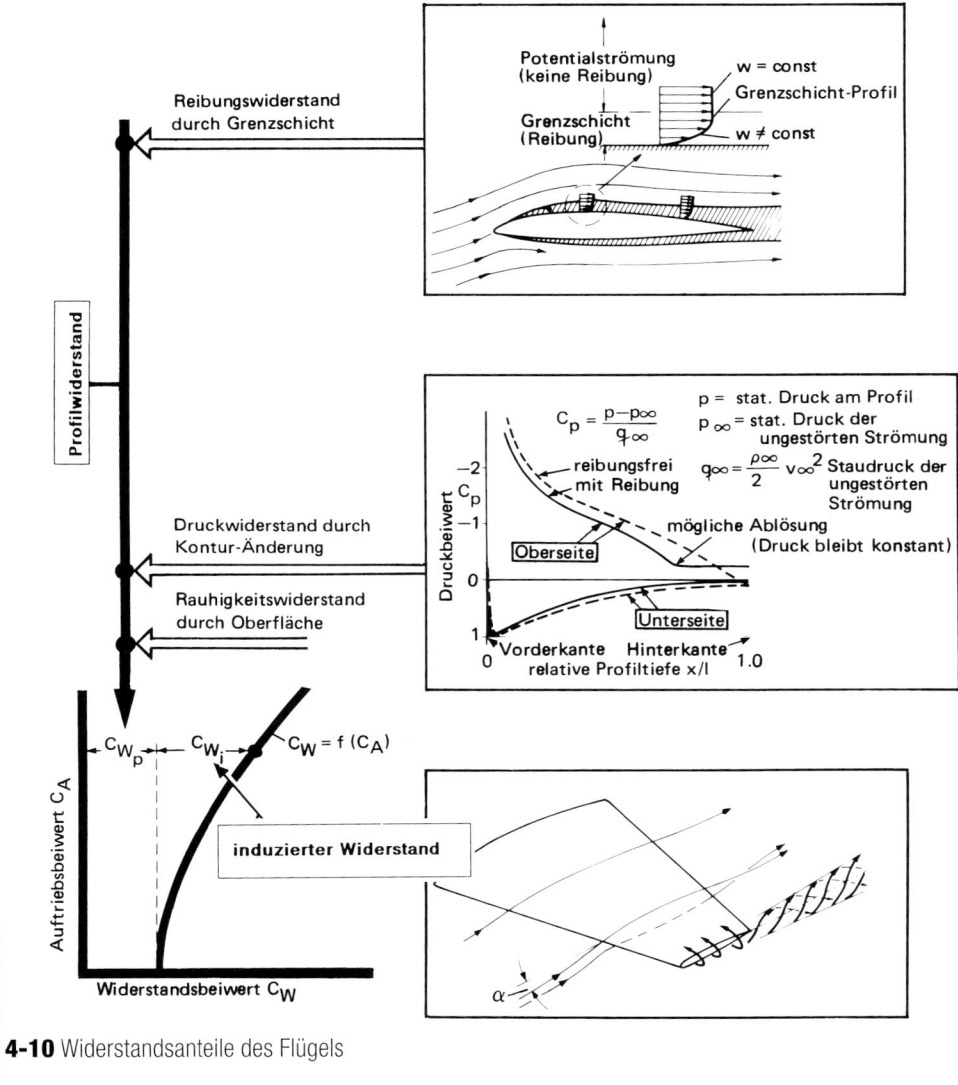

4-10 Widerstandsanteile des Flügels

Verwölbung des Profils und hängt mit dem Null-anstellwinkel zusammen. Der Nullauftrieb ist eine Einflußgröße, die der Aerodynamiker zur Erzeugung bestimmter Eigenschaften des Flügels verändern kann.

4.3.2.2 Widerstand

Der Widerstand am Flugzeug hat vielfältige Ursachen. Prinzipiell wird unterschieden zwischen Widerstandsanteilen, die unabhängig vom Auftrieb sind und solchen, die mit dem Auftrieb entstehen und daher auftriebsabhängig sind.

Der auftriebsunabhängige Widerstand umfaßt in reiner Unterschallströmung die Anteile
– Reibungswiderstand,
– Druckwiderstand,
– Rauhigkeitswiderstand,
– Interferenzwiderstand,
– Widerstand durch Anbauten.

Er wird zusammengefaßt zu dem historischen Begriff *Profilwiderstand* (minimum profile drag, **Abb. 4-10**). Darüber hinaus treten bei hohen Unterschallgeschwindigkeiten an einigen Stellen des Flügels lokale Überschallzonen auf, wobei *Wel-*

lenwiderstand (wave drag) entsteht. Der Wellenwiderstand hat sowohl auftriebsunabhängige als auch auftriebsabhängige Ursachen.

Der auftriebsunabhängige *Reibungswiderstand* (friction drag) hat seine Ursache in der Zähigkeitseigenschaft der Luft. Diese bewirkt, daß kleinste Teilchen der Strömung unmittelbar an einer festen Wand haften, in einer Übergangszone mit zunehmendem Abstand von der Wand höhere Geschwindigkeit annehmen und erst außerhalb dieser Zone die Geschwindigkeit der freien Strömung erreichen. Dort verhalten sie sich so, als sei keine Zähigkeit vorhanden (Die Theoretiker nennen die reibunsfreie Außenströmung dann Potentialströmung).

Die Zunahme der Strömungsgeschwindigkeit vom Wert Null an der Körperwand (z.B. Flügeloberfläche, Windkanalwand) auf den Wert der Außenströmung findet innerhalb der Grenzschicht statt. Durch Strömungen in der Grenzschicht entstehen Zähigkeitskräfte, die als sog. *Schubspannungen* (shear stress) parallel zur Körperwand wirken. In ihrer Gesamtheit bilden sie den Reibungswiderstand. Die Höhe des Reibungswiderstandes ist abhängig von der bespülten Oberfläche.

Der auftriebsunabhängige *Druckwiderstand* hat zwei Ursachen: die räumliche Ausdehnung des Körpers (reine Verdrängungswirkung) und die Folgen, die sich aus der Zähigkeitseigenschaft der Luft ergeben. Unter der Annahme einer reibungsfreien Strömung würde sich an einem Körper (=Flugzeug) eine ideale Druckverteilung einstellen, die zwar einen Auftrieb, aber keinen Widerstand hätte (Solche Strömungen existieren nur als Rechenmodell und heißen Potentialströmungen). In Wirklichkeit weicht die Druckverteilung von ihrem idealen Verlauf ab, weil sich an der Oberfläche eine Grenzschicht ausbildet, die den umströmten Körper effektiv aufdickt (und zwar um die sog. Verdrängungsdicke).

Strömungsablösungen werden von der Außenströmung ebenfalls als Konturänderungen aufgefaßt. Die solchermaßen geänderte Kontur führt zu einer ungünstigeren Druckverteilung als bei reibungsfreier Strömung, daher die Bezeichnung als *Druck-* oder *Formwiderstand* (pressure drag, form drag). Meßtechnisch sind Reibungs- und Druckwiderstand nicht voneinander zu trennen, da die Form des von der Grenzschicht aufgedickten Körpers unbekannt ist. Daher kann aus einer Druckverteilung zwar der Auftrieb, nicht aber der Druckwiderstand bestimmt werden.

Rauhigkeitswiderstand (roughness drag) und der Widerstand durch Anbauten (excrescence drag) beruhen auf Unebenheiten der Oberfläche, die mit der Fertigung zusammenhängen. Hierzu gehören vorstehende Nietköpfe, Meßsonden, Antennen und Ablaßöffnungen, aber auch schlecht fluchtende Türen von Passagierkabine oder Fahrwerk, Spalten oder Kanten an Verkleidungen, Klappen etc. Ebenfalls von Bedeutung ist die mikroskopische Feinstruktur der Metalloberfläche und der Farbanstrich des Flugzeugs.

In enger Zusammenarbeit der Fachabteilungen Aerodynamik, Konstruktion und Fertigung während der Entwicklungsphase, aber auch durch fortlaufende Kontrollen bereits fertiggestellter Flugzeuge werden große Anstrengungen unternommen, um die vorgeschriebenen Bautoleranzen einzuhalten, damit die Leistungsfähigkeit des Flugzeugs nicht durch vermeidbare Mängel beeinträchtigt wird.

Ein weiterer Widerstandsanteil, dem der Hersteller größte Beachtung widmet, ist der Interferenzwiderstand (interference drag). Diese Widerstandsform entsteht beim Zusammenwirken einzelner Komponenten des Flugzeugs, etwa im Übergangsbereich von Flügel und Triebwerkaufhängung (Pylon). Dadurch wird die Flügelumströmung örtlich beeinträchtigt, was sich als Widerstand bemerkbar macht.

Die bisher genannten Widerstandsanteile sind stets vorhanden, unabhängig davon, ob der Flügel Auftrieb liefert oder nicht. Gemeinsam bilden sie den *auftriebsunabhängen* Profilwiderstand. Hiervon zu unterscheiden ist der *auftriebsabhängige* Widerstand, der hervorgerufen wird durch Ausgleichströmungen als Folge der nicht gleichförmig über der Flügelspannweite verteilten aerodynamischen Last (**Abb. 4-11 + 4-10**). Infolge des Unterdrucks auf der Flügeloberseite und des Überdrucks auf der Unterseite wird eine Ausgleichströmung an den Flügelenden erzeugt, die sich der Anströmung überlagert. Dabei werden die Stromlinien im Außenbereich des Flügels so abgelenkt, daß sie auf der Unterseite zur Flügelspitze hin, auf der Oberseite von ihr weg verlaufen. Beim Zusammenfließen dieser unterschiedlich ge-

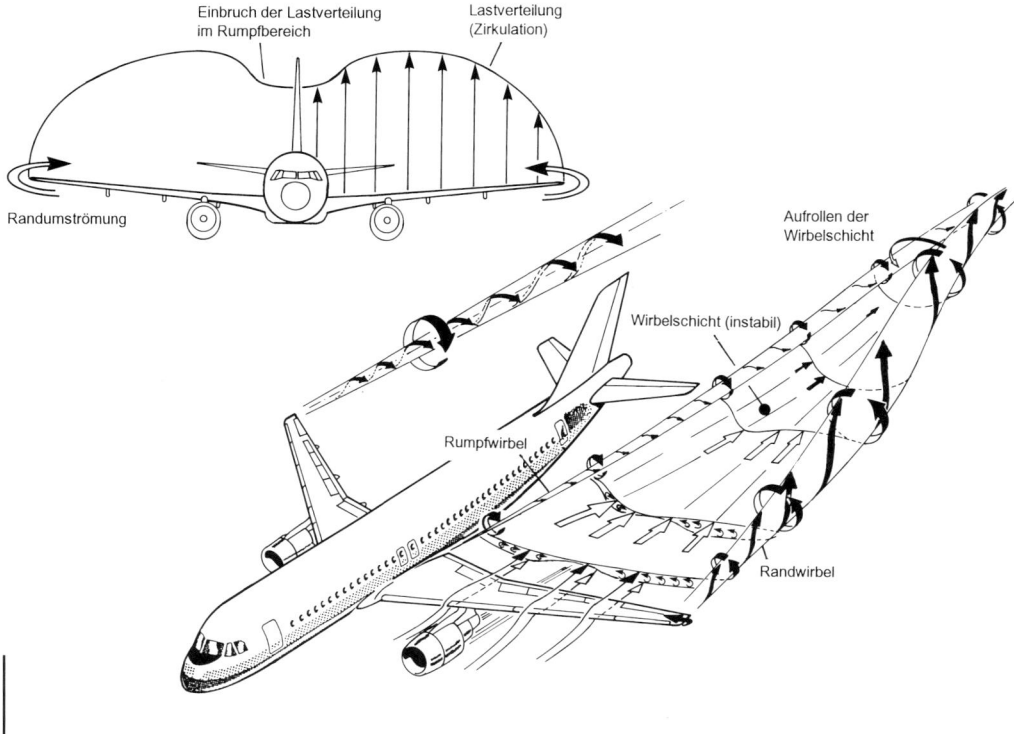

Einbruch der Lastverteilung im Rumpfbereich

Lastverteilung (Zirkulation)

Randumströmung

Aufrollen der Wirbelschicht

Wirbelschicht (instabil)

Rumpfwirbel

Randwirbel

4-11 Entstehung des induzierten Widerstandes

richteten Strömungen entsteht entlang der Hinterkante eine aus kleinsten Einzelwirbeln aufgebaute *Wirbelfläche* (vortex sheet).

Aber auch am Flügel-Rumpf-Übergang entsteht ein Wirbel, weil dort die Lastverteilung des Flügels einen Einbruch erfährt. Dieser Wirbel dreht entsprechend dem Verlauf der Lastverteilung entgegengesetzt zum Randwirbel und ist auch nicht so mächtig wie dieser. An der Flügelhinterkante des rumpfnahen Bereichs bildet sich ebenfalls eine aus kleinsten Einzelwirbeln bestehende Wirbelschicht, die zur Flügelmitte hin abklingt und in die Wirbelschicht des Außenflügels übergeht (**Abb. 4-11**).

Die theoretische Aerodynamik erklärt das Entstehen einer Wirbelschicht mit der Änderung der Zirkulation in Spannweitenrichtung (Lastverteilung und Zirkulation hängen eng miteinander zusammen). Wo diese Änderungen gering sind (wie etwa in der Mitte der Halbspannweite), herrschen nahezu zweidimensionale Eigenschaften vor, die mit

theoretischen Verfahren recht zuverlässig beschrieben werden können (»unendlicher« schiebender Flügel).

Hinter dem Flugzeug rollt sich das komplexe Wirbelsystem von den Seiten her spiralförmig auf und geht in ein Wirbelpaar aus zwei entgegengesetzt drehenden Wirbeln über. Diese fangen die Abgasstrahlen der Triebwerke ein und lassen sich bei hochfliegenden Flugzeugen als doppelte »Kondensstreifen« beobachten. Die fortwährende Wirbel-Erzeugung stellt einen Verlust dar, zu dessen Überwindung Energie in Form von Triebwerkschub aufgebracht werden muß.

Man bezeichnet den auftriebsabhängigen Teil des Flügelwiderstandes als *induzierten* Widerstand (induced drag, drag due to lift, vortex drag). Der induzierte Widerstand wird von der Verteilung der aerodynamischen Belastung über der Flügelspannweite bestimmt und erreicht seinen günstigsten Wert bei einer elliptischen Verteilung. In diesem Fall hängt der induzierte Widerstandsbeiwert nur vom Auftriebsbeiwert C_A und der Flügel-streckung Λ (Lambda) ab:

Induzierter Widerstandsbeiwert:

$$C_{Wi} = \frac{C_A^2}{\pi\,\Lambda}$$

Da der induzierte Widerstand – wie die Gleichung zeigt – mit wachsender Streckung abnimmt und der wirtschaftliche Betrieb eines Flugzeugs geringstmöglichen Widerstand verlangt, muß für Unterschall-Verkehrsflugzeuge eine große Flügel-streckung angestrebt werden.

4.3.2.3 Längsmoment

Die am Tragflügel und den übrigen Teilen des Flugzeugs wirkenden Luftkräfte erzeugen ein Moment um die Querachse, das vom Höhenleitwerk ausgeglichen werden muß (**Abb. 4-8**). Für die Aerodynamik bedeutsam ist
a) der Momentenverlauf im linearen
   Anstellwinkelbereich (d.h. die Steigung
   dC_m/dC_A, bekannt als Stabilitätsmaß),
b) die Abreiß-Charakteristik bei hohen Anstellwinkeln (das Flugzeug muß dabei auf
   den Kopf gehen),
c) der Momentenbeiwert bei Nullauftrieb
   (Nullmoment C_{m0}).

Ermittelt wird das Momentenverhalten im Windkanal, wobei das Modell ohne Höhenleitwerk vermessen wird (**Abb. 4-12**).

4.12 Modell im Windkanal (A310 im DNW)

4.3.2.4 Gleitzahl

Es ist das Ziel jedes Flugzeug-Entwurfs, den erforderlichen Auftrieb mit möglichst wenig Widerstand zu erzeugen. Als Maß hierfür gilt das Verhältnis »Auftrieb/Widerstand«, das als *Gleitzahl* (lift/drag ratio) bezeichnet wird. Es kennzeichnet die aerodynamische Güte eines Entwurfs.

4.4 Aerodynamik des Tragflügels

Die Wirtschaftlichkeit eines Verkehrsflugzeugs hängt entscheidend von den Strömungsverhältnissen am Tragflügel ab. Daher lag hier ein wesentliches Ziel der internationalen Luftfahrtforschung von Anfang an. Wie jedes technische Produkt, so entwickelte sich auch der Tragflügel schrittweise zu seinem heutigen Leistungsstandard, wobei das Ziel stets gerichtet war auf eine Steigerung der Flugreichweite bei gleichzeitiger Verringerung des Flugwiderstandes. Umgesetzt in die Praxis bedeutete dies, daß der Flügel bei den heute üblichen hohen Reiseflug-Geschwindigkeiten eine Strömung aufrechterhält, die viel Auftrieb bei wenig Widerstand liefert. Die Möglichkeiten, die der Flugzeug-Entwurf hierbei zur Verfügung hat, bestehen außer in der Gestaltung des Flügelgrundrisses vor allem in dem Auffinden geeigneter Profile.

Es gehört zum typischen Merkmal eines Tragflügels großer Streckung, daß sein Verhalten vorwiegend durch die Eigenschaften des Profils bestimmt wird. Hierin unterscheidet sich der großgestreckte Flügel eines Verkehrsflugzeugs vom kleingestreckten Flügel eines Kampfflugzeugs oder eines Überschall-Verkehrsflugzeugs, dessen Verhalten vorwiegend vom Grundriß (und weniger vom Profil) geprägt wird. Der wichtigste Schritt beim Flügelentwurf für Verkehrsflugzeuge bedeutet daher stets den Entwurf eines geeigneten Profils.

4.4.1 Überschall am Profil

Die mit dem Strahlantrieb möglich gewordene Steigerung der Fluggeschwindigkeit verlangte nach Profiltypen, die auf ihrer Oberseite örtlich

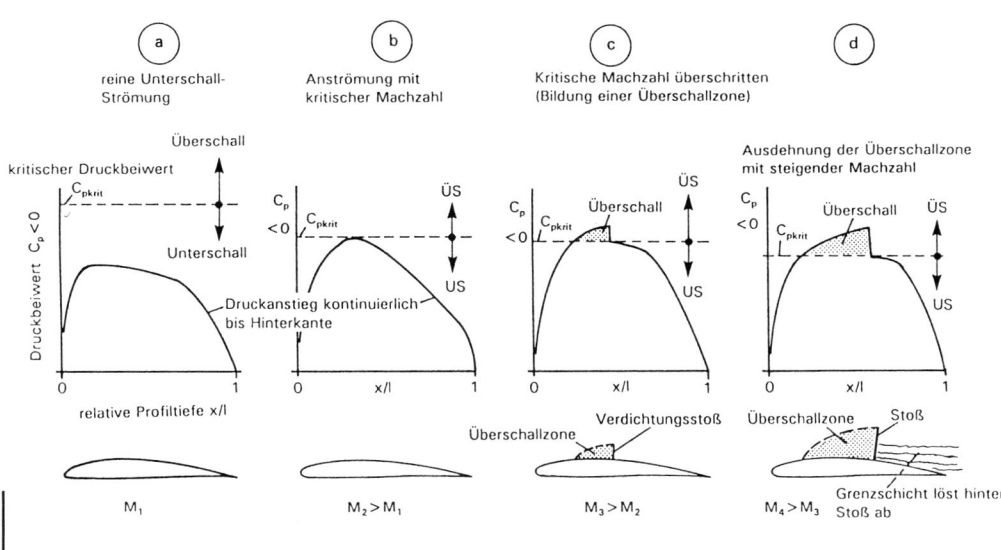

4-13 Strömungsentwicklung am Profil

Strömungsgeschwindigkeiten mit Überschall zulassen, auch wenn das Flugzeug selbst mit Unterschall fliegt. Da derartige lokale Überschallströmungen stets auf Unterschall zurückgeführt werden müssen, entstehen Verdichtungsstöße, die den Widerstand erhöhen. Es handelt sich hierbei um die ersten Ausläufer der Schallmauer, die früher als natürliche Grenze des Fliegens angesehen wurde.

Wir wollen uns ansehen, was strömungstechnisch passiert, wenn ein herkömmliches gewölbtes Profil schrittweise mit zunehmender Geschwindigkeit angeströmt wird (**Abb. 4-13**). Solange die Anströmgeschwindigkeit klein ist (etwa Mach 0.3), herrscht überall am Profil Unterschallgeschwindigkeit. Vom vorderen Staupunkt aus beginnt die Strömung zu expandieren (Abnahme des Drucks) und beschleunigt dann bis auf einen Höchstwert. Anschließend wird die Strömung wieder verzögert, hervorgerufen durch die Abnahme der Profildicke. Hierbei steigt der Druck bis zur Hinterkante kontinuierlich an (**Abb. 4-13, a**).

Wenn die Anströmgeschwindigkeit groß genug ist (aber weiterhin mit Unterschall erfolgt), wird an einer Stelle der Oberseite die Schallgeschwindigkeit erreicht. In diesem Fall hat die Anströmung die kritische Machzahl erreicht (**Abb. 4-13**, b). Die kritische Machzahl M_{krit} kennzeichnet das erstmalige Erreichen der Schallgeschwindigkeit am Profil und zugleich die untere Grenze für mögliche Verdichtungsstöße.

Mit wachsender Anströmgeschwindigkeit wird die Überschallzone größer (**Abb. 4-13**, c). Bei hinreichender Ausdehnung erfolgt die Verzögerung auf Unterschall nicht mehr sanft, sondern abrupt durch einen Verdichtungsstoß. Hierbei entsteht eine Widerstandsform, die als *Wellenwiderstand* (wave drag) bezeichnet wird. Wellenwiderstand ist stets mit dem Auftreten von *Verdichtungsstößen* verbunden. Weil die Grenzschicht nicht in der Lage ist, den hierbei auftretenden starken Druckanstieg zu verkraften, löst sie hinter dem Stoß ab (**Abb. 4-13**, d). Man bezeichnet diesen durch einen Verdichtungsstoß ausgelösten Vorgang als *stoßinduzierte Ablösung* (shock induced separation).

Beim Durchlaufen des Geschwindigkeitsbereichs erhöht sich der Widerstand überdurchschnittlich, sobald Verdichtungsstöße auftreten (drag rise). Hier endet der Einsatzbereich eines Profils, das für Unterschall-Verkehrsflugzeuge verwendet werden kann. Für den Entwurfsingenieur besteht die Aufgabe darin, Profiltypen zu entwickeln, die das Abbremsen der Überschallströmung möglichst behutsam durchführen und den unvermeidbaren Widerstandsanstieg zu höheren Geschwindigkeiten verlagern, die nicht mehr zum Betriebsbereich eines Verkehrsflugzeugs gehören.

4.4.2 Entwicklungsschritte und Eigenschaften transsonischer Profile

Eine Strömung, in welcher Unterschall- und Überschallgebiete gemischt vorkommen, heißt *transsonisch*. Der Bereich transsonischer Strömungen beginnt mit der kritischen Machzahl und endet, wenn das gesamte Strömungsfeld Überschall hat. In den Überschallbereich können nur solche Flugzeuge eindringen, die hierfür geeignet sind, d.h. Kampfflugzeuge oder Überschall-Verkehrsflugzeuge. Von diesen Ausnahmen abgesehen, fliegen heutige Verkehrsflugzeuge mit Geschwindigkeiten, die höchstens Mach 0.9 entsprechen und daher stets im Unterschall liegen, auch wenn am Flügel lokal Überschallzonen vorhanden sind.

Die ersten Profile, die gleichzeitig Unterschallströmung mit eingebetteten Überschallzonen aufwiesen, waren abgewandelte Profile aus den dreißiger Jahren. Hierfür standen umfangreiche Profilsammlungen zur Verfügung, von denen die amerikanische NACA-Profilreihe die weiteste Verbreitung gefunden hat. Insbesondere die vierziffrigen NACA-Profile wurden anfänglich für Hochgeschwindigkeitsversuche herangezogen (z.B. das Profil NACA 0012, ein symmetrisches Profil mit 12% Dicke). Abgewandelte Profile aus dieser Serie wurden bei den Verkehrsflugzeugen Douglas DC-8 und DC-9 angewendet. Ihre hohe »Drag-rise«-Machzahl von 0.84 (das ist die Machzahl des Widerstandsanstiegs) erlaubte eine Rücknahme der Flügelpfeilung auf 30°, während bei den sonst bevorzugten Profilen der 6-ziffrigen NACA-Profilreihe eine Flügelpfeilung von 35° erforderlich war, mit allen Nachteilen bezüglich Flügelgewicht und den Flugeigenschaften im Langsamflug (Start, Landung).

Während in den USA anfänglich transsonische Profile durch Abwandlung vorhandener älterer Profile entwickelt wurden, ging man in Großbritannien neue Wege und entwarf Profile, die bewußt lokale Überschallzonen zuließen. Die Profilierung wurde

so gestaltet, daß die Strömung unmittelbar an der Profilnase auf Überschallgeschwindigkeit beschleunigt wird, dann eine kurze Verzögerungsstrecke durchläuft (wobei der Druck ansteigt) und schließlich über einen schwachen Verdichtungsstoß auf Unterschall zurückgeht (**Abb. 4-14**). Wegen der ausgeprägten Saugspitze (engl. »peak«) wurde dieser Profiltyp als *Peaky-Profil* bezeichnet. Kennzeichnend für das Peaky-Profil ist eine stark gekrümmte Nase und unmittelbar daran anschließend eine nur schwach gekrümmte Oberseite (**Abb. 4-14**). In der Praxis angewendet wurde das Peaky-Profil bei den englischen Verkehrsflugzeugen Trident und VC-10.

Vorteilhaft beim Peaky-Profil ist ein relativ niedriger Widerstand im Auslegungszustand, der mit der Ausbildung eines starken Nasensogs erklärt werden kann. Nachteilig hingegen ist der geringe Toleranzbereich bei Änderungen des Anstellwinkels oder der Machzahl, wobei starke Verdichtungsstöße auftreten, hinter denen die Strömung ablöst. Die Einsatzflexibilität eines Verkehrsflugzeuges verlangt aber gute Profileigenschaften auch außerhalb des Auslegungspunktes (sog. »Off-Design«-Verhalten). Diese Fähigkeit wurde erst geschaffen, als mit der Einführung von Großrechnern (die es bei der Peaky-Entwicklung noch nicht gab) numerische Rechenverfahren für transsonische Strömungen zur Verfügung standen, die eine gezielte Profil-Entwicklung durch die theoretische Aerodynamik möglich machten.

Eine Weiterentwicklung erfuhren Peaky-Profile dadurch, daß die Unterseite stärker zur Auftriebserzeugung herangezogen wurde, zumal die Oberseite durch den festgelegten Druckanstieg »ausgereizt« war. Durch eine deutliche Wölbung im rückwärtigen Teil des Profils (engl.: rear) wurde erreicht, daß sich dort eine Überdruckzone ausbildet, die eine höhere Last (engl.: load) zur Folge hat (**Abb. 4-14**). Diese Technik – auch im deutschen Sprachgebrauch als »*Rear-Loading*« bezeichnet – wurde bereits bei den 6-ziffrigen und den noch älteren 4-ziffrigen NACA-Profilen angewendet, ist also keineswegs eine Besonderheit transsonischer Profile.

Auch wenn Peaky-Profile heute als überholt gelten, so beherrscht das in den sechziger Jahren entwickelte Konzept einer überkritischen Profilströmung in Verbindung mit »Rear-Loading« den

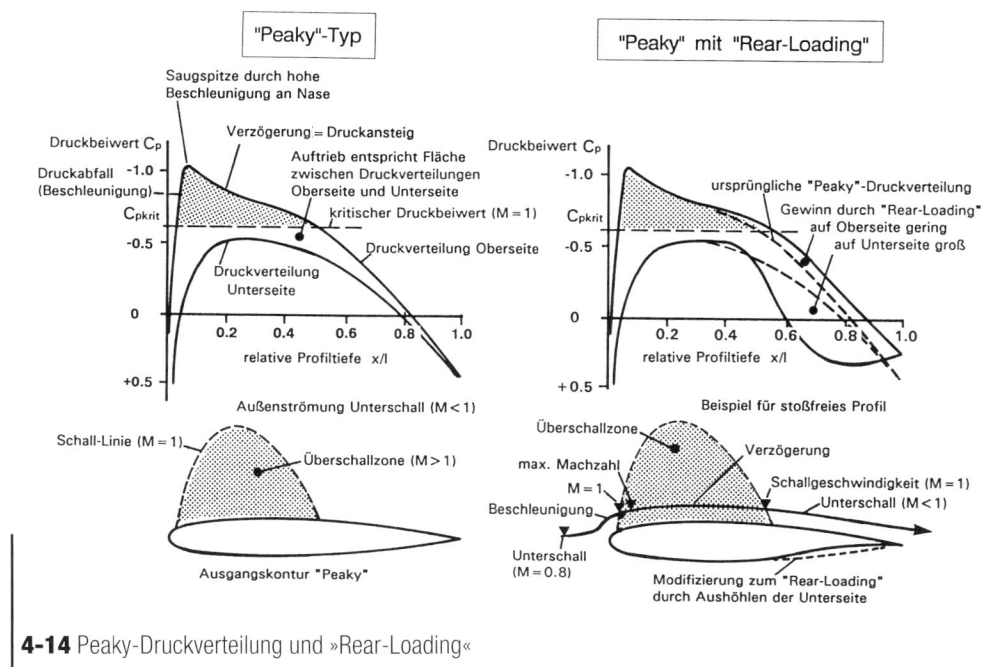

4-14 Peaky-Druckverteilung und »Rear-Loading«

heutigen Profil-Entwurf. Die Anwendung des »Rear-Loading« hängt davon ab, ob die Druckverteilung die zusätzliche Belastung ablösungsfrei erträgt und ob die Flügelstruktur ausreichend steif ist; denn am Flugzeug erreicht dieser zusätzliche Auftrieb die Größenordnung von vielen Tonnen, die infolge ihres rückwärtigen Angriffspunktes den Flügel verdrehen wollen.

Ein grundsätzlich anderer Weg zur Gestaltung des Überschallfeldes am Profil wurde in den USA beschritten. In den Forschungsanstalten der NASA wurde um 1970 ein Profiltyp entwickelt, dessen Druckverteilung durch ein konstantes überkritisches Gebiet gekennzeichnet ist, das sich über einen großen Teil der Profiltiefe erstreckt (**Abb.4-15**). Das ausgedehnte Überschallfeld erhöht den Auftrieb merkbar, auch wenn infolge des stärkeren Verdichtungsstoßes ein größerer Profilwiderstand in Kauf genommen werden muß. Wegen der Form der Druckverteilung bezeichnet man diesen Profiltyp als überkritisches »*Roof-Top*«-Profil, das durch folgende Merkmale gekennzeichnet ist (**Abb. 4-15**):

1. Große Profildicke, allgemein über 10%, dadurch leichtere Bauweise und größere Tankkapazität

2. Abgeflachte Oberseite, dadurch wirksame Ausnutzung der Überschallzone und Verlagerung des Widerstandsanstiegs zu höheren Machzahlen

3. Bauchige Unterseite mit anschließender Wölbung nach innen, dadurch Erzeugung großer Auftriebskräfte im Heckbereich der Unterseite (Rear-Loading)

4. Großer Nasenradius, dadurch gute Langsamflug-Eigenschaften

Das Ziel des modernen Profilentwurfs besteht prinzipiell darin, Profilformen zu entwickeln, die das günstige Widerstandsverhalten des Peaky-Typs mit dem Auftriebsvermögen des Roof-Top-Typs verbinden. Dabei wird angestrebt, daß die erwünschten Eigenschaften auch bei Abweichungen vom Auslegezustand möglichst erhalten bleiben, z.B. bei höheren Anstellwinkeln oder höheren Flug-Machzahlen. Eine Lösung dieser Aufgabe gelingt nur mit Hilfe theoretischer Verfahren für transsonische Strömungen und mit hieran gekoppelten Grenzschichtverfahren – ein typisches Anwendungsgebiet für Großrechner.

Trotz aller verfügbaren Hilfsmittel bedarf es großer Erfahrung, um die empfindliche Strömung

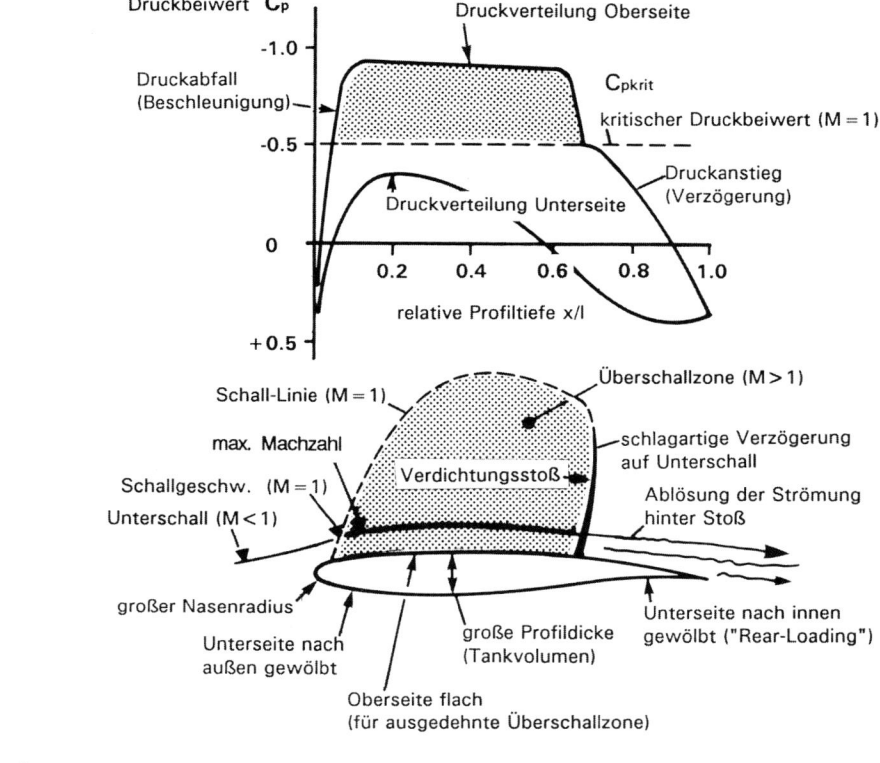

4-15 Überkritisches »Roof-Top«-Profil mit »Rear-Loading«

der Oberseite in optimaler Weise zu nutzen. Der Prüfstein des Profilentwurfs bleibt das Verhalten der Strömung bei Abweichungen vom Auslegungszustand.

4.4.3 Tragflügel-Entwurf

Ausgangspunkt für jeden Tragflügel-Entwurf sind die wichtigsten Entwurfsforderungen eines Flugzeugs, beispielsweise für den Airbus A320:
– maximales Startgewicht 72000 daN
– Reiseflug-Machzahl M=0.76
– Reiseflug-Höhe H=30000 ft/ 9150 m
– Reichweite R = 3050 nm/ 5600 km

Die Umsetzung dieser Forderungen beeinflußt die typischen Kennwerte des Flügels wie
– Flügelgeometrie mit Flügelfläche, Streckung,

Pfeilung, Zuspitzung, sowie Profilierung, Verwindung, Flächenbelastung, Tankvolumen.

Als Bewertungsmaßstab für den technologischen Standard eines Flügels hat sich die *Flächenbelastung* erwiesen. Die Flächenbelastung (wing loading) ist die maximale Last, die ein Quadratmeter Flügelfläche gefahrlos tragen kann; sie ist definiert als Verhältnis von maximalem Startgewicht zu Bezugsflügelfläche (Tab. 4.1). Die Flächenbelastung gegenwärtiger Verkehrsflugzeuge liegt bei 600 daN/m². In die Flächenbelastung geht sowohl die Aerodynamik als auch die Zellenbauweise ein.

Grundsätzlich erfolgt die Auslegung eines Flügels nach den Forderungen des wirtschaftlichen Reisefluges, d.h. für Hochgeschwindigkeit. Daneben muß ein Flügel für Start und Landung aber

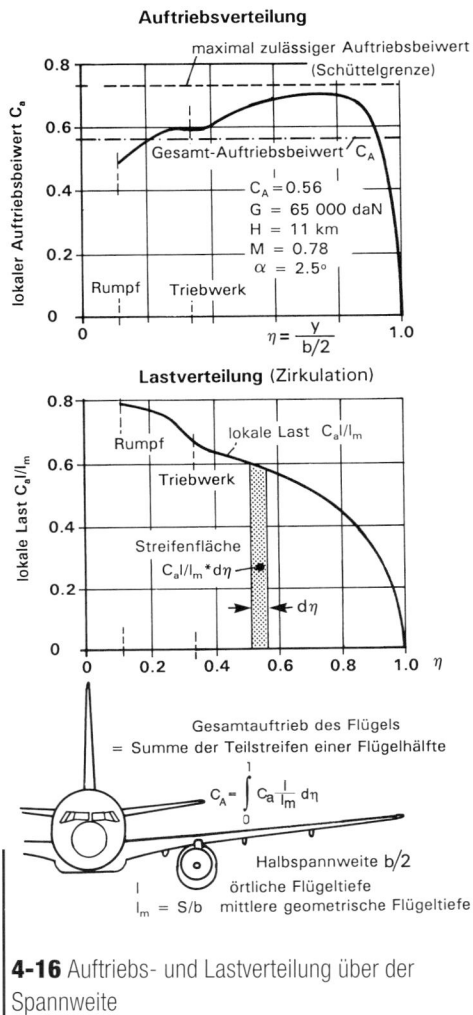

Auftriebsverteilung

maximal zulässiger Auftriebsbeiwert
(Schüttelgrenze)

Gesamt-Auftriebsbeiwert C_A

$C_A = 0.56$
$G = 65\,000$ daN
$H = 11$ km
$M = 0.78$
$\alpha = 2.5°$

Rumpf   Triebwerk

$\eta = \dfrac{y}{b/2}$

Lastverteilung (Zirkulation)

Rumpf   lokale Last $C_a l/l_m$

Triebwerk

Streifenfläche
$C_a l/l_m * d\eta$

$d\eta$

Gesamtauftrieb des Flügels
= Summe der Teilstreifen einer Flügelhälfte

$$C_A = \int_0^1 c_a \frac{l}{l_m}\, d\eta$$

Halbspannweite $b/2$
örtliche Flügeltiefe
$l_m = S/b$ mittlere geometrische Flügeltiefe

4-16 Auftriebs- und Lastverteilung über der Spannweite

auch ausreichende Langsamflug-Eigenschaften besitzen. Beide Forderungen verlangen unterschiedliche Lösungen, so daß jeder Flügel zwangsläufig einen Kompromiß darstellt.

Nach Festlegung der Flügel-Geometrie, mit der die geforderte Leistung erfüllt werden kann, besteht der Tragflügel-Entwurf zunächst in der Suche nach einer geeigneten Auftriebsverteilung. Eine Auftriebsverteilung ist die Gesamtheit der an jeder Stelle der Flügelspannweite wirkenden lokalen Auftriebsbeiwerte, die sich aus der Druckverteilung bei der Umströmung des Flügels ergibt (**Abb. 4-16**). In ihrer Summe bilden sie den Auftriebsbeiwert des Flügels. Bei heutigen Verkehrsflugzeugen, die im hohen Unterschall mit Machzahlen um

0.8 fliegen, liegt dieser Auftriebsbeiwert in der Nähe von $C_A=0.5$. Der aerodynamische Entwurf muß für den vorgegebenen Flügelgrundriß eine geeignete Profilierung suchen, die diesen Auftriebsbeiwert im Reiseflug erbringt, günstig im Widerstand ist und den Einbau von Hochauftriebshilfen für den Langsamflug ermöglicht. In der Regel kann hierbei auf Erfahrungswerte zurückgegriffen werden, da die bearbeiteten Flugzeugmuster häufig ideenmäßig miteinander verwandt sind.

Für erste theoretische Abschätzungen bieten sich relativ einfache Rechenverfahren an, die teilweise schon seit Jahrzehnten gute Dienste leisten (z.B. Tragflächenverfahren). Das Ergebnis ist neben einer vorläufigen Auftriebsverteilung auch eine vorläufige Lastverteilung, dargestellt über der dimensionslosen Halbspannweite des Flügels (**Abb. 4-16**). Auftriebsverteilung und Lastverteilung sind die Stellschrauben, mit denen der Aerodynamiker die Feineinstellung des Flügels vornimmt.

Die Auftriebsverteilung (lift distribution) gibt den örtlichen Auftriebsbeiwert an jeder Stelle der Spannweite für einen bestimmten Anstellwinkel an. Da der lokale Auftriebsbeiwert kennzeichnend ist für die Profilumströmung, liefert die Auftriebsverteilung zugleich eine Aussage über den Strömungszustand am Flügel. Insbesondere kann die Gefahr einer möglichen Strömungsablösung frühzeitig erkannt werden, die dann droht, wenn örtlich hohe Auftriebsbeiwerte vorliegen.

Die Lastverteilung (load distribution) folgt unmittelbar aus der Auftriebsverteilung. Sie ist üblicherweise eine dimensionslose Größe (C_a*l/l_m) und enthält an jeder Stelle der Spannweite neben dem örtlichen Auftriebsbeiwert C_a auch die örtliche (dimensionslose) Profiltiefe (l/l_m) und damit die Flügelfläche. Die Lastverteilung, d.h. die aerodynamische Belastung des Flügels infolge Auftriebserzeugung, beeinflußt den Widerstand des Flügels. Der Widerstand ist am günstigsten, wenn die Last über dem Flügel elliptisch verteilt ist. Die Aufsummierung (mathematisch: Integration) der Lastverteilung über der Halbspannweite liefert den Auftriebsbeiwert des Gesamtflügels (**Abb. 4-16**). Zugleich liefert die Lastverteilung das aufsummierte Biegemoment (= Summe aus örtlicher Last mal örtlichem Hebelarm), das an der Flügelwurzel in den Rumpf eingeleitet werden muß.

Der wesentliche Schritt einer Flügel-Auslegung besteht im Entwurf geeigneter Profile, die die Auftriebsverteilung im Reiseflug erbringen. Die größte Schwierigkeit bereitet der unterschiedliche Charakter von Profilströmung und Flügelströmung: Profilströmung findet in der Ebene statt und ist als zweidimensionale Strömung mit den modernen transsonischen Rechenverfahren zugänglich; die Tragflügelströmung ist dagegen eine räumliche Strömung, die mit theoretischen Mitteln zuverlässig (noch) nicht erfaßt werden kann. Die räumliche Umströmung des Flügels entsteht durch die Verdrängungswirkung des Rumpfes und durch Druckausgleich an den Flügelenden (**Abb. 4-11**).

Wegen der großen Streckung des Tragflügels kann die Strömung innerhalb eines Spannweitenbereiches zwischen 45% und 65 % als nahezu zweidimensional angesehen werden, so daß dort die Profil-Eigenschaften (=zweidimensionale Strömung) überwiegen. Die Aerodynamik wird daher zunächst Profile für diese Bereiche entwerfen und anschließend unter Verwendung von Daten ähnlicher Flugzeuge, mit Rechenverfahren (soweit dies möglich ist) und aus der Erfahrung die dreidimensionalen Einflüsse im Profil-Entwurf berücksichtigen. Hierbei hat jeder Flugzeughersteller seine eigene Vorgehensweise, die als sein »Know-How« natürlich Firmengeheimnis sind.

Kein Firmengeheimnis sind dagegen grundlegende Erkenntnisse aus Aerodynamik und Flugzeugbau, die beim Flügel-Entwurf zu berücksichtigen sind und von denen wir einige kennenlernen wollen.

4.4.3.1 Pfeilung

Das Auftreten von Verdichtungsstößen ist eine Folge der Kompressibilitäts-Eigenschaft der Luft, die sich bei hohen Strömungsgeschwindigkeiten bemerkbar macht (etwa ab Mach 0.6 bzw. 600 km/h in 11 km Höhe). Durch Pfeilung des Flügels können diese Machzahl- oder Kompressibilitäts-Einflüsse verringert oder zu höheren Machzahlen verschoben werden. Ein Flugzeug mit gepfeiltem Flügel kann daher schneller fliegen. Diese Entdeckung wurde bereits in den dreißiger Jahren von deutschen Wissenschaftlern gemacht und beim ersten strahlgetriebenen Kampfflugzeug, der Me-262, verwirklicht. Inzwischen ist der Pfeilflügel

auch aus dem zivilen Flugzeugbau nicht mehr fortzudenken.

Für das Auftreten von Verdichtungsstößen (=Machzahl-Effekte) ist primär nicht die Machzahl der Anströmung, sondern ihre Komponente *senkrecht* zur Vorderkante maßgeblich (**Abb. 4-17**). Diese Erkenntnis stammt aus der Modellvorstellung eines »unendlich« langen schiebenden Flügels, dessen Druckverteilung ausschließlich von der Anströmungs-Komponente senkrecht zur Vorderkante (M_n) bestimmt wird. (Der Begriff eines »un-

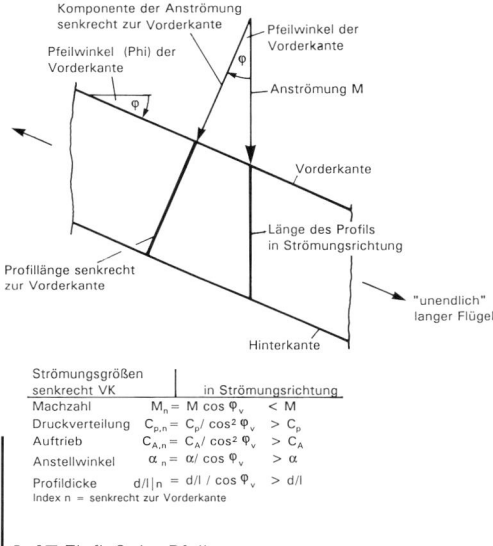

4-17 Einfluß der Pfeilung

endlich« langen Flügels besagt, daß die Strömung rein zweidimensional ist und Rand-Einflüsse durch Rumpf oder Flügelspitze ausgeschlossen sind). Entscheidend für die Strömungsbetrachtung ist das Flügelprofil senkrecht zur Vorderkante. Es lassen sich folgende Erkenntnisse ableiten:

1. Relative Profildicke und effektiver Anstellwinkel des »senkrechten« Profils sind größer als beim Profil in Strömungsrichtung (um den Faktor $1/\cos\vartheta_V$, ϑ_V = Pfeilwinkel der Vorderkante; bei 35° Pfeilung immerhin 22%).

2. Der mit der Anström-Machzahl gebildete Auftriebsbeiwert des »unendlich« schiebenden Flügels ist kleiner als der Auftriebsbeiwert des »senkrechten« Profils (um den Faktor $\cos^2\vartheta_V$). Das »senkrechte« Profil muß daher für einen

größeren Auftriebsbeiwert entworfen werden ($C_{A/senkrecht} = C_A * 1/cos^2 \vartheta_V$; bei 35° Vorderkantenpfeilung ist $1/cos^2 35° = 1.49$, d.h. ein »senkrechtes« Profil muß für einen Auftriebsbeiwert von 0.75 entworfen werden, wenn der Auftriebsbeiwert in Strömungsrichtung 0.5 beträgt).

3. Die kritische Machzahl, bei der erstmals Schallgeschwindigkeit erreicht wird, ist beim »senkrechten« Profil kleiner als beim Profil in Flugrichtung (um den Faktor $cos \vartheta_V$). Dies ist die bekannteste Auswirkung des Pfeilungseffekts. Ein Flugzeug mit Pfeilflügel kann daher schneller fliegen, ehe am »senkrechten« Profil die kritische Machzahl erreicht wird. Dies ist der Grund, warum Verkehrsflugzeuge, die bis in die siebziger Jahre entworfen wurden und noch nicht mit den modernen überkritischen Profilen ausgerüstet sind, relativ große Flügelpfeilungen aufweisen (z.B. Boeing 747, s. Tabelle 4.1).

In der Praxis hat sich gezeigt, daß der Pfeilungsgewinn bezüglich der kritischen Machzahl kleiner ausfällt als die Modellvorstellung des »unendlichen« schiebenden Flügels erwarten läßt. Ursache hierfür ist die endliche Spannweite des wirklichen Flügels mit dreidimensionalen Strömungs-Effekten, z.B. die Verdrängungswirkung durch Rumpf und Triebwerkgondeln sowie die Rand-Umströmung an den Flügelspitzen. Inwieweit Abwandlungen dieser Modellvorstellung in den aktuellen Flügelentwurf einfließen und welche Korrekturmaßnahmen erforderlich sind, hängt vom jeweiligen Hersteller ab und ist Bestandteil seines »Know-How«.

Weil überkritische Profile höhere Anström-Machzahlen vertragen, kann bei deren Verwendung die Pfeilung ohne Geschwindigkeits-Einbuße verringert werden. Hierdurch ergeben sich Gewichtsvorteile (ein weniger stark gepfeilter Flügel ist leichter) und größere Reichweiten, zumal überkritische Profile größere Bauhöhen besitzen und damit ein höheres Tankvolumen zulassen.

Die etwas größere Flügeldicke, die mit überkritischen Profilen möglich wurde, verringert das Strukturgewicht des Flügels und erhöht dessen Biegesteifigkeit. Insbesondere bedeutet die rückwärtige Verlagerung der Profildicke einen höheren Hinterholm und bessere Anschlußmöglichkeiten

für die beweglichen Teile wie Klappen, Querruder und Spoiler.

4.4.3.2 Isobaren-Konzept

Da bei einem »undendlich« langen schiebenden Flügel Rand-Einflüsse entfallen, weist jeder gedachte Schnitt durch den Flügel die gleiche Druckverteilung auf. Die Verbindungslinien gleichen Drucks (*Isobaren*) verlaufen parallel zueinander in Richtung der Flügelpfeilung; die Strömung ist rein *zweidimensional* (**Abb. 4-18**). Strömungsmechanisch bedeutet diese wünschenswerte Anordnung der Isobaren, daß die kritische Machzahl und der beginnende Widerstandsanstieg überall zur selben Zeit und bei derselben Anström-Machzahl auftritt.

Anders beim Flügel endlicher Spannweite. Hier bewirken Rand-Einflüsse im Rumpfbereich und an den Flügelspitzen die Ausbildung einer *dreidimensionalen* Strömung. Dadurch werden die Isobaren im Rumpfbereich und an den Flügelspitzen »entpfeilt«, so daß der eigentliche Pfeilungseffekt, nämlich eine Erhöhung der kritischen Machzahl bzw. eine Verlagerung des transsonischen Widerstandsanstiegs, abgeschwächt wird oder vollständig verloren geht. Die »Entpfeilung« der Isobaren erfolgt in der Weise, daß die Bereiche höchster Beschleunigung (= größter Unterdruck) auf dem Innenflügel nach hinten und auf dem Außenflügel nach vorn wandern (**Abb. 4-18**).

Die typische Verschiebung der Isobaren ist durch den sog. Mitteneffekt erklärbar: durch das Zusammenfügen von zwei Teilflügeln zu einem rückwärts gepfeilten Flügel erfolgt in der Mitte ein Druckausgleich in der Weise, daß die Isobaren in stromabwärtiger Richtung verschoben werden; durch das gedachte Anfügen eines vorwärts gepfeilten Flügels an der Flügelspitze (als Ersatzmodell für die Strömung dort) werden die Isobaren in stromaufwärtiger Richtung (nach vorn) verschoben werden (**Abb. 4-18**).

Um dennoch die Isobaren einigermaßen in Pfeilrichtung zu zwingen, müssen die Dickenmaxima der Profile im Rumpfbereich nach vorn und im Außenbereich nach hinten verlagert werden. Daneben bieten sich als weitere Maßnahmen Änderungen am Grundriß sowie die Verwindung an.

Außerhalb des wirtschaftlichen Reiseflugs,

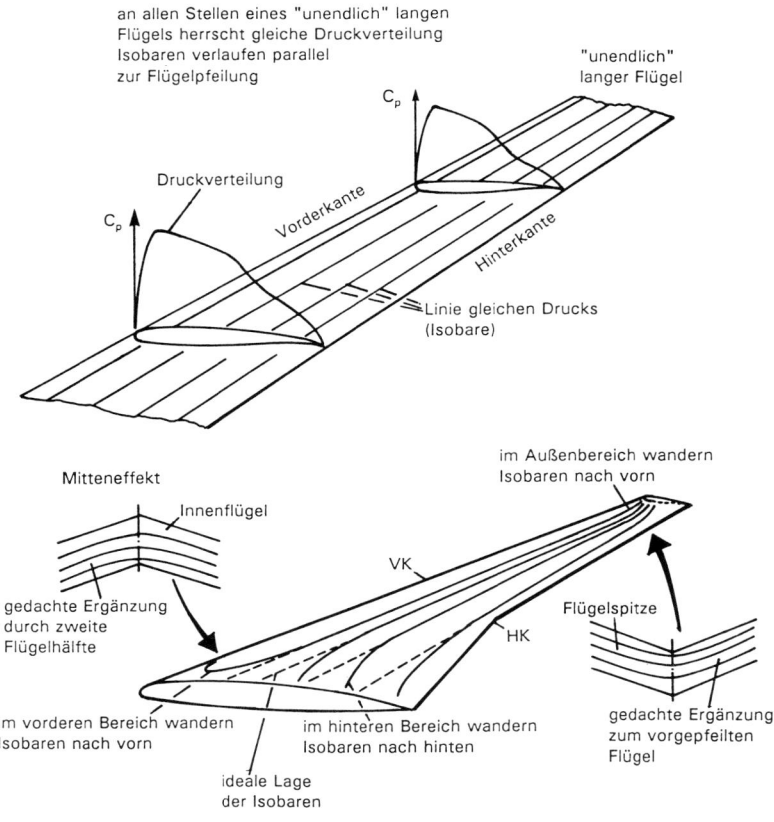

an allen Stellen eines "unendlich" langen
Flügels herrscht gleiche Druckverteilung
Isobaren verlaufen parallel
zur Flügelpfeilung

4-18 Entpfeilung der Isobaren durch
dreidimensionale Effekte

d.h. im »Off-Design«-Bereich, sind Verdichtungs-stöße auf dem Flügel unvermeidlich. In den meisten Fällen bildet sich auf dem Innenflügel ein Doppelstoß-System, das im Bereich der Flügel-mitte in einen Einzelstoß übergeht (**Abb. 4-19**). Der moderne Tragflügel-Entwurf zielt auf ein Stoßsy-stem im »Off-Design«, das die verlustbringenden Doppelstöße vermeidet. Hierzu muß eine Profilie-rung entworfen werden, deren Druckvertei-lungstyp sich mit der Machzahl nicht wesentlich ändert und stabile Stoßlagen besitzt.

4.4.3.3 Profilierung und Verwindung

Bei gepfeilten Tragflügeln ist der Außenflügel ae-rodynamisch höher belastet als der Innenflügel (hohe Auftriebsbeiwerte), so daß die Strömung zu-erst am Außenflügel abzulösen droht. Außerdem

bewirkt die zur Spitze abnehmende Flügeltiefe ei-ne kleinere Reynoldszahl, wodurch die Neigung zur Strömungsablösung zusätzlich erhöht wird. Beide Effekte können sich in gefährlicher Weise addieren, weil beim Abreißen der Strömung im Be-reich des Querruders die Roll-Steuerbarkeit des Flugzeugs verloren geht (das Querruder für den Langsamflug ist im Außenbereich des Flügels an-geordnet). Als Abhilfe gegen zu hohe örtliche Auf-triebsbeiwerte am Außenflügel bietet sich eine geänderte Verwindung oder der Entwurf eines neuen Profils an.

Auch am Innenflügel kann die Strömung durch hohe aerodynamische Belastung abreißen. Ur-sächlich hierfür sind dreidimensionale Strömungs-Erscheinungen durch die Verdrängungswirkung des Rumpfes und der Mitteneffekt der anderen Flügelhälfte. Infolge der großen Profiltiefe kann die

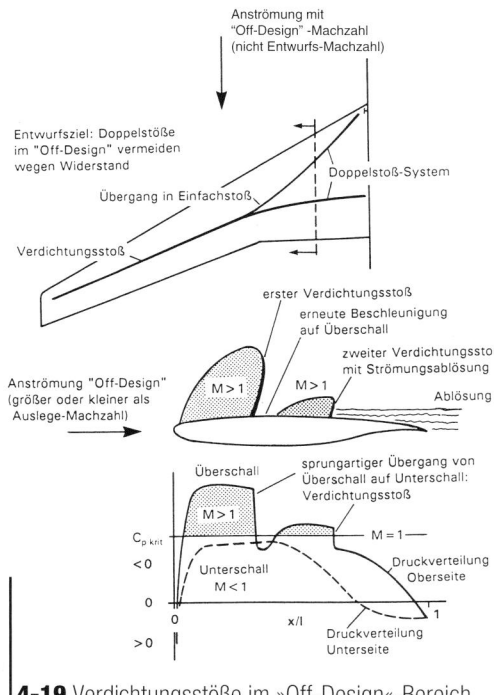

4-19 Verdichtungsstöße im »Off-Design«-Bereich

Lastverteilung $C_a \cdot l/l_m$ selbst bei normalen Auftriebsbeiwerten »über-elliptisch« werden, wodurch induzierter Widerstand entsteht. Durch Verkleinern des lokalen Anstellwinkels oder durch Verzicht auf »Rear-Loading« muß die Lastverteilung korrigiert werden. Daher wird bei modernen Flügeln das »Rear-Loading« oftmals erst außerhalb des rumpfnahen Bereichs angewendet.

4.5 Hochauftrieb

Während der Start- und Landephase werden vom Flügel deutlich höhere Auftriebsbeiwerte verlangt als beim Reiseflug. Die Erklärung hierfür findet sich in der Definition des Auftriebs:

$$\text{Auftrieb} = \text{Gewicht} = 1/2\rho V^2 S C_A$$

(ρ Luftdichte, S Flügelfläche, V Geschwindigkeit, C_A Auftriebsbeiwert)

Wenn die Fluggeschwindigkeit abnimmt, müssen bei unverändertem Flugzeuggewicht entweder der Auftriebsbeiwert oder die Flügelfläche vergrößert werden. Diese Aufgabe erfüllen *Hochauftriebshilfen* (high-lift devices).

Zur Erzielung hoher Auftriebsbeiwerte besitzt der Flügel ein Hochauftriebssystem, das aus Klappen an den Hinter- und Vorderkanten des Flügels besteht mit den zugehörigen Verstell- und Betätigungs-Einrichtungen. Klappen erzeugen bei niedrigen Geschwindigkeiten zusätzlichen Auftrieb durch

– Erhöhung der Wölbung (C_A steigt, s. Definition Auftrieb)
– Vergrößerung der Flügelfläche (S steigt)
– Energiezufuhr in die Grenzschicht (C_A steigt).

Die Wirksamkeit eines Hochauftriebssystems ist an die Start- und Landeleistungen des jeweiligen Flugzeugtyps angepaßt und hängt von der Klappenart und ihrer Anordnung an Hinterkante oder Flügelnase ab. Wichtigstes Auslegungskriterium beim Start ist die Einhaltung vorgeschriebener Steigflugwinkel bei Ausfall eines Triebwerks. Wichtigstes Auslegungskriterium bei der Landung ist der erforderliche Maximalauftrieb, der durch das größte zulässige Landegewicht und die vorgeschriebene Anfluggeschwindigkeit festgelegt ist (s. Definitionsgleichung). Ebenfalls von Bedeutung für die Landung ist der maximal zulässige Anstellwinkel, der so festgelegt wird, daß das Heck ausreichende Bodenfreiheit beim Aufsetzen hat. Diese Überlegungen spielen bei Rumpfverlängerungen (»stretch«-Versionen) eine große Rolle und können gegebenenfalls ein neues Klappensystem erforderlich machen (so geschehen beim Airbus A321, einer »Stretch«-Version der A320).

4.5.1 Hinterkanten-Klappen

Jede Klappenart stellt einen Eingriff in die Flügelstruktur dar, erhöht deren Gewicht und erzeugt Kosten für Bau und Wartung. Daher ist der Flügel-Entwurf bemüht, die geforderte Klappenleistung mit einer möglichst einfachen und kostengünstigen Lösung zu erreichen.

Die einfachste Form der Hinterkanten-Klappe ist die *Wölbklappe* (plain flap). Sie entsteht dadurch, daß der hintere Bereich des Profils um einen Punkt innerhalb der Kontur gedreht wird (**Abb.**

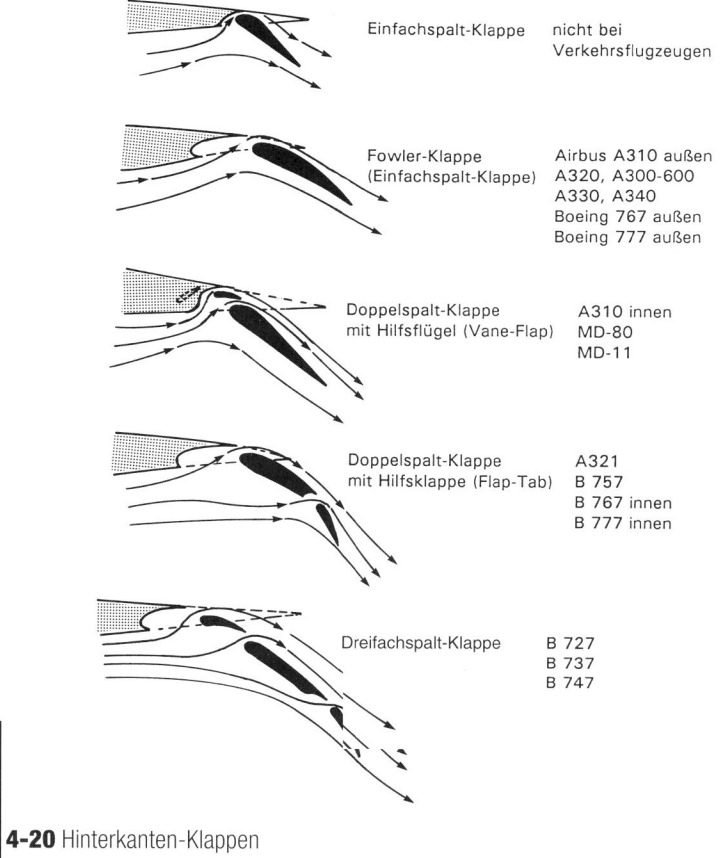

Einfachspalt-Klappe	nicht bei Verkehrsflugzeugen
Fowler-Klappe (Einfachspalt-Klappe)	Airbus A310 außen A320, A300-600 A330, A340 Boeing 767 außen Boeing 777 außen
Doppelspalt-Klappe mit Hilfsflügel (Vane-Flap)	A310 innen MD-80 MD-11
Doppelspalt-Klappe mit Hilfsklappe (Flap-Tab)	A321 B 757 B 767 innen B 777 innen
Dreifachspalt-Klappe	B 727 B 737 B 747

4-20 Hinterkanten-Klappen

4-20). Durch Klappenausschlag wird die Wölbung knickartig vergrößert, so daß bei gleichem Anstellwinkel mehr Auftrieb entsteht. Bei Klappenausschlägen von 10-15 Grad beginnt die Strömung auf der Oberseite der Klappe abzulösen, wobei die Zone abgelöster Strömung zunächst nur die Klappe erfaßt. Der Auftrieb des Flügels steigt mit wachsendem Klappenausschlag an und erreicht sein Maximum kurz bevor die Strömung auf dem gesamten Flügel zusammenbricht. Erst hierbei springt die Ablösung nach vorn auf den Flügel über.

Mit der einfachen Wölbklappe ist eine Auftriebssteigerung von $\Delta C_A = 1.0$ möglich, jedoch ist der Widerstand wegen der konturbedingten Strömungs-Ablösungen groß. Gerade diesbezüglich sind Verkehrsflugzeuge empfindlich, denn die geforderten Steigleistungen bei Triebwerkausfall verlangen widerstandsgünstige Klappensysteme (s.

Kap.9). Die Wölbklappe ist daher bei Tragflügeln moderner Verkehrsflugzeuge als Hochauftriebsmittel ungebräuchlich, wird aber bei Rudern angewendet (Querruder, Höhenruder, Seitenruder). Im Kampfflugzeugbau dagegen hat die Wölbklappe als Hochauftriebsmittel weite Verbreitung gefunden, zumal der Schub-Überschuß den Widerstandszuwachs leicht verkraftet.

Ein wesentlich günstigeres Hochauftriebs-Verhalten, d.h. ein besseres Verhältnis Auftrieb/Widerstand, ist mit *Spaltklappen* (slotted flaps) möglich. Spaltklappen sind dadurch gekennzeichnet, daß zwischen dem Hauptflügel und der ausgeschlagenen Klappe ein Luftspalt existiert, der durchströmt wird (**Abb. 4-20**).

Die Steigerung des Auftriebs beruht auf einer Erhöhung der Wölbung und der Beeinflussung der Grenzschicht durch die Spaltströmung. Der Spalt bewirkt, daß energiereiche Strömung von der Flü-

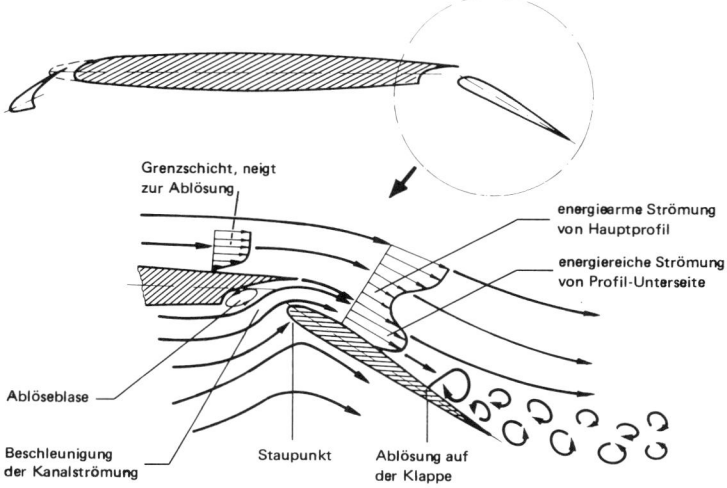

4-21 Wirkungsweise der Spaltströmung bei Hinterkanten-Klappen

gel-Unterseite in die »müde« Grenzschicht der Klappen-Oberseite einströmt und dort die Grenzschicht neu aufbaut (**Abb. 4-21**). Die Nachlaufströmung des Hauptprofils wird dabei in die Außenströmung abgedrängt und so die Gefahr einer Ablösung vermindert. Für die Funktionsweise einer Spaltklappe kommt es darauf an, daß die Strömung im Spalt kontinuierlich beschleunigt wird und am Spaltaustritt die größte Geschwindigkeit erreicht. Zu diesem Zweck ist der Spalt so ausgebildet, daß der Querschnitt in Strömungsrichtung stetig abnimmt und die engste Stelle am Spaltaustritt liegt (Düsenwirkung). Die optimale Tiefe einer Spaltklappe liegt bei 30 Prozent der Profiltiefe, der größte Auftriebsgewinn wird bei 40 Grad Klappenwinkel erreicht.

In ihrer einfachsten Bauart ist die Spaltklappe so ausgebildet, daß mit dem Klappenausschlag ein Spalt entsteht, der von der Unterseite her durchströmt wird (**Abb. 4-20**). Diese Klappe ist konstruktiv einfach und kostengünstig, besitzt aber unzureichende Leistung (schlechte Gleitzahl). Sie wird daher im Verkehrsflugzeugbau nicht verwendet, wohl aber bei Sportflugzeugen.

Erst die Weiterentwicklung der Einfachspalt-Klappe als sog. *Fowlerklappe* (Fowler flap) hat Eingang in den zivilen Flugzeugbau gefunden und ist sogar zur gegenwärtig meistbenutzten Hochauf-

triebshilfe geworden (**Abb. 4-20**). Eine Fowlerklappe wird zunächst über Führungsschienen nach hinten ausgefahren, wodurch die Flügelfläche vergrößert wird, während der Klappenausschlag selbst nur gering ist. Mit zunehmendem Ausfahren (»Ausfowlern«) werden die Klappenwinkel auf der zwangsgeführten Klappenbahn größer, bis am Endanschlag die Landestellung erreicht wird. Infolge der Flächenvergrößerung wird bereits mit geringen Klappenausschlägen ein beträchtlicher Auftriebsgewinn erzielt. Für den Startvorgang, der mit kleinen Klappenwinkeln auskommen muß, ist die Fowlerklappe daher vorteilhaft. Im eingefahrenen Zustand wird die Klappe größtenteils von der *Spaltlippe* (shroud) überdeckt.

Im Verkehrsflugzeugbau versteht man unter der Einfachspalt-Klappe (single-slotted flap) daher stets die Fowlerklappe. Die *Einfachspalt*-Klappe hat wegen ihrer zahlreichen Vorteile weite Verbreitung gefunden (z.B. Airbus A320 am Innen- und Außenflügel sowie bei den meisten neueren Flugzeugen am Außenflügel, s. auch Tab. 4.1). Neben guter aerodynamischer Wirksamkeit ist die Fowlerklappe akzeptabel hinsichtlich Gewicht, Herstellkosten und Wartung. Überdies wird eine Einfachspalt-Klappe häufig dann angewendet, wenn die zum Einbau vorgesehenen Triebwerke relativ schubschwach sind; denn beim Start mit Trieb-

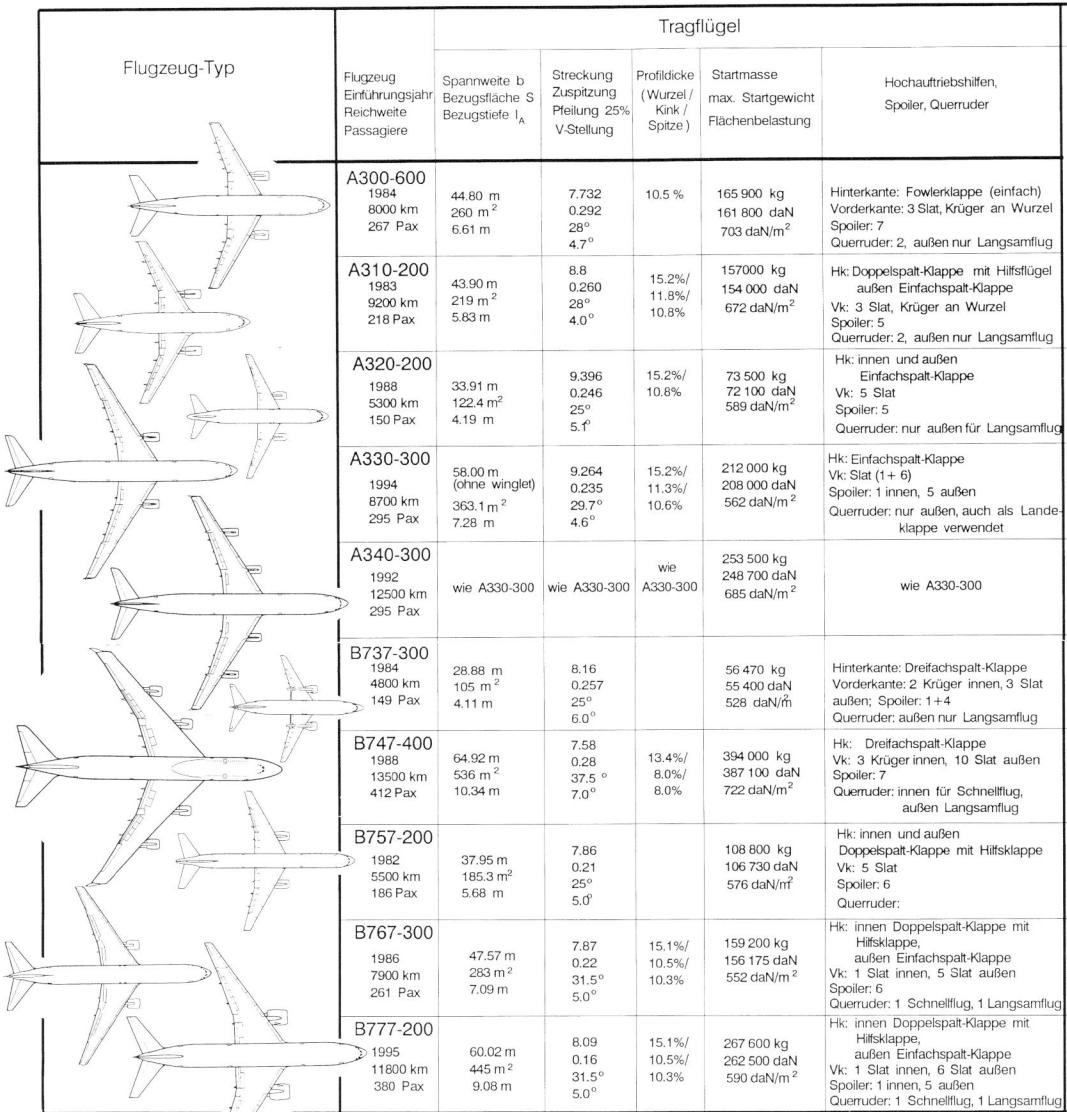

Flugzeug-Typ	Flugzeug Einführungsjahr Reichweite Passagiere	Tragflügel				
		Spannweite b Bezugsfläche S Bezugstiefe l_A	Streckung Zuspitzung Pfeilung 25% V-Stellung	Profildicke (Wurzel / Kink / Spitze)	Startmasse max. Startgewicht Flächenbelastung	Hochauftriebshilfen, Spoiler, Querruder
A300-600	1984 8000 km 267 Pax	44.80 m 260 m² 6.61 m	7.732 0.292 28° 4.7°	10.5 %	165 900 kg 161 800 daN 703 daN/m²	Hinterkante: Fowlerklappe (einfach) Vorderkante: 3 Slat, Krüger an Wurzel Spoiler: 7 Querruder: 2, außen nur Langsamflug
A310-200	1983 9200 km 218 Pax	43.90 m 219 m² 5.83 m	8.8 0.260 28° 4.0°	15.2%/ 11.8%/ 10.8%	157000 kg 154 000 daN 672 daN/m²	Hk: Doppelspalt-Klappe mit Hilfsflügel außen Einfachspalt-Klappe Vk: 3 Slat, Krüger an Wurzel Spoiler: 5 Querruder: 2, außen nur Langsamflug
A320-200	1988 5300 km 150 Pax	33.91 m 122.4 m² 4.19 m	9.396 0.246 25° 5.1°	15.2%/ 10.8%	73 500 kg 72 100 daN 589 daN/m²	Hk: innen und außen Einfachspalt-Klappe Vk: 5 Slat Spoiler: 5 Querruder: nur außen für Langsamflug
A330-300	1994 8700 km 295 Pax	58.00 m (ohne winglet) 363.1 m² 7.28 m	9.264 0.235 29.7° 4.6°	15.2%/ 11.3%/ 10.6%	212 000 kg 208 000 daN 562 daN/m²	Hk: Einfachspalt-Klappe Vk: Slat (1+6) Spoiler: 1 innen, 5 außen Querruder: nur außen, auch als Lande-klappe verwendet
A340-300	1992 12500 km 295 Pax	wie A330-300	wie A330-300	wie A330-300	253 500 kg 248 700 daN 685 daN/m²	wie A330-300
B737-300	1984 4800 km 149 Pax	28.88 m 105 m² 4.11 m	8.16 0.257 25° 6.0°		56 470 kg 55 400 daN 528 daN/m²	Hinterkante: Dreifachspalt-Klappe Vorderkante: 2 Krüger innen, 3 Slat außen; Spoiler: 1+4 Querruder: außen nur Langsamflug
B747-400	1988 13500 km 412 Pax	64.92 m 536 m² 10.34 m	7.58 0.28 37.5° 7.0°	13.4%/ 8.0%/ 8.0%	394 000 kg 387 100 daN 722 daN/m²	Hk: Dreifachspalt-Klappe Vk: 3 Krüger innen, 10 Slat außen Spoiler: 7 Querruder: innen für Schnellflug, außen Langsamflug
B757-200	1982 5500 km 186 Pax	37.95 m 185.3 m² 5.68 m	7.86 0.21 25° 5.0°		108 800 kg 106 730 daN 576 daN/m²	Hk: innen und außen Doppelspalt-Klappe mit Hilfsklappe Vk: 5 Slat Spoiler: 6 Querruder:
B767-300	1986 7900 km 261 Pax	47.57 m 283 m² 7.09 m	7.87 0.22 31.5° 5.0°	15.1%/ 10.5%/ 10.3%	159 200 kg 156 175 daN 552 daN/m²	Hk: innen Doppelspalt-Klappe mit Hilfsklappe, außen Einfachspalt-Klappe Vk: 1 Slat innen, 5 Slat außen Spoiler: 6 Querruder: 1 Schnellflug, 1 Langsamflug
B777-200	1995 11800 km 380 Pax	60.02 m 445 m² 9.08 m	8.09 0.16 31.5° 5.0°	15.1%/ 10.5%/ 10.3%	267 600 kg 262 500 daN 590 daN/m²	Hk: innen Doppelspalt-Klappe mit Hilfsklappe, außen Einfachspalt-Klappe Vk: 1 Slat innen, 6 Slat außen Spoiler: 1 innen, 5 außen Querruder: 1 Schnellflug, 1 Langsamflug

Tabelle 4-1 Daten von Verkehrsflugzeugen

Höhenleitwerk			Seitenleitwerk			Rumpf	
Spannweite b_H Bezugsfläche S_H Bezugstiefe l_H	Streckung Zuspitzung Pfeilung 25% Profildicke t/l V-Stellung	Flächenverhältnis S_H/S Leitwerkabstand L_H/l_A Leitwerkvolumen $V_H = S_H/S * L_H/l_A$	Spannweite b_V Bezugsfläche S_V Bezugstiefe l_V	Streckung Zuspitzung Pfeilung 25% Profildicke t/l	Flächenverhältnis S_V/S Leitwerkabstand L_V/l_A Leitwerkvolumen $V_V = S_V/S * L_V/b$	Typ Anzahl Gangreihen Sitze pro Reihe Passagierzahl	Länge L_F Durchmesser D_F Schlankheitsgrad L_F/D_F
16.94 m 64.0 m² 4.14 m	4.132 0.439 33° 10% 6°	0.246 3.851 0.947	8.3 m 45.2 m² 5.79 m	1.523 40° 11%	0.174 3.656 0.094	Großraum 2 Gangreihen 9 Sitze pro Reihe 267 (max 375) Pax	52.80 m 5.64 m 9.36
16.26 m 64.0 m² 3.94 m	4.131 0.439 33° 10% 6°	0.292 3.665 1.07	8.3 m 42.2 m² 5.79 m	1.523 40° 11%	0.193 3.467 0.089	Großraum 2 Gangreihen 9 Sitze/Reihe 218 (max 280) Pax	45.98 m 5.64 m 8.14
12.45 m 31.0 m² 2.70 m	5.0 0.33 28° 10% 6°	0.253 4.194 1.06	5.87 m 21.51 m² 3.95 m	1.602 35° 11%	0.176 3.987 0.083	Normalrumpf 1 Gangreihe 6 Sitze/Reihe 150 (max 179) Pax	37.57 m 4.05 m 9.27
19.4 m 71.45 m² 3.93 m	5.27 0.378 30° 8.8% 6°	0.197 3.76 0.741	8.3 m 45.2 m² 5.79 m wie A310, A300	1.524 0.397 40° 11%	0.124 3.76 0.058	Großraum 2 Gangreihen 6,7,8 Sitze/Reihe 335 Pax	62.56 m 5.64 m 11.09
19.4 m 71.45 m² 3.93 m	5.27 0.378 30° 8.8% 6°	0.197 3.76 0.741	8.3 m 45.2 m² 5.79 m wie A310, A300	1.524 0.397 40° 11%	0.124 3.76 0.058	Großraum 2 Gangreihen 6,7,8 Sitze/Reihe 262 (335 max) Pax	62.9 m 5.64 m 11.2
12.06 m 31.4 m² 2.73 m	5.09 0.295 30° 10% 7°	0.307 3.695 1.134	6.16 m 23.1 m² 3.71 m	1.642 0.303 35° -	0.219 3.332 0.104	Normalrumpf 1 Gangreihe 6 Sitze/Reihe 149 Pax	32.18 m 3.87 m 8.3
22.17 m 137.0 m² 6.90 m	3.589 0.25 37.5° 11.8 % 7°	0.256 3.097 0.792	9.82 m 77.0 m² 8.51 m	1.25 0.34 45.0° 13/10/9 %	0.144 3.005 0.075	Großraum 2 Gangreihen 9 Sitze/Reihe 412 (max 516) Pax	68.63 m 6.68 m 10.3
14.97 m 50.3 m² 3.62 m	4.46 0.35 30° 10% 5°	0.271 3.561 0.966	7.45 m 34.37 m² 4.98 m	1.62 0.346 40.0° -	0.186 3.561 0.095	Normalrumpf 1 Gangreihe 6 Sitze/Reihe 178 (max 239) Pax	46.89 m 3.87 m 12.1
18.62 m 77.0 m² 4.64 m	4.5 0.25 33° - 7°	0.27 3.37 0.92	9.06 m 46.0 m² 5.59 m	1.78 0.3 39.5° -	0.16 2.8 0.068	Großraum 2 Gangreihen 7 Sitze/Reihe 261 (max 290) Pax	47.24 m 5.31 m 8.9
21.57 m 95.45 m² 5.02 m	4.39 0.36 36.5° - -	0.21 3.04 0.64	10.39 m 58.1 m² 6.11 m	3..72 0.31 39° -.	0.131 3.21 0.064	Großraum 2 Gangreihen 6 - 10 Sitze/Reihe 280 (440 max) Pax	63.73 m 5.68 m 11.2

werkausfall muß das Klappensystem eine ausreichend hohe Gleitzahl (=Auftrieb/Widerstand) erbringen, damit trotz Schubverlust die vorgeschriebenen Steiggradienten geflogen werden können.

Eine noch bessere Wirksamkeit wird mit *Doppelspalt*-Klappen (double-slotted flap) erzielt, von denen sich im heutigen Verkehrsflugzeugbau zwei Bauarten durchgesetzt haben:
– die Doppelspalt-Klappe mit *Hilfsflügel* (vane-flap) und
– die Doppelspalt-Klappe mit *Hilfsklappe* (flap-tab, **Abb. 4-20**).

Bei der Doppelspalt-Klappe mit Hilfsflügel (*vane-flap*) ist die Klappe selbst ungeteilt. Ihr wird ein kleiner Hilfsflügel vorgeschaltet, der fest mit der Hauptklappe verbunden ist. Der Hilfsflügel wirkt ähnlich wie ein Vorflügel, baut die ablösungsfördernden Unterdruckspitzen auf der Klappe ab und nimmt dabei selbst hohe Lasten auf. Die Spaltgeometrien sind optimiert für den Landefall; beim Start ist der Hilfsflügel wegen der kleinen Klappenwinkel kaum wirksam. In seiner Form gleicht der Hilfsflügel einem »Profiltropfen«, seine Tiefe beträgt etwa 10 Prozent der Klappentiefe.

Trotz guter aerodynamischer Eigenschaften scheitert die Anwendung der Doppelspalt-Klappe mit Hilfsflügel häufig an der räumlichen Enge im Tragflügel. Solange der Flügel ausreichende Dicke bietet, ist die Unterbringung unproblematisch. Diese Bedingungen sind am Innenflügel stets gegeben. Die geringe Dicke des Außenflügels läßt den Hilfsflügel jedoch so dünn werden, daß seine Festigkeit zur Aufnahme der Lasten nicht mehr ausreicht und eine Unterbringung im Flügel konstruktiv unmöglich ist. In der Praxis wird dann für den Außenflügel die Einfachspalt-Klappe gewählt. Eine derartige Klappenkonfiguration, bestehend aus einer Doppelspalt-Klappe mit Hilfsflügel am Innenflügel und einer Einfachspalt-Klappe am Außenflügel, wurde beim Airbus A310 angewendet (s. Tab. 4.1).

Die gegenwärtig bevorzugte Bauart bei Doppelspalt-Klappen ist die *Doppelspalt-Klappe* mit *Hilfsklappe*, bei der die Klappe aufgeteilt ist in eine Hauptklappe (flap) und eine angelenkte Hilfsklappe (tab, **Abb. 4-20**). Die nochmalige »Belüftung« der Klappe durch den zweiten Spalt ermöglicht eine

Auffrischung der Grenzschicht und damit größere Klappenwinkel als bei der Einfachspalt-Klappe. Die Hilfsklappe hat eine typische Profiltiefe von 30 Prozent der Gesamt-Klappentiefe.

Mit der Anzahl der Klappensegmente steigt zwar der Auftrieb, der Widerstand erhöht sich mit der Zahl der Spalte aber weitaus stärker. Mehrfachspalt-Klappensysteme liefern daher trotz höherer Maximal-Auftriebe schlechtere Gleitzahlen, wodurch der Start mit Triebwerkausfall kritisch werden kann. Aus diesem Grund lassen sich derartige Klappensysteme nur bei genügend hoher Startleistung einsetzen.

Seit Bläser-Triebwerke mit hohen Startschüben zur Verfügung stehen, ist die Doppelspalt-Klappe mit Hilfsklappe zu einem attraktiven Hochauftriebsmittel geworden. Beispielsweise besitzt die Boeing 757 diesen Klappentyp am Innen- und Außenflügel, die Boeing 767 und 777 am Innenflügel, der Airbus A321 am Innen- und Außenflü-

4-22 Nasenhilfen: Vorflügel am Airbus A340

gel. Insbesondere bei der A321, einer gestreckten Variante der A320, erwies sich die Leistung der Einfachspalt-Klappe für das erhöhte Abfluggewicht als nicht mehr ausreichend, zumal das Ankippen beim Start wegen des verlängerten Hecks unter kleinerem Winkel erfolgt als bei der A320. Deren bisherige Einfachspalt-Klappe wurde daher durch eine Doppelspalt-Klappe ersetzt. Die A321 verlangt wegen der höheren Klappenleistungen zudem schubstärkere Triebwerke als die A320.

Die höchsten Auftriebsbeiwerte sind mit *Dreifachspalt*-Klappensystemen (triple-slotted flap) zu erreichen (**Abb. 4-20**) . Man findet diese Klappen-

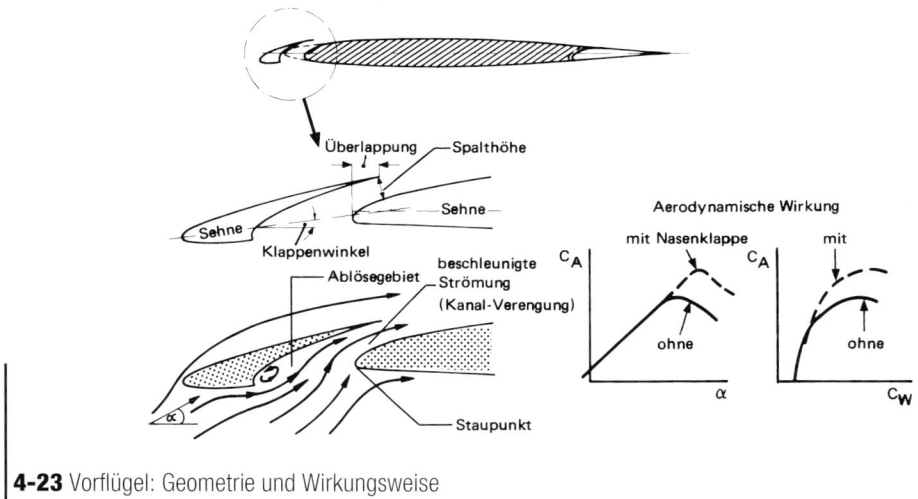

4-23 Vorflügel: Geometrie und Wirkungsweise

art bei Boeing-Flugzeugen der Typen 727, 737 und 747 und damit zahlenmäßig sehr häufig. Hohes Gewicht und hohe Kosten für Entwicklung, Herstellung und Wartung gaben der Dreifachspalt-Klappe bei neueren Entwürfen jedoch keine Chance, obgleich aus aerodynamischer Sicht dieser Klappentyp wegen seiner hervorragenden Landeleistungen attraktiv ist.

4.5.2 Vorderkanten-Klappen

Die Verstellung der Hinterkanten-Klappe beeinflußt die Druckverteilung auf dem gesamten Profil. Insbesondere an der Nase können dabei hohe Saugspitzen auftreten, die gefährliche Strömungs-Ablösungen zur Folge haben. Die modernen Klappensysteme der Hinterkante wären weitaus weniger wirksam, wenn nicht gleichzeitig die hohen Unterdruckspitzen an der Vorderkante abgebaut würden. Diesem Zweck dienen *Vorderkantenhilfen*. Ihre primäre Aufgabe ist es, ein vorzeitiges Ablösen der Strömung zu verhindern und den nutzbaren Anstellwinkelbereich zu vergrößern. Die Winkelstellungen der Vorderkantenhilfen stehen mit den Klappenstellungen der Hinterkante in fester Zuordnung. Bei Verkehrsflugzeugen kommen als Nasenhilfen Vorflügel und Krügerklappen zum Einsatz (**Abb. 4-22**).

Die wirksamste Nasenhilfe ist der *Vorflügel* (slat). Der Vorflügel arbeitet in der Weise, daß bei höheren Anstellwinkeln energiereiche Strömung von der Unterseite in die »müde« und damit zur Ablösung neigende Grenzschicht der Oberseite geleitet wird (**Abb. 4-23**). Die Ablösungsgefahr ist eine Folge der hohen Saugspitzen im Nasenbereich des Flügels und einem nachfolgenden kräftigen Druckanstieg, gegen den die Grenzschicht anlaufen muß. Mit Hilfe des Vorflügels gelingt es, die Saugspitze vom Hauptflügel abzukoppeln und auf den Vorflügel zu verlagern, der dabei hohe Lasten aufnimmt. Gleichzeitig wird die Druckverteilung des Hauptflügels fülliger, was eine bessere Nutzung des Flügels insgesamt bedeutet. Bedingt durch hohe Klappenlasten muß die gute Wirksamkeit des Vorflügels mit einem relativ hohen konstruktiven Aufwand erkauft werden.

Vorflügel werden stets auf Kreisbogen-Segmenten ausgefahren, wobei der maximale »Slat«-Winkel für die Landung optimiert wird (**Abb. 4-24**). Wegen der festgelegten Kreisbahn sind optimale Winkelstellungen für den Start nicht erzielbar, denn die Befestigung zwischen Vorflügel und ausfahrender Halterung läßt Winkel-Änderungen nicht zu. Für den Start wird der Vorflügel in eine Zwischenstellung gefahren, bei welcher der Widerstand gering und die Wirksamkeit noch ausreichend ist.

Nahezu gleichwertig in der aerodynamischen Wirksamkeit sind »Krügerklappen« (Krueger flap, **Abb. 4-24**). Dieser Klappentyp wirkt ähnlich wie ein Vorflügel, läßt in seiner klassischen Form ein Durchströmen aber nicht zu, sondern ist zum

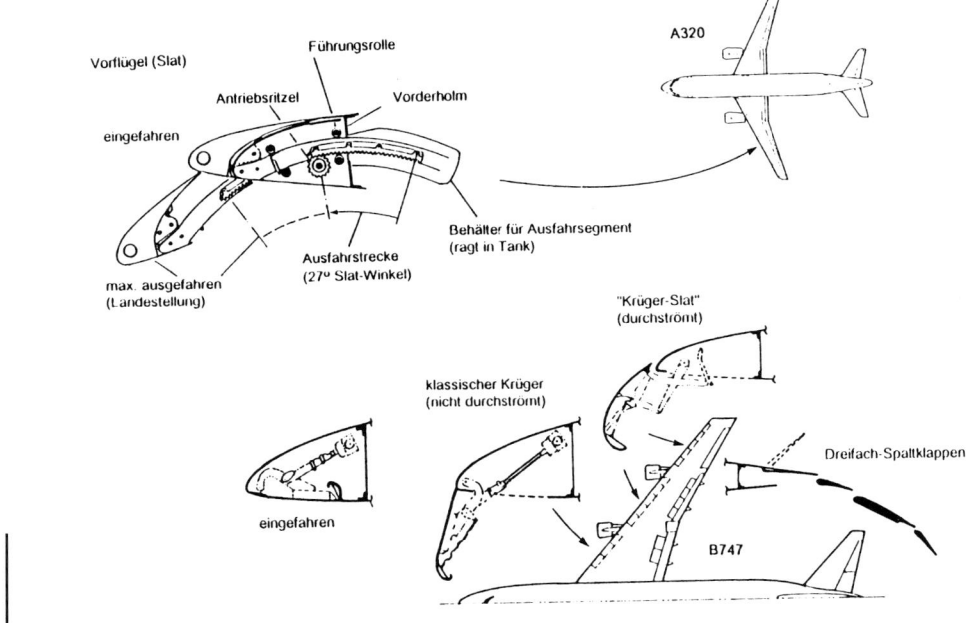

4-24 Konstruktiver Aufbau der Nasenhilfen

Hauptflügel hin dicht. Eine Variante des »Krügers«, bei der zwischen Klappe und Hauptflügel ein durchströmter Spalt existiert (Bezeichnung: Krüger-Slat), besitzt die Boeing 747 am Mittel- und Außenflügel, während am Innenflügel der klassische »Krüger« Verwendung findet (**Abb. 4-24**). Die älteren Boeing-Entwürfe wie 727 und 737 wenden den klassischen »Krüger«, der zum Hauptflügel abgedichtet ist, nur auf dem Innenflügel an, während am Außenflügel der Vorflügel (»Slat«) eingesetzt wird. Bei neueren Verkehrsflugzeugen hat sich als Nasenhilfe ausnahmslos der Vorflügel durchgesetzt (s. Tab. 4.1).

Abschließend soll gezeigt werden, wie die verschiedenen Hochauftriebshilfen das Auftriebsverhalten beeinflussen (**Abb. 4-25**). Nasenhilfen allein bewirken eine Verlängerung der Auftriebskurve des »klaren« Flügels (clean wing=Flügel ohne ausgefahrene Klappen) und verlagern das Maximum zu höheren Anstellwinkeln; den Auftrieb selbst erhöhen sie jedoch nicht. Diese Möglichkeit bieten zwar Hinterkanten-Klappen für sich allein (die Auftriebskurve wird etwa parallel nach oben verschoben), aber der Maximalauftrieb liegt bei kleineren Anstellwinkeln (wegen der hohen Saugspitzen an

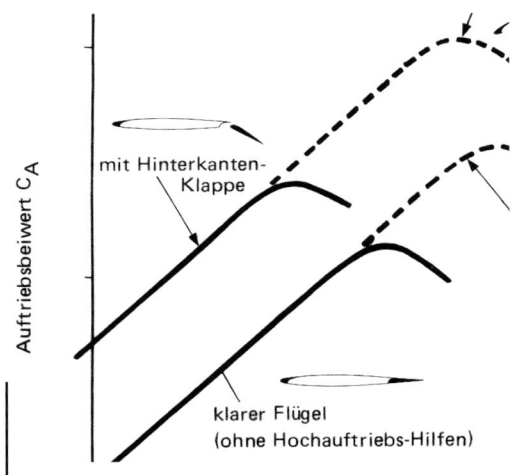

4-25 Aerodynamische Eigenschaften der Hochauftriebshilfen

der Nase). Erst die kombinierte Anwendung von Nasen- und Hinterkanten-Klappen ermöglicht die angestrebten hohen Klappen-Wirksamkeiten. Die Winkelstellungen der Vorder- und Hinterkantenklappen werden auf Grund von Windkanalversuchen festgelegt und bei der Flug-Erprobung bestätigt oder nötigenfalls abgeändert.

4.6 Aerodynamik der Leitwerke

4.6.1 Aufgaben

Leitwerke dienen dazu, die Bewegung des Flugzeugs im Luftraum zu stabilisieren und kontrollierbar zu machen. Physikalisch gleicht das Flugzeug einer Waage, deren Gleichgewicht durch Kräfte und Momente ständig gestört wird, sei es durch Turbulenzen in der Atmosphäre, Verbrauch von Kraftstoff, Passagierbewegungen in der Kabine, Änderungen des Schubes, Ausschlagen von Klappen. Ein Flugzeug müßte unweigerlich aus dem Gleichgewicht geraten, wenn nicht Leitwerke vorhanden wären, die gewissermaßen wie Laufgewichte einer Waage wirken und unablässig das gestörte Gleichgewicht wieder herstellen. Leitwerke sind stets am Heck angeordnet und bestehen aus Höhenleitwerk und Seitenleitwerk (**Abb. 4-26**). Bei Nurflügel-Flugzeugen wie dem Überschall- Verkehrsflugzeug Concorde übernehmen Klappen an der Flügel-Hinterkante die Funktion des Höhenleitwerks.

Das Höhenleitwerk hat die Aufgabe, durch Herstellen von Momentengleichgewicht dem Flugzeug Stabilität beim Fliegen zu geben. Darüber hinaus dient es der Steuerung, damit das Flugzeug seine Lage im Raum ändern kann, z.B. Ankippen beim Start, Änderung des Anstellwinkels für den Steig- oder Sinkflug. Grundsätzlich beeinflußt das Höhenleitwerk die Bewegung des Flugzeugs bei symmetrischer Strömung, d.h. in der Symmetrie-Ebene längs seiner Bahn (Längsbewegung, Strömung kommt direkt von vorn). Die Beherrschung des Flugzeugs bei unsymmetrischer Strömung (schräg von vorn), die sog. Seitenbewegung, ist Aufgabe des Seitenleitwerks.

Beiden Leitwerktypen gemeinsam ist die Stabilisierung und Steuerung der Flugzeug-Bewegung. Unter dem Begriff *Stabilisierung* (stability) wird die Fähigkeit des Flugzeugs verstanden, ungewollte Bewegungsänderungen selbsttätig, ohne Betätigung von Steuerorganen, rückgängig zu machen. Diese Eigenschaft ist notwendig, weil in der Atmosphäre vorhandene Turbulenzen den gleichförmigen (stationären) Flug fortwährend stören. Unter dem Begriff *Steuerung* (control) versteht man die Fähigkeit, dem Flugzeug gewollte

Änderungen seiner Bewegungsrichtung zu erteilen. Diese erfolgen als aufzubringende Momente um seine drei Achsen. Die Steuerung um die Querachse wird mit dem Höhenleitwerk durchgeführt, die Steuerung um die Hoch- und Längsachse mit Seitenleitwerk und Querruder.

4-26 Leitwerke: konventionelles »Drachen«-Leitwerk (Boeing 747, oben)
T-Leitwerk (McDonnel-Douglas MD-80, Mitte)
Nurflügel-Flugzeug Concorde

4.6.2 Höhenleitwerk

Die Stabilisierung und Steuerung der Längsbewegung erfolgt als Drehung um die Querachse. Hierfür besitzt das Flugzeug ein *Höhenleitwerk* (horizontal tailplane), das bei Verkehrsflugzeugen unterteilt ist in die feststehende (aber für die Trimmung einstellbare) *Flosse* (stabilizer) und das bewegliche *Ruder* (elevator, **Abb. 4-27**).

4-27 Höhenleitwerk, bestehend aus Flosse und Höhenruder (AirbusA320)

Geometrie des Höhenleitwerks

Da das Höhenleitwerk wie ein Tragflügel wirkt, läßt sich seine Geometrie durch die bekannten Begriffe des Tragflügels beschreiben, wie Spannweite, Fläche, Streckung, Pfeilung, Zuspitzung (s. Kap. 4.1.4). Gegenüber der Rumpfbezugsachse wird ein Einstellwinkel (tailplane setting) und gegenüber der Leitwerk-Ebene ein Ruder-Ausschlagwinkel (elevator deflection) definiert.

Die Lage des Höhenleitwerks in Längsrichtung ist durch den Hebelarm L_H als Abstand der geometrischen Neutralpunkte von Flügel- und Höhenleitwerk festgelegt (**Abb. 4-1**). In vertikaler Richtung liegt das Höhenleitwerk bei den weitaus meisten Verkehrsflugzeugen etwas oberhalb der Flügel-Ebene, bei T-Leitwerken sogar erheblich darüber. Typische Kenngrößen für die aerodynamische Wirkung sind

– das Flächenverhältnis S_H/S (20 bis 30 Prozent)
– der relative Leitwerkabstand L_H/l_A (etwa 4-fache Bezugsflügeltiefe)
– das Leitwerkvolumen als Produkt aus Fläche und Leitwerkabstand (etwa 1.0, s. Tab. 4.1).

Wirkungsweise des Höhenleitwerks

Entsprechend seiner Aufgabe zur Stabilisierung und Steuerung der Längsbewegung des Flugzeugs werden am Höhenleitwerk Luftkräfte erzeugt, die zusammen mit dem Hebelarm zum Schwerpunkt ein Moment ergeben, das zur Herstellung des Gleichgewichts führt (Moment=Auftriebskraft des Höhenleitwerks mal Hebelarm zum Schwerpunkt). Aerodynamisch wirkt das Höhenleitwerk wie ein Tragflügel. Wegen seiner Lage im Heckbereich des Flugzeugs leidet seine Wirksamkeit unter dem Abwind des Flügels und den Interferenzen (Wechselwirkungen) von Rumpf und Triebwerk (**Abb. 4-28**).

Das Abwindfeld hinter dem Tragflügel ist eine Folge der Auftriebserzeugung, bei der die Strömung ihre Richtung ändert und durch Impulswirkung abwärts bewegt wird. Dadurch wird das im Nachlauf des Flügels liegende Höhenleitwerk meistens von »oben« angeströmt und liefert »Abtrieb«, obwohl der Flügel eine Anströmung von »unten« erfährt. Das Höhenleitwerk arbeitet (von wenigen Ausnahmen abgesehen) wie ein Flügel im Rückenflug; seine Profile sind vielfach in Rückenlage angeordnet.

Die spannweitige Auftriebsverteilung verursacht (wie beim Tragflügel) einen induzierten Widerstand, der den Gesamtwiderstand des Flugzeugs erhöht. Es ist daher aerodynamisch günstig, wenn im Reiseflug das »Flugzeug ohne Höhenleitwerk« bereits für sich weitgehend momentenfrei ist, damit das Leitwerkmoment klein gehalten werden kann. Die eigentliche Bewährung für das Höhenleitwerk ist der Start, insbesondere wenn der Flugzeugschwerpunkt vorn liegt (=längster Hebelarm). Beim Ankippen während der Bodenrollphase wird vom Höhenleitwerk maximaler Auftrieb bei niedriger Geschwindigkeit (=kleiner Staudruck) verlangt, wobei die auftreffende Strömung zusätzlich verzerrt wird durch Ausschlag der Klappen, Triebwerkstrahl und Einfluß des Bodens. Die Dimensionierung des Höhenleitwerks erfolgt vorwiegend für diese extremen Bedingungen.

Auslegungskriterien

Maßgeblich für die Auslegung eines Höhenleitwerks sind die zulässigen Schwerpunktlagen, Startgewichte und Geschwindigkeiten. Daraus ergibt sich zunächst die Aerodynamik für das »Flug-

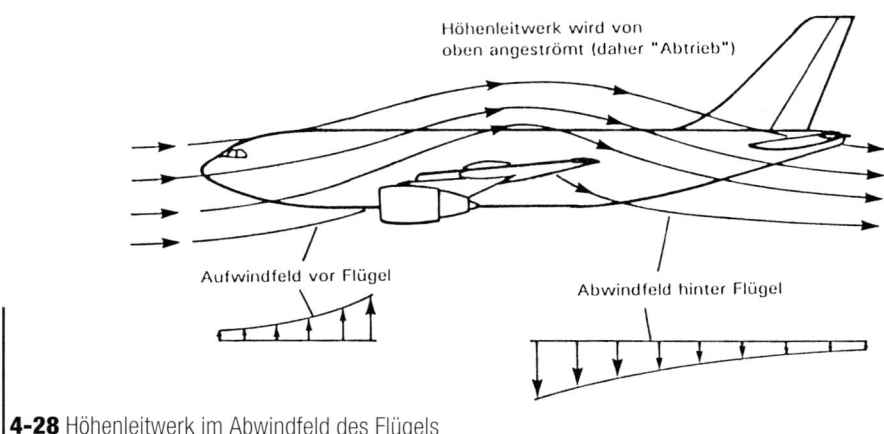

4-28 Höhenleitwerk im Abwindfeld des Flügels

zeug ohne Höhenleitwerk« (die sog. Flügel-Rumpf- Kombination), beispielsweise
– Längsmoment und Stabilität,
– Abwind mit und ohne Klappen,
– Einflüsse der Triebwerke.

Diese Daten werden zumeist durch Windkanalversuche, aber auch durch Rechenverfahren, ermittelt.

Die Erfüllung des Momentengleichgewichts und die Steuerbarkeitsforderungen bei Start und Landung führen zur geometrischen Definition des Höhenleitwerks hinsichtlich
– Grundrißfläche, Profilierung, Verwindung;
– Scharnierlinie des Ruders und Ruderfläche.

Sodann werden die aerodynamischen Eigenschaften bestimmt, beispielsweise
– Auftrieb, Widerstand, Längsmoment;
– Druckverteilungen für die Ermittlung der Lasten;
– Scharniermomente des Ruders für die Auslegung der Verstellsysteme.

Ein wichtiges Kriterium für die Zulassung ist das Verhalten des Höhenleitwerks bei Vereisung, weil durch Eis-Ansatz die Profil-Eigenschaften in gefährlicher Weise verändert werden.

4.6.3 Seitenleitwerk

Die Bewegung des Flugzeugs um die Hochachse wird mit dem Seitenleitwerk beeinflußt (vertical tailplane). Das Seitenleitwerk gleicht einem gepfeilten Tragflügel mittlerer Streckung sowie mit symmetrischem Profil (meistens NACA-Profil). Das Seitenleitwerk wird unterteilt in die feststehende *Flosse* (fin) und das bewegliche *Ruder* (rudder) und existiert in zahlreichen Varianten (**Abb. 4-29**).

Geometrie

Die Lage des Seitenleitwerks in Längsrichtung wird durch den Abstand der geometrischen Neutralpunkte von Seitenleitwerk und Flügel angegeben (**Abb. 4-1**). Dies ist zugleich der Hebelarm L_V, mit dem die am Seitenleitwerk angreifende Seitenkraft ein Drehmoment um den Bezugspunkt erzeugt. Wichtige Kenngrößen sind
– das Flächenverhältnis S_V/S
– der auf die mittlere aerodynamische Profiltiefe l_A bezogene relative Leitwerkabstand L_V/l_A
– das Volumen des Seitenleitwerks als Produkt aus Leitwerkfläche und Flügelspannweite (s. Tabelle 4.1).

Wirkungsweise des Seitenleitwerks

Das Seitenleitwerk hat die Aufgabe, ausreichende Richtungsstabilität zu geben. Bei unsymmetrischer Anströmung unter einem Schiebewinkel β (Beta) wirkt das Seitenleitwerk wie eine Tragfläche, die eine Seitenkraft (side force) abgibt (s. Kap. 5). Die Seitenkraft erzeugt um die Flugzeug-Hochachse ein Giermoment, das den Schiebewinkel zu verkleinern sucht und bezüglich der Richtung auf

4-29 Seitenleitwerke
konventionelles Seitenleitwerk: A300-600 (o.l.),
Boeing 747 (u.r.)
Seitenleitwerk mit Mitteltriebwerk:
Lockheed L-1011 (o. r.), DC-10 (Mitte links)
T-Leitwerk: MD-81 (u.l.)

natürliche Weise stabilisierend wirkt (Windfahnen-Stabilität). Da die Seitenkraft oberhalb des Flugzeug-Schwerpunktes angreift, entsteht immer auch ein Rollmoment um die Längsachse.

Neben der Aufgabe, selbsttätig ein rückführendes Drehmoment zu erzeugen, muß das Seitenleitwerk in der Lage sein, durch Ruderausschläge Giermomente aufzubringen, um die Richtung des Flugzeugs zu ändern. Das Seitenruder wirkt dabei wie eine Wölbklappe (**Abb. 4-20**). Die Größe des Seitenleitwerks ist so bemessen, daß auch bei Ausfall eines Triebwerks und der dadurch verursachten unsymmetrischen Anströmung ausreichende Richtungssteuerbarkeit gewährleistet ist. Der kritische Fall für die Auslegung ist der Triebwerkausfall beim Start, wenn die aerodynamische Wirksamkeit wegen der geringen Geschwindigkeit an ihrer unteren Grenze liegt. Tatsächlich werden zahlreiche Geschwindigkeitsmarken beim Start durch die Eigenschaften des Seitenleitwerks bestimmt (s. Kap. 9, Flugleistung).

4.7 Aerodynamik des Rumpfes

Die Aufgabe des Rumpfes besteht im wesentlichen darin, ein Volumen bereitzustellen für die Aufnahme von Passagieren oder Fracht. Konstruktiv ist der Rumpf das Bindeglied für Flügel und Leitwerk. Wegen der Konzentration der Kräfte muß eine hohe Festigkeit gewährleistet sein bei ge-

4-30 Rumpfstruktur als Paradebeispiel einer Leichtbau-Konstruktion

ringstmöglichem Gewicht. Der Rumpf gilt daher als Parade-Beispiel für eine ausgeprägte Leichtbau-Konstruktion (**Abb. 4-30**).

Die Größe des Rumpfes und seine Form wird durch die Gesamtzahl der Sitze und die Anzahl der Sitze pro Reihe bestimmt. Je nach Passagier-Kapazität unterscheidet man zwischen der schlanken Normalform (*narrow body*) und der Großraum-Form (*wide body*, **Abb. 4-31**). Die Passagierkabine wird oftmals gekennzeichnet durch die Anzahl der Gangreihen, wobei unterschieden wird zwischen einer einzigen Gangreihe (single aisle) oder zwei Gangreihen (twin aisle).

4.7.1 Geometrie des Rumpfes

Der Rumpf besteht aus einem strömungsgünstigen Bug, dem zylindrischen Mittelteil und dem sich verjüngenden Heck (**Abb. 4-32**). Der zylindrische Mittelteil hat aus Fertigungs- und Gewichtsgründen meist kreisförmigen Querschnitt oder besitzt eine ovale Form mit Elementen aus Halbkreisschalen. Der Rumpfdurchmesser (bzw. ein Ersatz-Durchmesser bei nicht-kreisförmigem Querschnitt) wird durch Passagierzahl und Frachtraumgröße bestimmt. Dies kann besonders bei kleinen Rumpf-Durchmessern dazu führen, daß nicht genügend Stauraum für das Fahrwerk bleibt und zusätzlicher Raum durch eine Aufdickung der Rumpf-Unterseite geschaffen werden muß (belly fairing).

Das Rumpfheck ist auf seiner Unterseite hochgezogen, damit das Flugzeug beim Start angekippt werden kann, ohne den Boden zu berühren (upsweep). Flugzeuge mit überlangen Rümpfen, bei denen das Heck weit über das Hauptfahrwerk hinausragt (z.B. »Stretch«-Versionen), verlangen eine Begrenzug des Ankippwinkels, obwohl der Flügel für den Start einen größeren Winkel vertragen könnte. Ein solches Flugzeug muß, um starten zu können, schneller (und damit länger) am Boden rollen oder es muß ein wirksameres Hochauftriebssystem erhalten. Diese »V_{MU}-Limitierung« betrifft beispielsweise den Airbus A321 (»Stretch«-Version der A320), der ein verbessertes Klappensystem besitzt (s. Kap. 4.5.1). Am Ende des Rumpfhecks befindet sich das Leitwerk und bei Flugzeugen mit Hecktriebwerken auch das Antriebssystem.

4-31 Schlanker Normalrumpf und Großraum-Rumpf
(F-28, Boeing757, DC-10, B747)

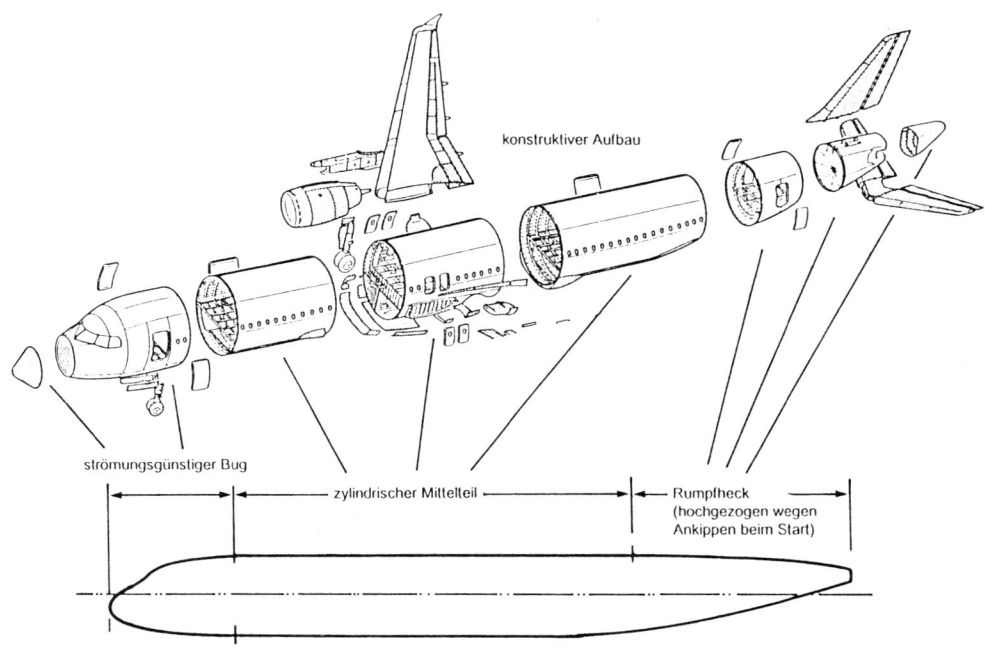

konstruktiver Aufbau

strömungsgünstiger Bug

|← zylindrischer Mittelteil →| |← Rumpfheck →|
(hochgezogen wegen
Ankippen beim Start)

4-32 Merkmale des Rumpfes: strömungsgünstiger Bug, zylindrischerMittelteil, konisches Heck (Airbus A320)

4.7.2 Strömungsfeld an Rumpf und Flügel

Die Rumpf-Strömung steht in enger Verbindung zur Flügel-Strömung. Weil der Rumpf im Strömungsfeld des Flügels und der Flügel im Strömungsfeld des Rumpfes liegt, beeinflussen sich beide Körper gegenseitig. Wechselseitige Beeinflussungen treten bei benachbarten Körpern stets auf und werden als *Interferenzen* (interference) bezeichnet. Durch Interferenz wird die Druckverteilung auf dem Flügel ungünstiger, so daß Strömungsablösungen am Übergang von Rumpf und Flügel auftreten können (**Abb. 4-11**). Dadurch erhöht sich der Widerstand, der Auftrieb wird geringer. Interferenzkräfte sind entwurfsbedingt und in ihrer Größe beeinflußbar.

Einfluß des Rumpfes auf den Flügel

Die Auftriebsverteilung des freifahrenden Flügels (ohne Rumpf) wird so gestaltet, daß der auftriebsabhängige Widerstand möglichst gering ausfällt. Die aerodynamische Lastverteilung ist dann näherungsweise elliptisch. Durch Hinzufügen des Rumpfes erfährt der Auftrieb einen unvermeidbaren Einbruch (Abb. 4-11). Allerdings geht der Auftrieb an der Nahtstelle zum Rumpf nicht schlagartig verloren. In abgeschwächter Form setzen sich etwa 15 Prozent des Auftriebs am Rumpf ab, während der Flügel (als Nettoflügel) 85 Prozent des Auftriebs trägt. Durch geeignete Maßnahmen am Innenflügel können die negativen Auswirkungen einer nicht-elliptischen Lastverteilung gemindert werden (s. Kap. 4.4.4.2, Isobaren-Konzept).

Die Strömung am Rumpf

Obwohl Fertigungsgründe und die Erfüllung der Nutzlast-Forderungen keinen großen Spielraum für eine aerodynamisch optimale Rumpfgestaltung zulassen, muß im Rahmen der geometrischen Vorgaben eine Rumpfform mit geringstem Widerstand gesucht werden. Die Möglichkeiten der Beeinflussung konzentrieren sich auf Bug, Heck, Flügel-Rumpf-Übergang, Aufdickungen des Rumpfes und vorstehende Bauteile wie Einlaßhutzen, Meßsonden und Antennen.

Beim Rumpfbug wird ein gleichförmiges Strömungsfeld ohne eingelagerte Unterdruckspitzen oder Ablösegebiete angestrebt. Als Problemzone erweist sich das Cockpit, wo der Stromlinienverlauf durch die steil aufgestellten ebenen Fensterflächen gestört wird. An den Kanten führt die scharfe Umlenkung der Strömung zu Ablösungen oder zu lokalen Überschallzonen mit nachfolgenden Verdichtungsstößen. Durch eine geeignete Formgebung lassen sich diese Nachteile begrenzen, wobei als maßgebliche Größe der Schlankheitsgrad des Bugs (fineness ratio) gilt. Der Schlankheitsgrad ist das Verhältnis »Buglänge zu maximalem Durchmesser am Ende des Rumpfbugs« (der zum zylindrischen Mittelteil anschließt). Bei ausgeführten Flugzeugen beträgt dieses Verhältnis etwa 1.7. Selbst bei kleineren Werten wie beim Airbus A320 mit $L/D_{max}= 1.57$ lassen sich Überschallzonen noch unterdrücken.

Das Rumpfheck wird ebenfalls so ausgelegt, daß Strömungsablösungen möglichst vermieden werden. Dies gilt insbesondere für den Leitwerkbereich sowie (bei Flugzeugen mit Heck-Triebwerken) für den profilierten Triebwerk-Träger. Durch eine Rumpf-Einschnürung im Bereich des Höhenleitwerks lassen sich die vom Höhenleitwerk auf den Rumpf induzierten Drücke abbauen, so daß die Druckverteilung gleichförmiger wird (**Abb. 4-1**, Draufsicht). Auf der Unterseite des Rumpfes ist die aerodynamische Gestaltungsmöglichkeit gering, da der Abströmwinkel durch das Ankippen beim Start vorgegeben ist. Die Neigung zur Strömungsablösung in diesem Bereich ist einerseits durch die dicke Grenzschicht am Ende des langen Rumpfes gegeben und andererseits durch den ansteigenden Druck auf Grund der Formgebung. Erschwerend kommt bei Flugzeugen mit einer Rumpfaufdickung für das Fahrwerk deren Nachlaufströmung hinzu (z.B. A320, A340, B747).

Die gezeigten Beispiele sollen belegen, daß am Rumpf trotz vorgeschriebener Querschnittformen gewisse Möglichkeiten zur Verbesserung der Aerodynamik bestehen, sofern die Problemzonen im Frühstadium des Entwurfs erkannt und angegangen werden.

Sonstige Überlegungen zum Entwurf
Rumpf und Flügel werden beim Zusammenfügen so aufeinander abgestimmt, daß der Widerstand im Reiseflug möglichst gering ist. Das Maß für den Zusammenbau beider Teile ist der *Einstellwinkel* (wing-root setting), den die Sehne des Wurzelprofils mit der Längsachse des Rumpfes bildet. Er liegt bei Verkehrsflugzeugen im Bereich von 5 Grad und wird endgültig im späten Entwurfsstadium festgelegt, wenn das aerodynamische Verhalten des Gesamtflugzeugs bekannt ist.

Verkehrsflugzeuge erreichen ihre besten Reiseflugleistungen bei Geschwindigkeiten entsprechend Mach 0.8 und einem Auftriebsbeiwert von 0.5, der sich bei einem Anstellwinkel von 1 bis 2 Grad einstellt. Wegen der Flügelverwindung ist der Anstellwinkel ein gemittelter Wert, der exakt nur für die Rumpfbezugsachse gilt.

Beim Reiseflug liegt der Rumpf nicht völlig waagerecht, sondern er kann bis zu 2 Grad angestellt sein. Dadurch liefert der Rumpf infolge der Bug-Umströmung etwas Auftrieb, der positiv in die Auftriebsbilanz eingeht. Der Angriffspunkt dieser Auftriebskraft vor dem Schwerpunkt bewirkt ein schwanzlastiges (destabilisierendes) Kippmoment, das gleichen Drehsinn hat wie das Kippmoment des Höhenleitwerks und dadurch den (widerstands-erhöhenden) Trimmabtrieb mindert. Für die Passagiere ist jedoch eine waagerechte Lage des Fußbodens am günstigsten, wenn diese während des Fluges den Gang benutzen. Ein Rumpf-Anstellwinkel von zwei Grad stellt eine Obergrenze dar und bedeutet für eine Stewardess bereits Schwerarbeit, wenn diese ihren vollen Getränkewagen bergauf bewegen muß.

5

Stabilität und Steuerbarkeit

Jedes Flugzeug muß zur Erfüllung seiner Flugleistungen gute Flug-Eigenschaften besitzen. Unter Flug-Eigenschaften (handling qualities) versteht man die Art und Weise, wie sich das Flugzeug im Luftraum bewegt, auf Steuerbefehle reagiert und Luftturbulenzen verkraftet. Das Fachgebiet, das sich hiermit beschäftigt, ist die *Flugmechanik* ; ihre Aufgabe ist die Beschreibung der Flug-Eigenschaften in zahlenmäßiger Form.

Die wesentlichen Aussagen der Flugmechanik beziehen sich auf zwei Eigenschaften des Flugzeugs: Stabilität und Steuerbarkeit. Der Begriff *Stabilität* (stability) besagt, daß ein Flugzeug, welches mit konstanter Geschwindigkeit fliegt, seine Bewegungsrichtung beibehält: bei Störungen des stabilen Gleichgewichtszustandes, etwa durch atmosphärische Turbulenzen, kehrt das Flugzeug selbsttätig (ohne Eingriff des Piloten oder eines Flugreglers) in den ursprünglichen, gleichförmigen Bewegungszustand zurück. Stabilität ist eine dem Flugzeug konstruktiv mitgegebene Eigenschaft, die dazu befähigt, ungewollte Änderungen des Bewegungszustandes von sich aus zu korrigieren. Die aerodynamischen Flächen, die diese Eigenschaft bewirken, sind *Höhenleitwerk* und *Seitenleitwerk*. Zu den Hauptaufgaben der Flugmechanik gehören daher Aussagen über Größe und Anordnung der erforderlichen Leitwerkflächen.

Im Gegensatz zur Stabilität bedeutet *Steuerbarkeit* (control), daß gewollte Änderungen möglich sein müssen, um das Flugzeug gezielt im Luftraum zu bewegen. Hierfür besitzt das Flugzeug aerodynamisch wirkende Flächen, die verstellbar sind (»movables«): Höhenruder, Seitenruder, Querruder, Spoiler.

Für die Zulassung eines Flugzeugs ist ein umfangreicher Nachweis seiner Stabilitäts- und Steu-erbarkeits-Eigenschaften erforderlich. Die international verbindliche Luftfahrtnorm JAR 25 (bzw. FAR 25 in den USA) schreibt vor, daß ein Flugzeug in der Längs- und Seitenbewegung statisch stabil (JAR/FAR 25.171) und in allen Flugphasen - vom Start bis zur Landung - sicher steuerbar und manövrierfähig sein muß (JAR/FAR 25.143). Bezüglich der dynamischen Eigenschaften des Flugzeugs ist vorgeschrieben, daß alle Schwingungsformen gedämpft verlaufen müssen (JAR/FAR 25.181).

Die Grundzüge der Flugmechanik unter Berücksichtigung der Verkehrsflugzeuge und der Zulassungsforderungen sollen nachfolgend dargestellt werden.

5.1 Das Flugzeug im Luftraum

Bei der Betrachtung von Bewegungsabläufen wird das Flugzeug einem rechtwinkligen Koordinatensystem zugeordnet (**Abb. 5-1**). Flugmechanik und Flugleistung bevorzugen das sog. *Windachsensystem*: die x-Achse zeigt in die Richtung der Anströmung (aus welcher der »Wind« kommt), die y-Achse – in Flugrichtung gesehen – nach rechts und die z-Achse senkrecht zur Anströmung nach unten. Dieses Achsensystem wird ebenfalls im Windkanal verwendet und ist auch als aerodynamisches Achsensystem bekannt. Ändert das Flugzeug seine Lage (durch Änderung des Anstell- oder Schiebewinkels beim Windkanal-Modell oder durch Flugmanöver bei der Großausführung), so behält das Koordinatensystem seine Zuordnung zur Anströmung stets bei. Insbesondere wirkt der Auftrieb definitionsgemäß senk-

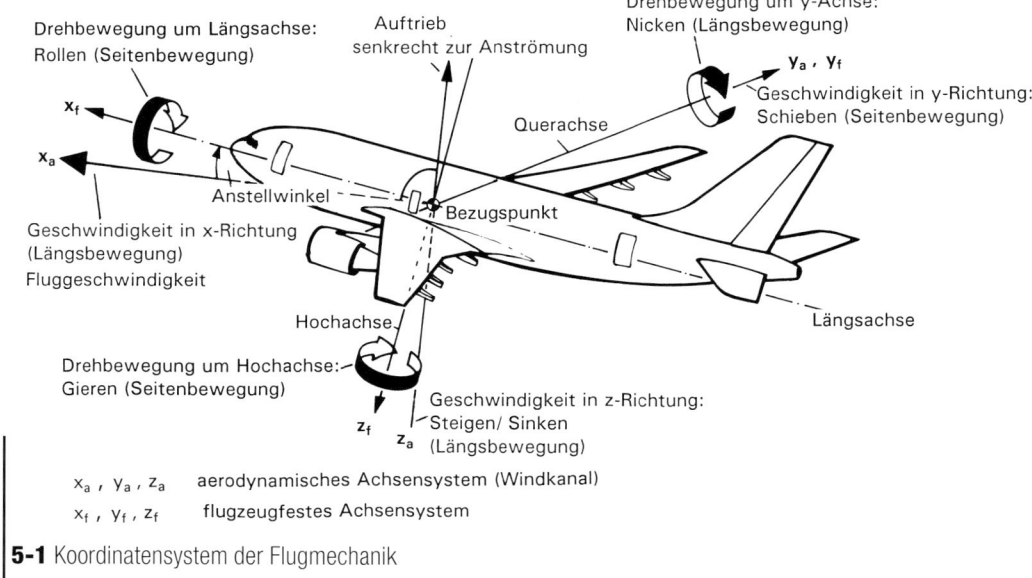

x_a , y_a , z_a aerodynamisches Achsensystem (Windkanal)

x_f , y_f , z_f flugzeugfestes Achsensystem

5-1 Koordinatensystem der Flugmechanik

recht und der Widerstand parallel zur Anströmung.

Allgemein wird die Bewegung des Flugzeugs durch 6 Bewegungsgrößen oder Freiheitsgrade (degrees of freedom) vollständig beschrieben: 3 Geschwindigkeitskomponenten entlang der x-, y- und z-Achse sowie 3 Drehbewegungen um diese Achsen (**Abb. 5-1**).

Maßgeblich für das Verhalten im Luftraum sind die am Flugzeug wirkenden Kräfte sowie die dadurch verursachten Momente. Während des Fluges müssen die Kräfte und Momente für jede der sechs Bewegungsgrößen im Gleichgewicht sein. Gleichgewicht der Kräfte bedeutet: die Summe der betrachteten Kräfte (positive wie negative) muß für eine vorgegebene Richtung den Wert Null ergeben. Beispielsweise besagt Kräftegleichgewicht für den gleichförmigen, unbeschleunigten (=stationären) Horizontalflug, daß Schub und Widerstand als einzige in x-Richtung wirkende Kräfte in der Summe den Wert Null ergeben:

Schub + Widerstand = Null,

oder in vereinfachter mathematischer Schreibweise[*]: $\Sigma K_x = 0$

Daraus folgt als Bedingung für den stationären Horizontalflug, daß Schub und Widerstand gleich groß, aber entgegengesetzt gerichtet sind. Dieselben Annahmen gelten auch für die übrigen Bewegungsgrößen:

Kräfte in y-Richtung (Seitenkräfte):

$\Sigma K_y = 0$

Kräfte in z-Richtung (Auftrieb, Gewicht):

$\Sigma K_z = 0$

Momente um x-Achse (Rollmomente):

$\Sigma L = 0$

Momente um y-Achse (Längsmomente):

$\Sigma M = 0$

Momente um z-Achse (Giermomente):

$\Sigma N = 0$

Führt das Flugzeug eine Drehbewegung um eine der drei Achsen aus, ergeben sich durch Kopplungseffekte ungewollte Drehbewegungen auch um die anderen Achsen. Das aus wenigstens 6 Gleichungen bestehende Gleichungssystem, das den physikalischen Sachverhalt zu beschreiben sucht, ist schwierig zu lösen und macht einen Großrechner erforderlich. Der Flugsimulator, in dem Piloten ihre Trockenübungen absolvieren, ist ein solcher Großrechner, der das Gleichungssy-

---

[*]gesprochen: »Summe K-x gleich Null«, der griechische Buchstabe Σ (Sigma) ist das mathematische Symbol für die Summenbildung.

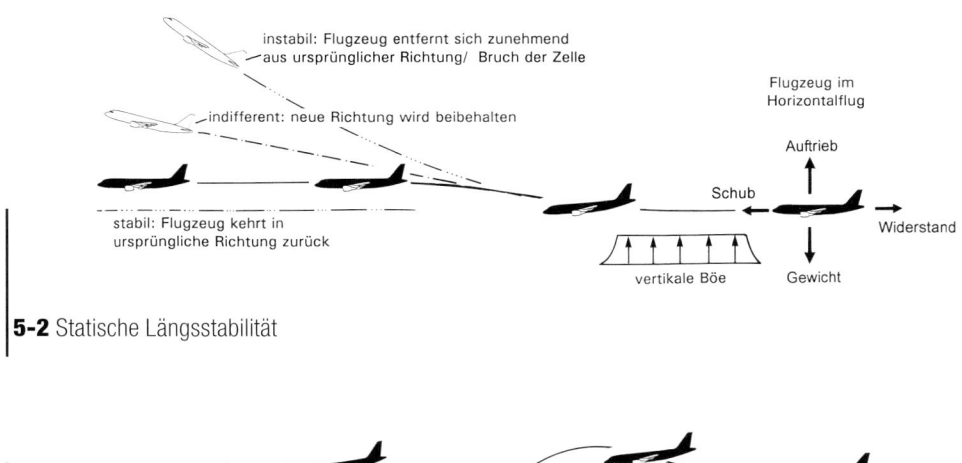

5-2 Statische Längsstabilität

5-3 Dynamische Stabilität: Dämpfung der Schwingungen

stem fortwährend in Sekundenbruchteilen löst und so den zeitlichen Ablauf eines Fluges nachbildet.

5.2 Begriffe zur Stabilität

Bevor wir uns mit den Stabilitäts-Eigenschaften eines Flugzeugs befassen, zunächst eine Klärung der Begriffe Gleichgewicht, statische Stabilität und dynamische Stabilität.

Ein Flugzeug befindet sich im Gleichgewicht, wenn es gleichförmig geradeaus fliegt und die an ihm wirkenden Kräfte ausgeglichen sind (etwa Auftrieb=Gewicht, Schub=Widerstand, **Abb. 5-2**, rechts). Diese Definition ist sinngemäß auch auf den Kurvenflug anwendbar.

Eine besondere Eigenschaft des Gleichgewichtszustandes ist die Stabilität. Es gibt zwei Arten der Stabilität: statische und dynamische. Bei der statischen Stabilität werden Kräfte und Momente am Flugzeug betrachtet, die durch eine kleine Störung des Gleichgewichtszustandes hervorgerufen werden, etwa eine vertikale Böe (**Abb. 5-2**). Statische Stabilität sagt aus, ob das Flugzeug nach Beseitigung der Störung von sich aus in den Gleichgewichtszustand zurückkehrt,

einen neuen Gleichgewichtszustand einnimmt (d.h. eine neue Richtung) oder sich zunehmend vom Gleichgewichtszustand entfernt. Dynamische Stabilität besagt, auf welche Weise das statisch stabile Flugzeug in den Gleichgewichtszustand zurückkehrt. Gewöhnlich erfolgt die Rückkehr als schwingende Bewegung um die Gleichgewichtslage, wobei drei Möglichkeiten existieren: das Flugzeug ist dynamisch stabil, wenn die Schwingungen gedämpft verlaufen und mit der Zeit abklingen; es ist dynamisch instabil, wenn die Schwingungen ungedämpft und mit wachsender Amplitude erfolgen; es ist dynamisch neutral stabil, wenn die Schwingungen ebenfalls ungedämpft, aber mit konstanter Amplitude erfolgen (**Abb. 5-3**). Die Zulassungsvorschriften verlangen, daß alle auftretenden Schwingungen gedämpft verlaufen müssen (JAR/FAR 25.181).

5.3 Längsbewegung

Die symmetrische Bauform der Flugzeuge erleichtert das Verständnis über die komplizierten Zusammenhänge bei der Bewegung im dreidimensionalen Luftraum beträchtlich. So hat eine Drehbewegung um die Querachse (was gleichbe-

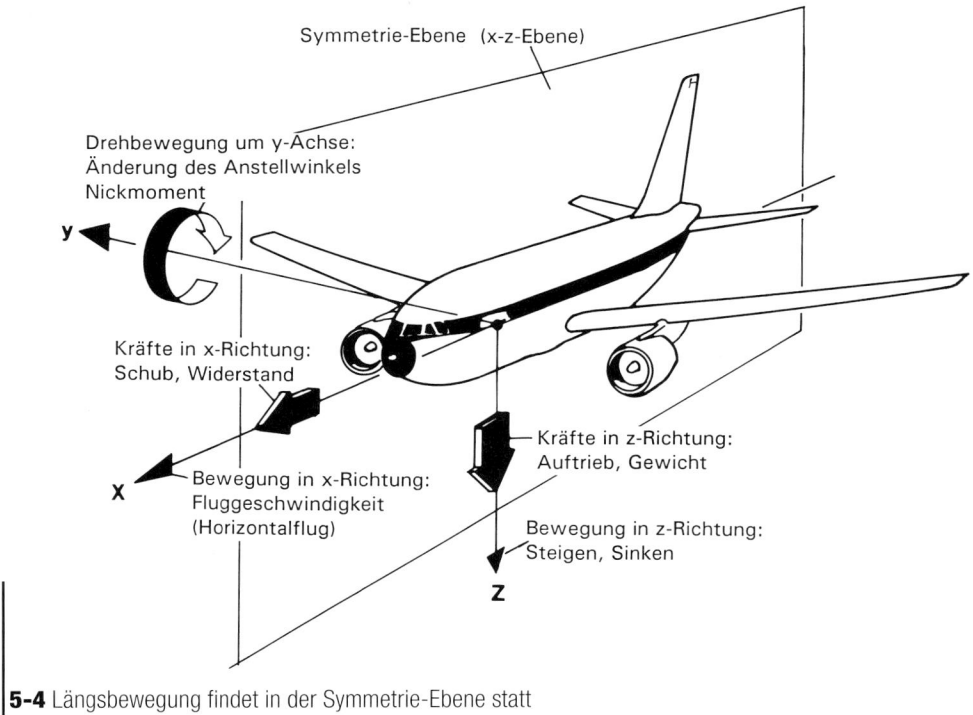

Symmetrie-Ebene (x-z-Ebene)

Drehbewegung um y-Achse:
Änderung des Anstellwinkels
Nickmoment

y

Kräfte in x-Richtung:
Schub, Widerstand

x

Bewegung in x-Richtung:
Fluggeschwindigkeit
(Horizontalflug)

Kräfte in z-Richtung:
Auftrieb, Gewicht

Bewegung in z-Richtung:
Steigen, Sinken

z

5-4 Längsbewegung findet in der Symmetrie-Ebene statt

deutend ist mit einer Änderung des Anstellwinkels) keine merkbaren Auswirkungen bezüglich der Flugzeug-Bewegungen in der Längs- und Hochachse. Daher verhält sich die *Längsbewegung*, d.h. die Bewegung des Flugzeugschwerpunktes entlang der Flugbahn, weitgehend unabhängig von der Seitenbewegung. Es ist allgemein üblich, Längs- und Seitenbewegung getrennt voneinander zu behandeln.

Wenn ein Flugzeug von einem Ort A zu einem Ort B fliegt, so erfolgt dies im wesentlichen als Längsbewegung: der Schwerpunkt des Flugzeugs bewegt sich längs einer Bahn. Die Längsbewegung beschreibt die Flugzustände in der Symmetrie-Ebene (x-z-Ebene) als geradlinige, fortschreitende Bewegung des Schwerpunktes entlang der x- und z-Achse (translatorische Bewegung) sowie als Drehbewegung um die Querachse (rotatorische Bewegung, **Abb. 5-4**).

Die Bewegung entlang der x-Achse ist aufzufassen als horizontale Fluggeschwindigkeit über Grund, die Bewegung entlang der z-Achse als Steig- oder Sinkgeschwindigkeit, die Drehbewegung um die Querachse als Änderung des An-

stellwinkels (für Steig- oder Sinkflug, Abfangen, Kurvenflug).

Strömungsmechanisch bedeutet Längsbewegung symmetrische Anströmung, d.h. die Strömung kommt »direkt von vorn«, es tritt kein Schieben auf. Im Gegensatz dazu ist die Seitenbewegung (die später behandelt wird) durch unsymmetrische Anströmung gekennzeichnet, die Strömung kommt »schräg von vorn« und besitzt damit auch eine seitliche Komponente. Seitenbewegung ist aufzufassen als horizontale Bewegung entlang der y-Achse (Translation in y-Richtung) sowie als Drehbewegung um die x- und z-Achse (Rotation um x- und z-Achse, **Abb. 5-1**).

5.3.1 Statische Längsstabilität

Ein Flugzeug verhält sich in seiner Längsbewegung stabil, wenn es beim Durchfliegen einer atmosphärischen Störung (üblicherweise eine vertikale Windböe) selbsttätig in seine ursprüngliche Fluglage zurückkehrt (**Abb. 5-2**). Die Rückkehr in den Gleichgewichtszustand erfolgt gewöhnlich in einer abklingenden Schwingung (**Abb. 5-3**). Die Anzahl der Schwingungen und ihre Abklingdauer ist für jeden Flugzeugtyp verschieden. Maßgeblich hierfür ist das dynamische Stabilitätsverhalten. Gute Flug-Eigenschaften in der Längsbewegung hängen von der richtigen »Mischung« aus statischer und dynamischer Stabilität ab.

Die zahlenmäßige Beschreibung der Längsbewegung wird durch die Symmetrie-Eigenschaft des Flugzeugs wesentlich erleichtert, weil nur diejenigen Bewegungsgrößen maßgeblich sind, die in der Symmetrie-Ebene wirken. Die Aussagen der Flugmechanik für die Längsbewegung ergeben sich demzufolge aus den Gleichgewichtsbedingungen für die Kräfte in x- und z-Richtung und aus dem Momentengleichgewicht um den Flugzeugschwerpunkt [*]):

$$\Sigma K_x = 0$$

(Kräftegleichgewicht in x-Richtung: Schub, Widerstand);

$$\Sigma K_z = 0$$

(Kräftegleichgewicht in z-Richtung: Auftrieb, Gewicht);

$$\Sigma M = 0$$

(Momentengleichgewicht um Querachse = Längsmoment).

Dies sind die drei »berühmten« Gleichungen der Flugmechanik.

Von größter Bedeutung für die Flug-Eigenschaften ist die statische Längsstabilität, die sich aus einer Betrachtung der um die Querachse wirkenden Momente ableiten läßt. Die Momente ergeben sich aus den Kräften, die am Flugzeug wirken: Auftrieb von Flügel und Höhenleitwerk, Flugzeuggewicht, Schub (**Abb. 5-5**). Zusätzlich wirkt ein Moment, das seine Ursache in der Verwindung des Flügels und der Verwölbung der Profile hat. Dieses Moment ist bereits bei Auftrieb Null vorhanden und wird als *Nullmoment* bezeichnet (zero lift pitching moment). Das Nullmoment ist ein freies Moment, an keinen Bezugspunkt gebunden und hat kopflastigen Drehsinn (negatives Vorzeichen). Das Gesamtmoment ergibt sich demnach als Summe folgender Einzelmomente (**Abb. 5-5**):

– ein auftriebsabhängiges Flügelmoment, gebildet aus der Auftriebskraft A_{FR} des »Flugzeugs ohne Höhenleitwerk« und ihrem Hebelarm x_S-$x_{N,FR}$ zum Schwerpunkt (rechtsdrehend, schwanzlastig, positives Vorzeichen);

– das Nullmoment M_0 als vom Auftrieb unabhängiges Flügelmoment (linksdrehend, kopflastig, negatives Vorzeichen);

– ein auftriebsabhängiges Leitwerkmoment, gebildet aus der Auftriebskraft A_H des Höhenleitwerks und ihrem Hebelarm r_H zum Schwerpunkt des Flugzeugs (üblicherweise rechtsdrehend, da das Höhenleitwerk überwiegend Abtrieb und nur in seltenen Fällen Auftrieb erzeugt);

– ein Schubmoment, gebildet aus der Schubkraft S und ihrem Hebelarm z_S zum Schwerpunkt (rechtsdrehend wenn Triebwerke in Unterflügel-Anordnung).

Was bedeutet nun Längsstabilität?

Als Maß für die Längsstabilität gilt das Verhalten des Flugzeugs gegenüber einer plötzlichen Änderung des Auftriebs bzw. des Anstellwinkels, hervorgerufen durch eine kleine Störung des Gleichgewichtszustandes. Testfall ist üblicherweise die Auswirkung einer vertikalen Böe, die während des stationären Horizontalflugs das Flugzeug von unten trifft. Im ungestörten Zustand des Horizontalflugs herrscht Momentengleichgewicht, $C_m = 0$ [**]) (**Abb. 5-6**, Punkt A). Beim Durchfliegen der Böe wird der Anstellwinkel und damit der Auftrieb kurzzeitig vergrößert, die Fluggeschwindigkeit bleibt konstant (**Abb. 5-6**, Punkt B). Ist das Flugzeug längsstabil, erzeugt die Böe am Flugzeug »automatisch« ein kopflastiges (negatives) Zusatzmoment, das den ursprünglichen Gleichgewichtszustand wieder herstellt (**Abb. 5-6**, oben, Punktfolge 1,2,3). Ist das Flugzeug instabil, erzeugt die Böe

---

[*]) Im Schwerpunkt kann man sich die Masse des Flugzeugs punktförmig vereint denken; dort wirkt die Gewichtskraft als resultierende Kraft.

[**])Der dimensionslose Momentenbeiwert C_m ergibt sich indem das domensionsbehaftete Längsmoment M durch ein willkürliches Bezugsmoment dividiert wird, beispielsweise qSl_A mit q = Staudruck, S = Flügelfläche, l_A = aerodynamische Bezugstiefe.

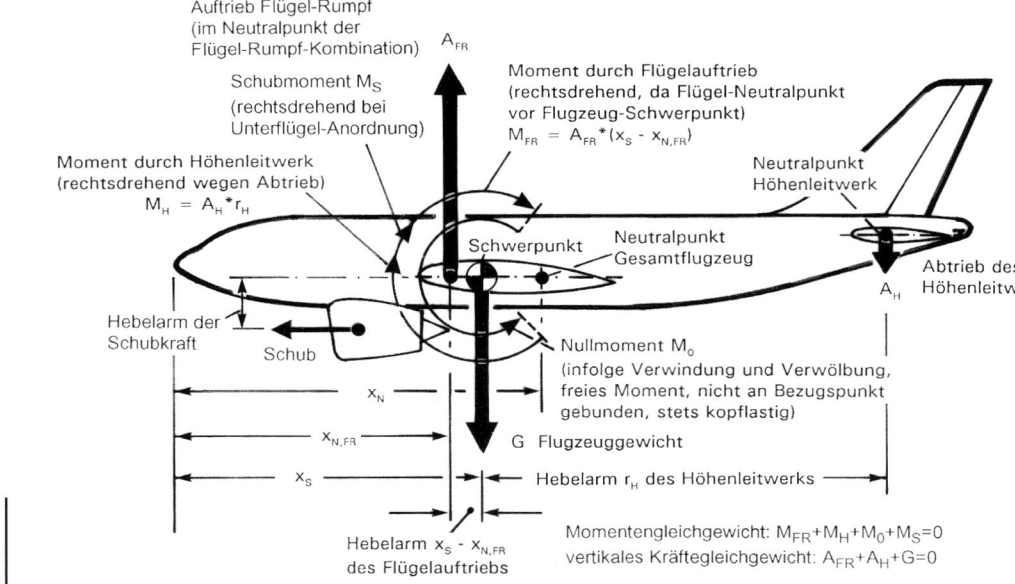

5-5 Kräfte und Momente beim Horizontalflug

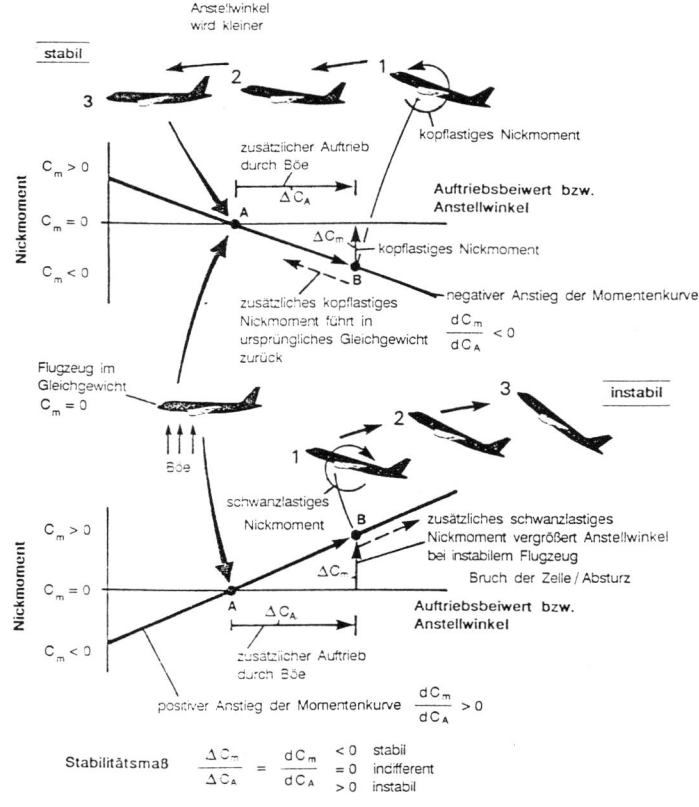

5-6 Neigung der Momentenkurve als Maß der Längsstabilität

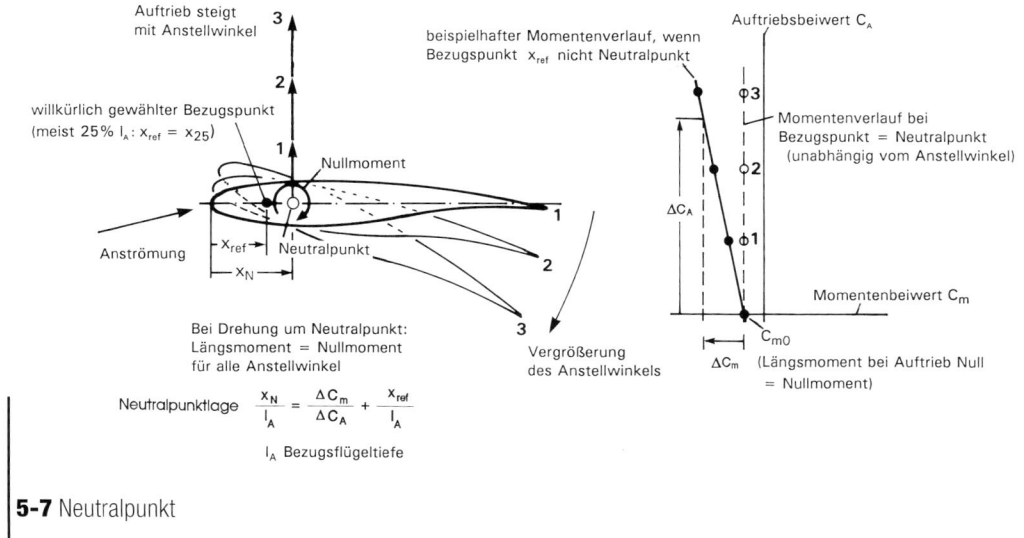

5-7 Neutralpunkt

ein schwanzlastiges (positives) Zusatzmoment: das Flugzeug wird weiter aus der Gleichgewichtslage herausgedreht, die Zelle wird in gefährlicher Weise überbeansprucht, das Flugzeug geht zu Bruch (**Abb. 5-6**, unten, Punktfolge 1,2,3).

Maßgeblich für die Längsstabilität ist die Steigung (=Tangente) der Momentenkurve, die man als *Stabilitätsmaß* (stability margin) bezeichnet; in mathematischer Schreibweise: dC_m/dC_A . Stabiles Verhalten in der Längsbewegung heißt demnach: die Momentenkurve $C_m = f(C_A)$ hat negative Steigung, d.h. $dC_m/dC_A < 0$. Bei $dC_m/dC_A = 0$ ist das Flugzeug indifferent, bei $dC_m/dC_A > 0$ instabil. Erwünscht ist ein schwach stabiles oder fast indifferentes Verhalten, weil dann die Leitwerk-Momente klein sind. Doch muß zugleich die dynamische Stabilität beachtet werden, weil die Auswirkung einer Störung zu langsam abklingen kann. Zugelassen wird nur das statisch stabile Flugzeug.

5.3.2 Neutralpunkt

Für Stabilitätsbetrachtungen sowie zum Festigkeitsnachweis der Struktur muß der Angriffspunkt der resultierenden Luftkraft bekannt sein (Hinter dem Begriff »resultierende Luftkraft« steht die Überlegung, daß die flächenhaft auf dem Flügel verteilten Luftkräfte zu einer einzigen, punktförmigen Kraft zusammengefaßt werden können). Der gedachte Angriffspunkt der Luftkraft ist das *aero-*dynamische Zentrum* oder der *Neutralpunkt* (neutral point, aerodynamic center).

Würde man gedanklich ein Windkanal-Modell im Neutralpunkt aufhängen und am Ort der Aufhängung Kraft und Moment bei verschiedenen Anstellwinkeln messen, dann bliebe trotz steigender Auftriebskraft das Längsmoment stets konstant und hätte immer die Größe des Nullmoments (**Abb. 5-7**). Man bezeichnet das Verhalten des Längsmoments im Neutralpunkt daher als unabhängig vom Anstellwinkel, als Anstellwinkel-neutral oder kurz: neutral. Eine Aufhängung in jedem anderen Punkt würde neben der vom Anstellwinkel abhängigen Auftriebskraft auch ein vom Anstellwinkel abhängiges Moment erzeugen und die Bestimmung des Längsmoments erheblich komplizieren.

Der Neutralpunkt ist ein ausgezeichneter Punkt, der für die Stabilität des Flugzeugs von größter Bedeutung ist. Der Neutralpunkt läßt sich aus Windkanal-Messungen bestimmen durch Anlegen der Tangente an die Momentenkurve (**Abb. 5-7**). Diese Methode gilt gleichermaßen für ein Profil, eine Flügel-Rumpf-Kombination (mit und ohne Triebwerkgondeln) oder ein Gesamtmodell (mit Höhenleitwerk). Der Neutralpunkt liegt allerdings je nach Konfiguration an einer anderen Stelle: bei einem Profil in etwa 25 Prozent der Profiltiefe, bei Flügel-Rumpf-Kombinationen (ohne Höhenleitwerk) zwischen 10 und 20 Prozent der

Bezugsflügeltiefe, bei Verkehrsflugzeugen (mit Höhenleitwerk) zwischen 45 und 50 Prozent der Bezugsflügeltiefe.

5.3.3 Schwerpunktlage und Längsstabilität

Zu jeder Flugzeug-Konfiguration gehören zahlenmäßig angebbare aerodynamische Größen, mit denen das Momentengleichgewicht hergestellt werden kann: Auftrieb von Flügel und Höhenleitwerk, Neutralpunktlage, Nullmoment. Eine Sonderstellung nimmt der Tragflügel ein, dessen Beitrag zum Längsmoment von der Lage des Schwerpunktes maßgeblich beeinflußt wird. Wegen des kurzen Hebelarms zwischen Schwerpunkt und Flügel-Neutralpunkt (x_S-$x_{N,FR}$) und der großen Auftriebskraft haben kleine Änderungen der Schwerpunktlage x_S beträchtliche Auswirkungen auf die Längsstabilität. Eine Rückwanderung des Schwerpunktes um 1 Prozent der Bezugsflügeltiefe macht das Flugzeug um 1 Prozent destabiler, weil der Hebelarm bei unveränderter Neutralpunktlage der Flügel-Rumpf-Kombination ($x_{N,FR}$) länger geworden ist und das erzeugte Moment schwanzlastig wirkt (**Abb. 5-8**). Demgegenüber ist der Einfluß des Höhenleitwerks vernachlässigbar, weil die »winzige« Änderung der Schwerpunktlage relativ zum langen Hebelarm des Höhenleitwerks nicht ins Gewicht fällt: das Leitwerk-Moment bleibt praktisch unverändert.

Die Lage des Schwerpunktes ist die wichtigste Einflußgröße für die statische, aber auch für die dynamische Längsstabilität eines Flugzeugs. Die Momentenbilanz für das Gesamtflugzeug zeigt, daß bei Rückverlagerung des Schwerpunktes die Momentenkurve zunehmend flacher verläuft: die Stabilität nimmt ab (**Abb. 5-8,** unten). Denkbar ist sogar eine Schwerpunktlage, bei der die Momentenkurve keine Steigung mehr hat: das Flugzeug

besitzt *neutrale* statische Stabilität. Der so erhaltene Punkt ist der *Neutralpunkt* für das Gesamtflugzeug, auch bekannt als »Neutralpunkt bei festem Höhenruder« (stick-fixed neutral point).

Der auf die mittlere aerodynamische Profiltiefe[*] l_A bezogene Abstand zwischen Neutralpunkt und Schwerpunkt wird als *Stabilitätsmaß* (stability margin) bezeichnet:

$$\text{Stabilitätsmaß} \quad \frac{dC_m}{dC_A} = \frac{x_S - x_N}{l_A}$$

(x_S Schwerpunkt, x_N Neutralpunkt)

Damit ist die Verbindung hergestellt zwischen der Steigung der Momentenkurve und der Schwerpunktlage. Weil negative Steigung der Momentenkurve Bedingung für Stabilität ist, hat das Stabilitätsmaß dC_m / dC_A bei allen heutigen Verkehrsflugzeugen negatives Vorzeichen. Diese Bedingung sagt aus, daß der Schwerpunkt des Flugzeugs stets vor dem Neutralpunkt des Gesamtflugzeugs liegen muß[**] ($x_S < x_N$, **Abb. 5-8**).

Wegen der weitreichenden Konsequenzen für die Sicherheit beim Fliegen darf der Schwerpunkt festgelegte Grenzen nicht überschreiten. Daher wird eine hintere Schwerpunktlage festgelegt, die noch ausreichende Stabilität gewährleistet (negative Steigung der Momentenkurve), die aber verhindert, daß der Schwerpunkt in bedrohliche Nähe des Neutralpunktes gelangt. Bei heutigen Verkehrsflugzeugen liegt die Stabilität im Bereich von 1 bis 5 Prozent, d.h. dC_m / dC_A = -0.01 bis -0.05. Je näher der Schwerpunkt an den Neutralpunkt heranrückt, um so unangenehmer ist das Flugzeug von Hand zu fliegen. Kleinste Ausschläge des Höhenruders haben große Anstellwinkel-Änderungen zur Folge; das Flugzeug reagiert auf Steuerbefehle überempfindlich.

---

[*])Die Bezugsflügeltiefe l_A ist die Profiltiefe eines rechteckigen Ersatzflügels. Dieser nur als Gedankenmodell existierende Flügel hat die gleichen Eigenschaften in der Längsbewegung wie der tatsächliche, aber geometrisch kompliziertere Flügel; in der deutschen Literatur allgemein mit l_μ (l-mü) bezeichnet, international aber ungebräuchlich

[**])Eine Schwerpunktlage hinter dem Neutralpunkt erfordert für die Herstellung des Momentengleichgewichts, daß am Höhenleitwerk Auftrieb (und nicht Abtrieb) erzeugt wird. Die fehlende natürliche Stabilität muß durch künstliche Stabilität ersetzt werden, d.h. durch elektronische Regler. Diese zukunftweisende Technologie wird im Kampfflugzeugbau bereits eingesetzt.

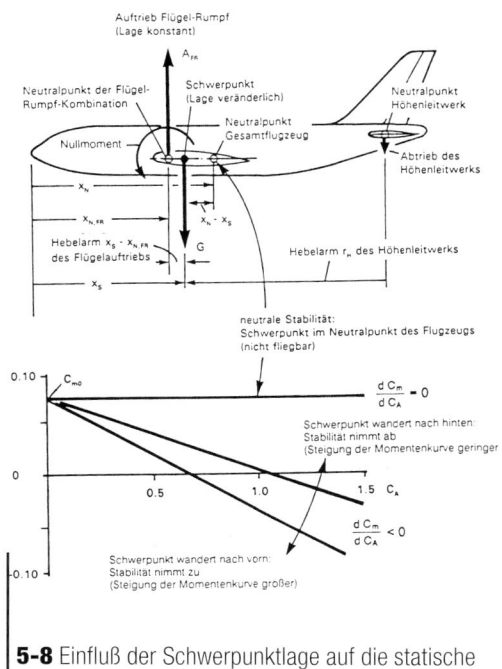

5-8 Einfluß der Schwerpunktlage auf die statische Längsstabilität

Seit Flugzeuge mit einem Autopiloten ausgerüstet sind, stellen hintere Schwerpunktlagen kein Problem dar (s. Kap. 5.2.5). Schwierigkeiten entstehen erst bei Regler-Ausfall, wenn der Pilot von Hand eingreifen muß. Für die Zulassung eines Flugzeugs sind diesbezüglich spezielle Nachweise erforderlich.

Die vordere Schwerpunktlage ist für Start und Landung von kritischer Bedeutung. Hierbei muß das Höhenleitwerk Schwerstarbeit leisten, denn bei niedriger Geschwindigkeit am Boden (geringer Staudruck) werden hohe Leitwerkkräfte gefordert. Erschwerend können sich die Nachlaufströmung der ausgefahrenen Klappen und der Abgasstrahl der Triebwerke auswirken. Für die Zulassung muß nachgewiesen werden, daß ausreichende Steuerreserven vorhanden sind und das Höhenleitwerk nicht in den überzogenen (= abgelösten) Strömungszustand gerät.

5.3.4 Längssteuerbarkeit

Die Betrachtung der Längsstabilität bezog sich bislang auf Fälle, bei denen das Nickmoment ausgeglichen war: das Flugzeug befand sich im getrimmten Zustand ($C_m = 0$) und war statisch stabil (negativer Gradient, **Abb. 5-9**, Punkt A). Der Gleichgewichtszustand gilt stets für einen einzigen Auftriebsbeiwert. Bei einer Änderung des Flugzustandes, etwa einer Verringerung der Geschwindigkeit für den Landeanflug, muß mit einem höheren Auftriebsbeiwert geflogen werden (s. Kap.4). Um den Horizontalflug beizubehalten, muß das hierbei entstehende kopflastige Nickmoment beseitigt werden. Zu diesem Zweck ist das Höhenleitwerk mit einem Ruder ausgestattet (**Abb. 5-10**).

Durch Ruderausschlag entsteht eine zusätzliche Kraft am Höhenleitwerk, die relativ klein ist, wegen ihres langen Hebelarms aber große Steuermomente liefert. Durch Ausschlagen des Ruders wird die Momentenkurve parallel verschoben und das Momentengleichgewicht ($C_m= 0$) bei einem anderen Auftriebsbeiwert wieder hergestellt (**Abb. 5-9**, Punkt B). Die Stabilität des Flugzeugs wird wegen der Parallelverschiebung nicht verändert (die Kurvensteigung bleibt erhalten).

Durch schrittweises Verstellen des Höhenruders läßt sich zu jedem Höhenruder-Ausschlag ein Auftriebsbeiwert ermitteln, für den das Längsmoment im Gleichgewicht ist (**Abb. 5-9**, C,D,E). Diese getrimmten Auftriebsbeiwerte ergeben zusammen mit den zugehörigen Ruderwinkeln eine Gerade, die aussagt, welcher Ruderausschlag erforderlich ist, um einen gewünschten getrimmten Auftriebsbeiwert zu erfliegen (**Abb. 5-9**, unten). Eine solche Aussage wird üblicherweise aus Windkanaldaten gewonnen und im Flugversuch nachgewiesen.

Die Neigung der Steuerkurve ist abhängig von der Schwerpunktlage. Je weiter der Schwerpunkt rückwärts wandert, um so flacher ist der Kurvenverlauf. Dadurch lassen sich bereits mit geringen Ruderausschlägen bei hinterer Schwerpunktlage große Änderungen im Auftriebsbeiwert herbeiführen, die leicht zur Überbeanspruchung der Zelle führen können. Diese Gefahr besteht bei modernen Verkehrsflugzeugen nicht. Der eingebaute Flugregler (Autopilot) begrenzt in Abhängigkeit von der Schwerpunktlage die maximal erlaubten Ruderausschläge, auch wenn der Pilot irrtümlich einen größeren Ruderwinkel vorgeben sollte (Beispiel: A320).

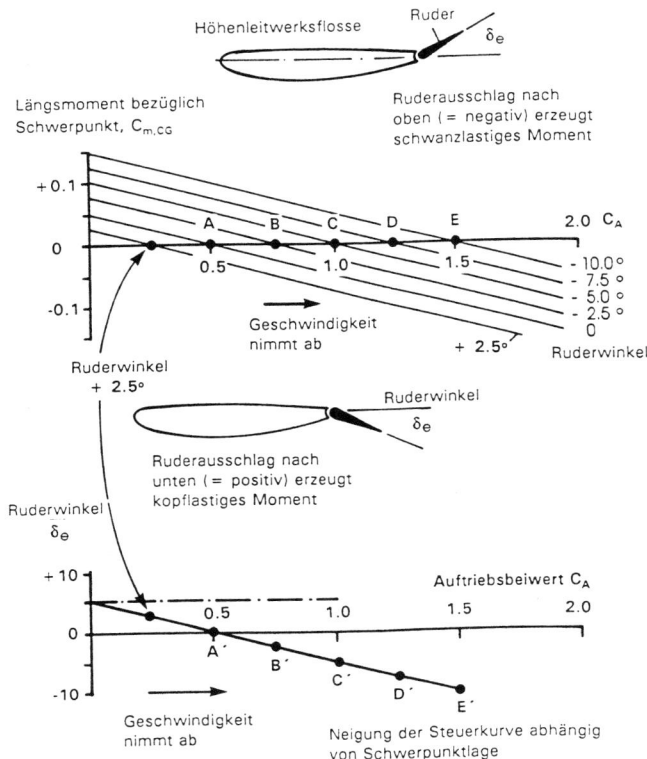

5-9 Verschieben der Momentenkurve durch Verstellen des Höhenruders

5.3.5 Einflüsse auf das Stabilitätsverhalten

5.3.5.1 Manöverpunkt

Bislang wurde das Stabilitätsverhalten des Flugzeugs unter der Annahme des gleichförmigen (stationären) Geradeausfluges betrachtet, der mehr als 90% eines durchschnittlichen Fluges ausmacht. Das statische Längsstabilitätsverhalten und die Kenntnis über die Lage der Neutralpunkte (mit festem und losem Ruder) ist lebensnotwendig für den sicheren Betrieb des Flugzeugs.

Darüber hinaus muß das Stabilitätsverhalten auch beim Abfangen und beim Kurvenflug untersucht werden. Beide Flugabschnitte erfolgen auf gekrümmter Bahn, aber bei symmetrischer Strömung. Sie sind daher der Längsbewegung zuzuordnen. Man bezeichnet diese Flugabschnitte als Manöverflug. Während beim unbeschleunigten Horizontalflug alle Kräfte im statischen Gleichgewicht sind, wird beim Manöverflug das Gleichgewicht bewußt gestört.

5-10 Höhenleitwerk und Höhenruder (McDonnel-Douglas DC-10)

Abfangen erfolgt durch Ziehen des Höhenleitwerks, wodurch zunächst der Anstellwinkel und dann der Auftrieb des Flügels vergrößert wird. Da der Auftrieb das Gewicht des Flugzeugs übersteigt, verläuft die Flugbahn gekrümmt (**Abb. 5-11**).

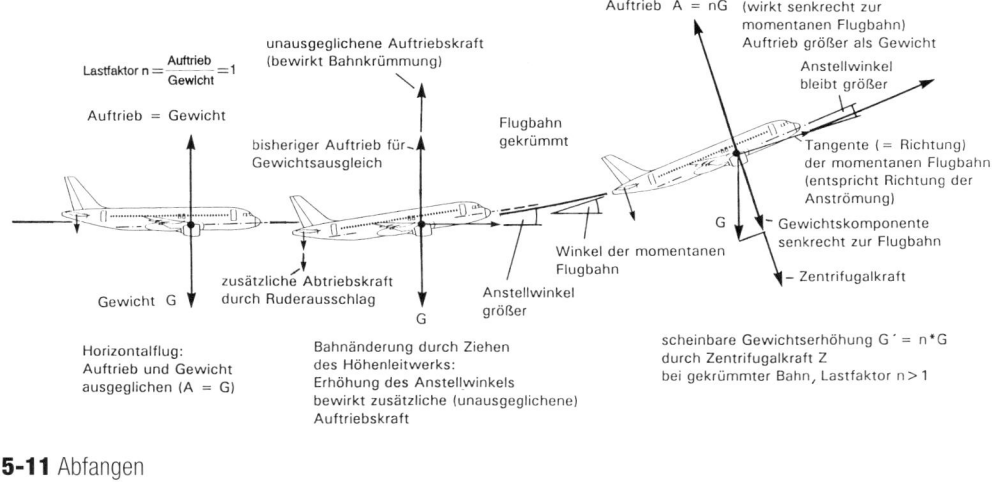

Lastfaktor $n = \dfrac{\text{Auftrieb}}{\text{Gewicht}} = 1$

unausgeglichene Auftriebskraft
(bewirkt Bahnkrümmung)

Auftrieb = Gewicht

bisheriger Auftrieb für Gewichtsausgleich

Flugbahn gekrümmt

Auftrieb A = nG (wirkt senkrecht zur momentanen Flugbahn) Auftrieb größer als Gewicht

Anstellwinkel bleibt größer

Tangente (= Richtung) der momentanen Flugbahn (entspricht Richtung der Anströmung)

G   Gewichtskomponente senkrecht zur Flugbahn

Winkel der momentanen Flugbahn

Zentrifugalkraft

zusätzliche Abtriebskraft durch Ruderausschlag

Gewicht G

Anstellwinkel größer

G

Horizontalflug:
Auftrieb und Gewicht
ausgeglichen (A = G)

Bahnänderung durch Ziehen
des Höhenleitwerks:
Erhöhung des Anstellwinkels
bewirkt zusätzliche (unausgeglichene)
Auftriebskraft

scheinbare Gewichtserhöhung G´ = n*G
durch Zentrifugalkraft Z
bei gekrümmter Bahn, Lastfaktor n > 1

5-11 Abfangen

Ähnlich sind die Verhältnisse beim Kurvenflug. Um die Flugbahn in der horizontalen Ebene zu krümmen, muß das Flugzeug eine Rollbewegung vollführen, damit die Auftriebskraft aus der vertikalen Ebene herausgedreht wird; gleichzeitig muß das Höhenruder in Richtung »Ziehen« verstellt werden, um durch Änderung des Anstellwinkels den Auftrieb zu erhöhen. Dabei entsteht eine unausgeglichene Horizontalkraft senkrecht zur Flugbahn und eine Bahnkrümmung in Richtung der unausgeglichenen Kraft (**Abb. 5-12**).

Ausgelöst wird die Bahnkrümmung durch eine Drehung um die Querachse (**Abb. 5-13**). Die hierbei stattfindende Abwärtsbewegung des Hecks empfindet das Höhenleitwerk als scheinbare Anströmung von unten und damit als Änderung des Anstellwinkels. Hierauf antwortet es mit einer nach oben gerichteten Auftriebskraft, die als dynamische Dämpfungskraft der Drehbewegung entgegenwirkt. Diese Dämpfungskraft muß das Höhenruder durch stärkeren Ausschlag zusätzlich überwinden. Daraus resultiert ein scheinbar geändertes Stabilitätsverhalten, das außer von der Schwerpunktlage (wie beim unbeschleunigten Horizontalflug) auch von der Dämpfungskraft abhängt.

Beim Manöverflug besitzt das Flugzeug eine scheinbar größere Längsstabilität als beim stationären Horizontalflug; der Schwerpunkt darf daher weiter nach hinten wandern, bis neutrale Stabilität eintritt und die Handkraft für den Piloten zu

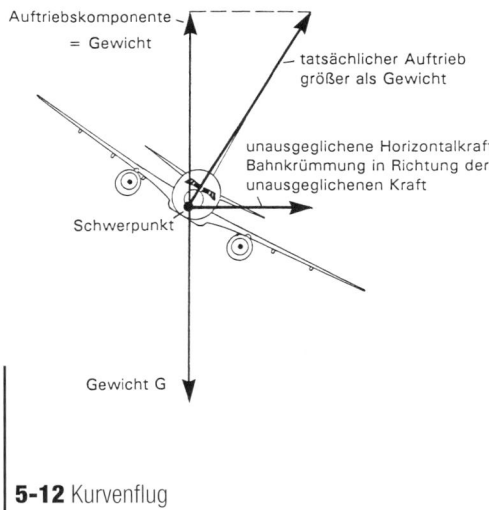

Auftriebskomponente
= Gewicht

tatsächlicher Auftrieb
größer als Gewicht

unausgeglichene Horizontalkraft:
Bahnkrümmung in Richtung der
unausgeglichenen Kraft

Schwerpunkt

Gewicht G

5-12 Kurvenflug

Null wird. Diese Schwerpunktlage wird als *Manöverpunkt* bezeichnet. Der Manöverpunkt liegt bei Verkehrsflugzeugen etwa 5% hinter dem Neutralpunkt.

Der Unterschied in der Stabilität gegenüber dem unbeschleunigten Flug ergibt sich einzig aus der Drehbewegung des Flugzeugs um seine Querachse und einer daraus resultierenden Änderung des Auftriebs am Höhenleitwerk bei unveränderter Geschwindigkeit. Der Manöverpunkt dient bei einigen Herstellern (McDonnel Douglas) zur Festlegung der hinteren Schwerpunktlage (s. Kap. 5.3.6.3).

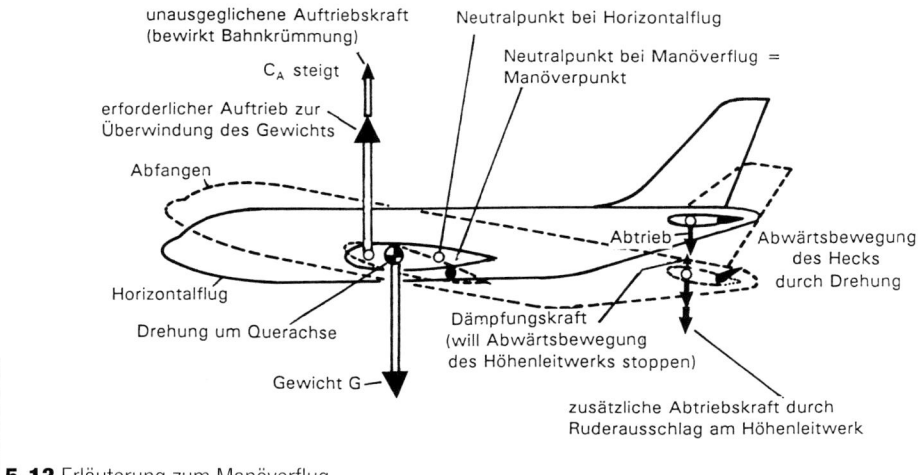

5-13 Erläuterung zum Manöverflug

5.3.5.2 Einfluß der Machzahl

Die Entwurfsgeschwindigkeiten heutiger Unterschall-Verkehrsflugzeuge liegen aus Gründen der Wirtschaftlichkeit oberhalb der kritischen Machzahl, wobei der Tragflügel so ausgelegt wird, daß im Reiseflug auf der Flügel-Oberseite ein Überschallfeld existiert (s. Kap.4). Die Wirtschaftlichkeitsgrenze ist erreicht, sobald das Überschallfeld mit stärkeren Verdichtungsstößen abschließt und der Widerstand durch Strömungsablösungen überdurchschnittlich ansteigt. Diese Grenze liegt etwas oberhalb der Machzahl für den Widerstands-Anstieg (»Drag-Divergenz«-Machzahl, **Abb. 5-14**, Punkt A).

Wird die Machzahl weiter erhöht, steigt der Auftrieb noch etwas an, weil sich die Überschallzone auf der Oberseite nach hinten ausdehnt. Sobald jedoch Überschallgebiete auch auf der Unterseite entstehen, kehrt sich das Auftriebsverhalten um: während zuvor der Auftrieb mit der Machzahl zunahm (erkennbar an einer positiven Steigung der Tangente an die Auftriebskurve, $dc_A/dM>0$), tritt nunmehr eine Abnahme mit der Machzahl ein (negative Steigung, $dc_A/dM<0$, **Abb. 5-14**, Punkt B). Hieraus ergeben sich weitreichende Folgen für das Stabilitätsverhalten des Flugzeugs durch Machzahl-bedingte Strömungsablösungen.

Die durch Verdichtungsstöße verursachten Strömungsablösungen erfassen den rumpfnahen Flügelbereich zuerst, weil dort die Profile am dicksten sind und die Strömung zwei Energie-zehrende Verdichtungsstöße durchlaufen muß (**Abb. 5-15**). Wegen der Pfeilung liegen nunmehr die tragfähigeren Flügelbereiche weiter hinten, so daß der Neutralpunkt nach hinten wandert und der Hebelarm zum Schwerpunkt länger wird. Die Folge: das Flugzeug wird kopflastiger und nimmt Fahrt auf. Gleichzeitig wird das schwanzlastige Moment des Höhenleitwerks kleiner, weil durch den verringerten Flügelauftrieb weniger Abwind am Höhenleitwerk ankommt (weniger Auftrieb = weniger Abwind). Die Gefahr besteht darin, daß dieser Vorgang fast unbemerkt eintreten kann und Gegenmaßnahmen verspätet eingeleitet werden.

Diese Form der Hochgeschwindigkeits-Instabilität tritt bei den meisten Verkehrsflugzeugen mit gepfeilten Flügeln auf und ist als »tuck-under« oder »Mach-tuck« bekannt. Kennzeichnend ist die Eigenschaft des Flugzeugs, nach Überschreiten der Auftriebs-Divergenz kopflastig zu werden und in einen schnellen Bahnneigungsflug überzugehen. Wenn dieser Vorgang nicht rechtzeitig erkannt und gestoppt wird, gelangt das Flugzeug durch Übergeschwindigkeit in den gefährlichen Schüttelbereich (Buffeting).

Zur Vermeidung dieser Gefahr werden Flugzeuge vorsorglich mit einem »Mach-Trimmer« ausgerüstet, der das Höhenleitwerk in Abhängigkeit von der Flug-Machzahl automatisch verstellt und die Machzahl-bedingte Kopflastigkeit aus-

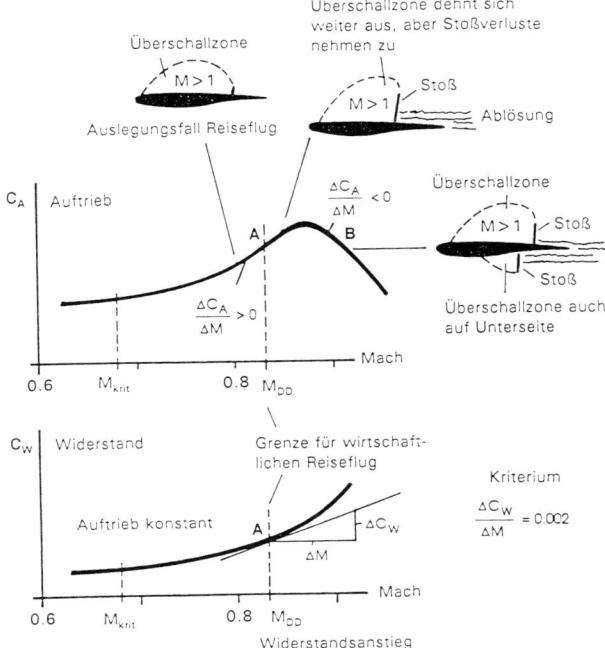

5-14 Einfluß der Kompressibilität

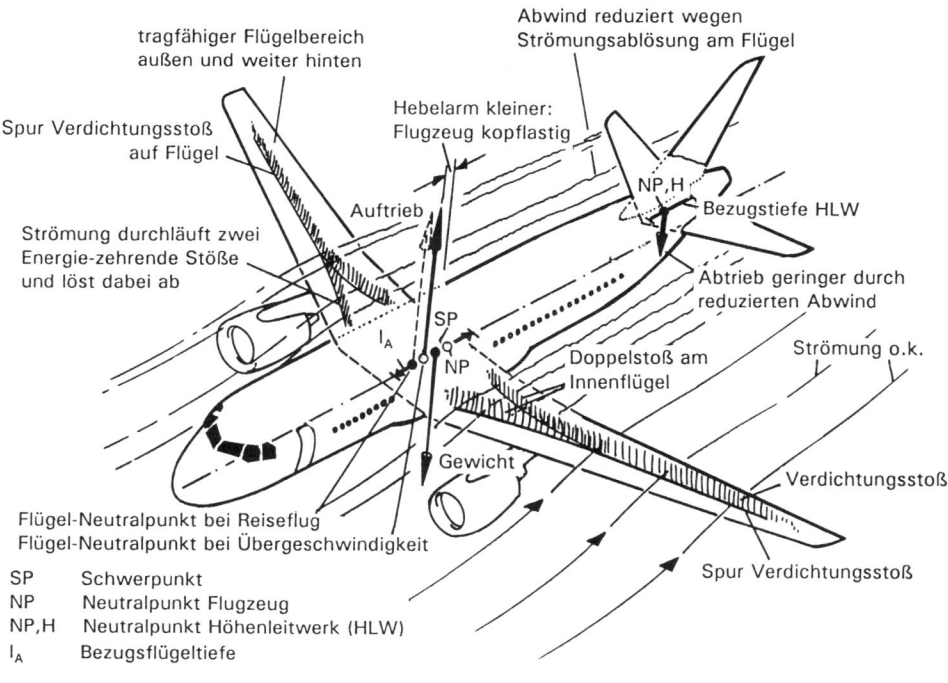

SP   Schwerpunkt
NP   Neutralpunkt Flugzeug
NP,H   Neutralpunkt Höhenleitwerk (HLW)
l_A Bezugsflügeltiefe

5-15 Änderung der Stabilität bei hohen Machzahlen

gleicht (Größenordnung 1-2°). Dadurch wird die Forderung nach einem stabilen Gradienten der Handkraft in Abhängigkeit von der Fluggeschwindigkeit erfüllt, nämlich »Ziehen« zum Verringern und »Drücken« zum Erhöhen der Fahrt (FAR/JAR 25.173). Im Bereich der Höchst-Machzahlen könnte sonst nämlich diese »natürliche« Eigenschaft verloren gehen, so daß beispielsweise zur Fahrtverringerung gedrückt werden müßte – ein unakzeptables Verhalten.

Für die Zulassung muß der Nachweis ausreichender Fliegbarkeit bei Versagen des Mach-Trimmers erbracht werden (FAR/JAR 25.671, 25.672). Die Vorschriften verlangen, daß ein deutliches Warnsignal (akustisch oder optisch) den Störfall im Cockpit meldet und die Besatzung unverzüglich Gegenmaßnahmen ergreifen kann, entweder durch Abschalten des Geräts (bei erkennbarer Falschmeldung) oder durch Übersteuern von Hand.

Mit diesen Bemerkungen wollen wir die Einflüsse auf das Längsstabilitäts-Verhalten abschließen. Weitere Faktoren, wie etwa Triebwerkschub, Flexibilität der Zelle oder Bodeneffekt, können im Rahmen dieser Darstellung nicht besprochen werden, seien aber zumindest erwähnt.

5.3.6 Auslegung des Höhenleitwerks

Unterschiedliche Schwerpunktlagen des Flugzeugs sind technisch bedingt durch eine von Flug zu Flug wechselnde, nicht vorher bestimmbare Beladung durch Passagiere und Fracht. Auch während des Fluges ändert sich die Lage des Schwerpunktes durch Verbrauch oder Umpumpen von Kraftstoff und durch Bewegungen von Personen in der Passagierkabine. Der veränderliche Beladungszustand wird vollständig durch das Höhenleitwerk abgefangen.

Entscheidend für die Auslegung eines Höhenleitwerks sind die Grenzlagen des Schwerpunkts, d.h. seine am weitesten vorn und hinten befindlichen Positionen. Die hintere Schwerpunktlage wird bestimmt durch eine geforderte Beladung und durch die dabei geforderte Mindeststabilität. Diese ist erforderlich, um bei Ausfall des Autopiloten noch ausreichende Notflug-Eigenschaften zu haben, so daß der Pilot das Flugzeug von Hand in einen sicheren Flugbereich hineinretten kann. Die

hintere Schwerpunktlage ergibt sich daher aus einer Stabilitätsforderung.

Ganz anders bei der vorderen Schwerpunktlage: hier hat das Höhenleitwerk die Aufgabe, das Längsmoment mit dem maximal möglichen Steuermoment auszugleichen ($C_m = 0$). Die vordere Schwerpunktlage ergibt sich daher aus einer Steuerbarkeitsforderung.

Zusammenfassend muß das Höhenleitwerk die folgenden kritischen Fälle abdecken:
1. Stabilisieren des Flugzeugs im Schnellflug (Reiseflug) bei hinterer Schwerpunktlage;
2. Trimmen des Flugzeugs im Langsamflug (Landung) bei vorderer Schwerpunktlage, Klappen voll ausgefahren;
3. Ankippen des Flugzeugs beim Start, Schwerpunkt vorn (Dieser Fall ist für Flugzeuge, bei denen die Triebwerke unter dem Flügel angeordnet sind, unkritisch, weil der Triebwerkschub unterhalb des Schwerpunkts wirkt und den Ankippvorgang unterstützt; anders dagegen bei Flugzeugen mit Triebwerken in Heckanordnung, die keinen oder sogar einen negativen Hebelarm besitzen – etwa Mitteltriebwerk der (MD-11).

5.3.6.1 Hintere Schwerpunktlage

Bei der hinteren Lage des Schwerpunktes ist dessen Abstand zum Neutralpunkt gering. Das Flugzeug ist beinahe schon ohne den Beitrag des Höhenleitwerks im Momentengleichgewicht, weil das auftriebsabhängige Moment der Flügel-Rumpf-Kombination (schwanzlastig) durch das auftriebsunabhängige Nullmoment (kopflastig) nahezu ausgeglichen ist. Diese Eigenschaft wird bereits beim aerodynamischen Flügel-Entwurf angestrebt. Zum vollständigen Ausgleich (d.h. zur Erzeugung von $C_m = 0$) muß das Höhenleitwerk daher nur wenig Abtrieb erzeugen.

Je weiter der Schwerpunkt nach rückwärts verlagert wird, um so günstiger sind Widerstand und Gleitzahl im Reiseflug. Wegen des geringen Abtriebs am Höhenleitwerk produziert der Flügel weniger unwirtschaftlichen Zusatzauftrieb und daher auch weniger induzierten (=auftriebsabhängigen) Widerstand. Diesen Vorteilen steht eine Verschlechterung der Flug-Eigenschaften gegenüber. Die geringe Stabilität macht das Flug-

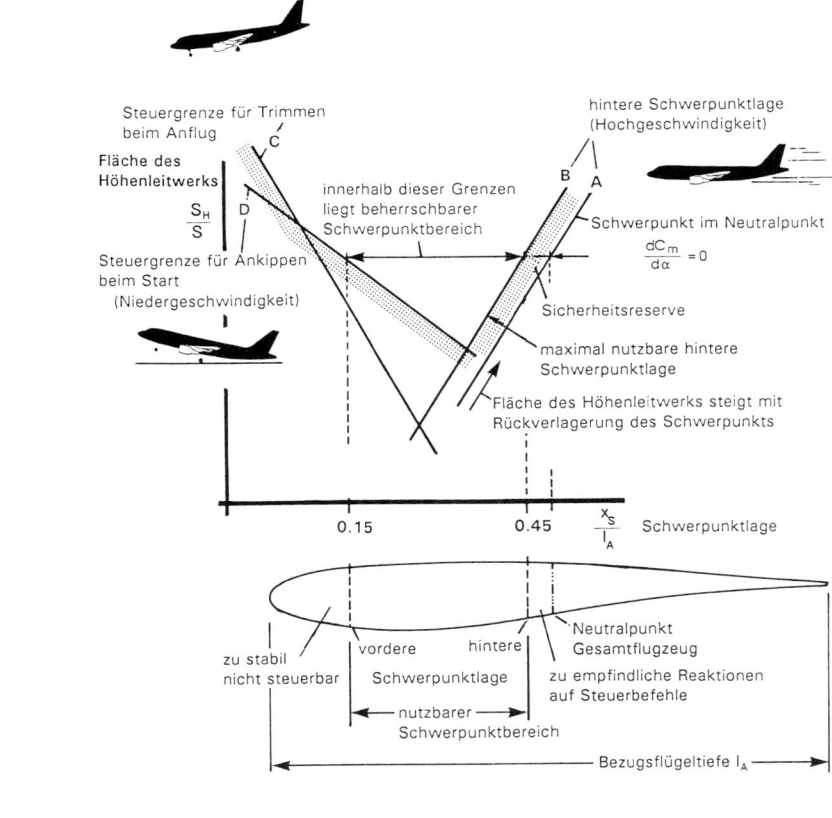

5-16 Auslegungsdiagramm eines Höhenleitwerks

zeug von Hand schwer fliegbar (die Momentenkurve verläuft flacher, **Abb. 5-8**), kleine Ruderausschläge haben große Änderungen des Anstellwinkels zur Folge. Bei jedem Projekt stellt sich daher die Frage, wieviel an natürlicher Stabilität geopfert werden kann, ohne die Sicherheit zu gefährden. Hiermit verbunden ist eine kleinstmögliche Leitwerkgröße, die die Forderung nach ausreichender Stabilität erfüllt.

Vergleicht man die Kraft- und Momentenverhältnisse am Flugzeug mit einer Waage, ergibt sich eine markante hintere Grenzlage, wenn der Schwerpunkt bis zum Neutralpunkt des Gesamtflugzeugs zurückwandert (**Abb. 5-8**). Dies ist gleichbedeutend mit einem waagerechten Verlauf der Tangente an die Momentenkurve: die Steigung dC_m/dC_A hat den Wert Null. Hieraus läßt sich ein einfaches rechnerisches Konzept zur Bestimmung der erforderlichen Höhenleitwerkfläche bei hinterer Schwerpunktlage ableiten. Ohne auf Einzelheiten einzugehen, zeigt das Ergebnis stets eine Vergrößerung der Höhenleitwerkfläche, wenn größere Schwerpunkt-Rücklagen zugelassen werden (**Abb. 5-16**, Kurve A).

Zur Erzielung einer Mindest-Stabilität muß der Schwerpunkt ausreichend weit vor der Grenzlinie neutraler Stabilität liegen. Aus Gründen der Wirtschaftlichkeit sollte er aber so nahe wie möglich an den Neutralpunkt heranrücken (**Abb. 5-16**, Punkt B). Wie nahe – das muß die Flugmechanik beantworten, meist mit Hilfe des Flugsimulators (s. Kap. 5.3.6.3).

5.3.6.2 Vordere Schwerpunktlage

Je weiter der Schwerpunkt nach vorn wandert, um so größer wird die Stabilität. Eine Änderung des Gleichgewichtszustandes verlangt daher größere Ruderausschläge als bei hinterer Schwerpunktlage. Hierdurch ergibt sich eine vordere Schwer-

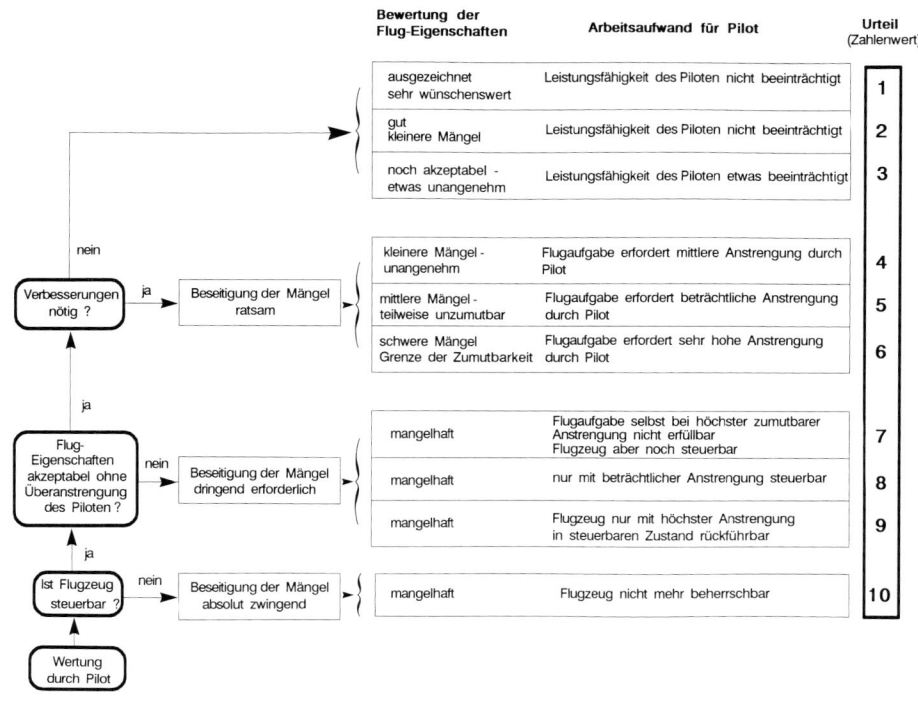

5-17 Cooper-Harper-Skala zur Beurteilung der
Flug-Eigenschaften

punkt-Grenzlage, die aus Gründen der Steuerbarkeit nicht überschritten werden darf und beispielsweise durch folgende Größen bestimmt wird:

– maximaler Ausschlagwinkel von Höhenleitwerksflosse und Ruder bei der Landung;
– Handkraft pro erzeugbarem Lastvielfachen (ausgedrückt durch die Erdbeschleunigung g);
– Neigung des Handkraft-Gradienten im ausgetrimmten Zustand als Maß für die Stabilität;
– Handkraft beim Abfangen während der Landung (ausgehend vom getrimmten Zustand der Anflugphase).

Für die Steuermomente kann das Leitwerk sowohl positiven als auch negativen Auftrieb erzeugen, jedoch wird für die weitaus meisten Flugfälle eine negative Leitwerkstellung verlangt (der typische Verstellwinkelbereich liegt zwischen +4° und -13°, wobei die nach oben ausschlagende Hinterkante negativ zählt). Je größer die zulässi-

gen negativen Auftriebe sind (-C_{AH}, Abtrieb), um so weiter kann der Schwerpunkt nach vorn gelegt werden. Ein kritischer Fall ist die Lande-Konfiguration, weil Auftriebsbeiwert und Nullmoment durch die ausgefahrenen Klappen ihre größten Werte erreichen und beim Leitwerkbedarf in dieselbe (kopflastige) Richtung wirken (**Abb. 5-16**, Punkt C).

Bei sehr hohen Gewichten kann eine zusätzliche Steuergrenze erforderlich werden, die durch das Ankippen beim Start gegeben ist (**Abb. 5-16**, Punkt D).

5.3.6.3 Vorgehensweise in der Praxis

Innerhalb der Begrenzungslinien liegt der steuerungs- und stabilitätsmäßig beherrschbare Schwerpunktbereich, für den das Höhenleitwerk ausgewählt werden kann. Das Ziel ist eine möglichst kleine Leitwerkfläche, um Gewicht und Reibungswiderstand gering zu halten (der Reibungs-

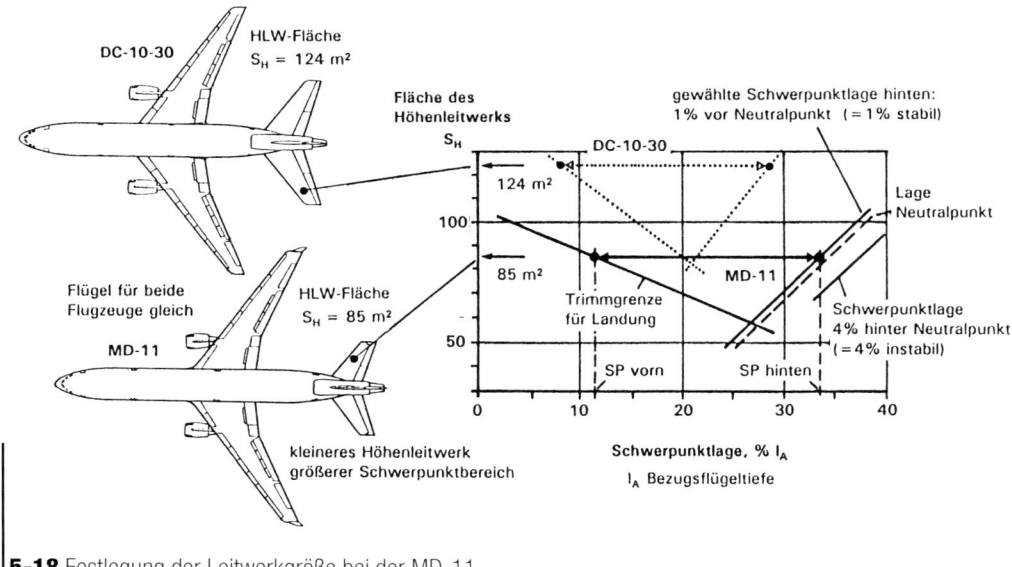

5-18 Festlegung der Leitwerkgröße bei der MD-11

widerstand hängt von der bespülten Oberfläche ab).

Zur Erhöhung der Wirtschaftlichkeit im Reiseflug müssen die Stabilitätsreserven optimal zur Nutzung der hinteren Schwerpunktlagen eingesetzt werden. Das bedeutet, der Schwerpunkt sollte so nahe wie möglich an den Neutralpunkt gelegt werden. Weil ein Flugzeug bei diesen Schwerpunktlagen von Hand kaum fliegbar ist, wird die Stabilisierungsaufgabe von einem elektronischen Regler übernommen (stability augmentation system, SAS). Der Regler vermittelt dem Piloten an seinem Steuergriff künstlich das Gefühl ausreichender Stabilität, unabhängig von der tatsächlichen Lage des Schwerpunktes oder der Flug-Machzahl.

Für die Zulassung muß jedoch nachgewiesen werden, daß bei plötzlichem Ausfall des Reglers das Flugzeug noch beherrschbar ist (Ein Flugzeug besitzt bei hinterer Schwerpunktlage, Mach 0.83 und Reglerausfall nur noch Notflug-Eigenschaften und ist mit »Samthandschuhen« zu behandeln: keine Ruderausschläge, Geschwindigkeit drosseln).

Ermittelt wird die maximal zulässige hintere Schwerpunktlage im Simulator. Um etwa die Eigenschaften des Flugzeugs bei Böenlasten zu bestimmen, läßt man ausgewählte Piloten durch mittlere und schwere Turbulenzen fliegen, während der Schwerpunkt schrittweise nach hinten verlagert wird (im Simulator problemlos einstellbar). Anschließend muß jeder Pilot seinen subjektiven Eindruck der Flug-Eigenschaften in einer 10-Punkte-Skala einordnen. Diese Cooper-Harper-Skala (benannt nach ihren Erfindern) erlaubt aus qualitativen Angaben eine zahlenmäßige Festlegung der Schwerpunktlage (**Abb. 5-17**).

Es hat sich in der Praxis gezeigt, daß die Beurteilungskurve beim Abfangvorgang (nicht beim Kurvenflug) einen merkbaren Knick aufweist, wenn der Schwerpunkt 5% vor der gerade noch beherrschbaren hinteren Schwerpunktlage liegt. Eine Rückverlagerung des Schwerpunktes über diesen Punkt hinaus führt schließlich zu unakzeptablen Flug-Eigenschaften (Cooper-Harper schlechter als 6.5).

Bei dem Verkehrsflugzeug MD-11 von McDonnel-Douglas zeigte sich beispielsweise, daß im Simulator ein Stabilitätsmaß von +4% im instabilen Bereich von den Piloten gerade noch beherrscht werden konnte ($dC_m/dC_A = +0.04$). Für die Zulassung wurde dann die hintere Schwerpunktlage auf 1% im stabilen Bereich festgelegt ($dC_m/dC_A = -0.01$), so daß für den Notfall eine beherrschbare Reserve von 5% verbleibt (**Abb. 5-18**).

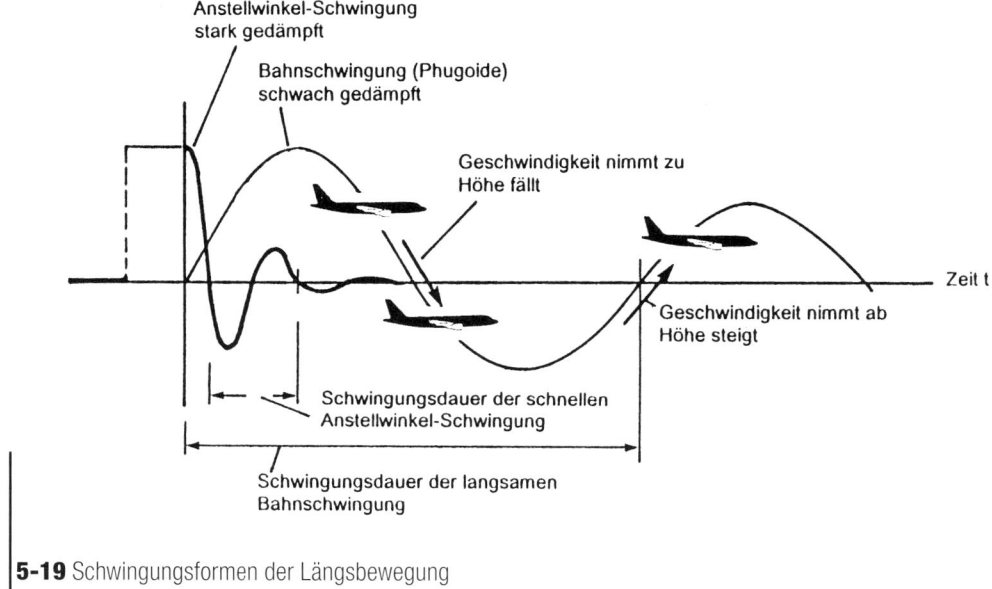

5-19 Schwingungsformen der Längsbewegung

5.4 Dynamische Längsbewegung

Um die Forderungen bezüglich statischer Stabilität und Steuerbarkeit zu erfüllen, ist es notwendig, auch die dynamischen Eigenschaften eines Flugzeugs zu untersuchen. Hierunter hat man die in der Zeit ablaufende Reaktion des Flugzeugs auf kleine Störungen des stationären Flugzustandes zu verstehen, etwa das Schwingungsverhalten bei einer Böe oder die in der Zeit ablaufende Reaktion auf einen (sprunghaft) eingegebenen kurzzeitigen Ruderausschlag.

Das Antwortverhalten des Flugzeugs bei einer kleinen Störung in seiner Längsbewegung besteht gewöhnlich in einer schwingenden Bewegung, wobei Geschwindigkeit, Höhe und Anstellwinkel periodisch miteinander koppeln. Bei genauerer Betrachtung zeigt sich, daß die Störung zwei charakteristische Schwingungsformen hervorruft: eine schnelle Anstellwinkel-Schwingung (short period mode) und eine langsame Bahnschwingung (phugoid). Nach sehr kurzer Zeit – meist in der Größenordnung von ein bis fünf Sekunden – ist die schnelle Anstellwinkel-Schwingung abgeklungen, und das Flugzeug vollführt eine langsame Bahnschwingung (Phygoide), bei der nur Höhe und Geschwindigkeit variieren (**Abb. 5-19**). Da beide

Schwingungsformen unterschiedliche Eigenschaften aufweisen, lassen sie sich getrennt behandeln.

Die schnelle Anstellwinkel-Schwingung wird als Vertikalbeschleunigung empfunden, vergleichbar einer Autofahrt auf schlechter Straße. Häufig ergeht hierbei die Aufforderung an die Passagiere zum Anlegen der Sicherheitsgurte. Diese Schwingung ist jedoch stark gedämpft und bereitet wegen ihres schnellen Abklingens flugmechanisch keine Probleme. Maßgeblich für die Dämpfungs-Eigenschaften ist die Höhenleitwerksfläche und der Hebelarm zum Schwerpunkt.

Die Bahnschwingung oder Phygoide, die das (ungeregelte) Flugzeug nach dem Abklingen der Anstellwinkel-Schwingung vollführt, ist ein langsames Auf- und Abwärtspendeln um eine Gleichgewichtslage, dessen typisches Merkmal ein Austausch von potentieller und kinetischer Energie ist: bei der Aufwärtsbewegung verliert das Flugzeug an Geschwindigkeit (= kinetische Energie), gewinnt aber an Höhe (= potentielle Energie), bei der Abwärtsbewegung kehrt sich der Zustand um (**Abb. 5-19**). Insgesamt bleibt die Energie konstant, die Schwingung verläuft schwach gedämpft. Da die Zulassungsvorschriften eine starke Dämpfung verlangen, müssen Flugzeuge mit einem Regler ausgerüstet werden, der die Dämpfung der Phy-

5-20 Typische Merkmale für die Seitenbewegung: Seitenleitwerk und V-Stellung des Höhenleitwerks (A320, DC-10)

goide künstlich erzwingt. Besonders im Landean-flug, der eine genaue Einhaltung des Flugweges verlangt, wäre ein um seine Gleichgewichtslage schwingendes Flugzeug inakzeptabel. Wegen der Langsamkeit der Bahnschwingung kann der Pilot bei Reglerausfall das Flugzeug zur Not von Hand unter Kontrolle halten.

5.5 Seitenbewegung

Die Bewegung des Flugzeugs im dreidimensiona-len Luftraum wird bestimmt durch komplizierte Wechselwirkungen bezüglich seiner drei Achsen. Während die Längsbewegung als Folge symme-trischer Strömung in der Symmetrie-Ebene des Flugzeugs stattfindet und weitgehend separat dargestellt werden kann, gestaltet sich die (gleich-zeitig ablaufende) Seitenbewegung wesentlich schwieriger. Und dies, obwohl jedes Flugzeug scheinbar einfache Mechanismen für die Beherr-schung der Seitenbewegung besitzt: am auffällig-sten das große Seitenleitwerk, aber auch – wenn-

gleich weniger auffällig – die V-Stellung von Flügel und Höhenleitwerk (**Abb. 5-20**).

Vereinfacht läßt sich die Seitenbewegung auf-fassen als Bewegung in den beiden nicht-sym-metrischen Ebenen, d.h. als Translationsbewe-gung entlang der Querachse (y-Achse) und als Ro-tationsbewegungen um Längs-und Hochachse (**Abb. 5-21**).

Bei seitlicher (= unsymmetrischer) Anströ-mung entstehen außer den charakteristischen Größen der Längsbewegung (Auftrieb,Wider-stand, Nickmoment) zusätzliche Kräfte an den senkrecht und schräg stehenden Flächen des Flugzeugs. Diese Kräfte setzen sich am Seitenleit-werk, aber auch an Rumpf, Flügel und Triebwerk-gondeln ab und werden als *Seitenkräfte* (sidefor-ces) bezeichnet.

Ursächlich für die Seitenbewegung ist eine nicht-symmetrische Strömung, wodurch Kräfte parallel zur Querachse (y-Achse), Rollmomente um die Längsachse (x-Achse) und Giermomente um die Hochachse (z-Achse) hervorgerufen wer-den. Die Strömung kommt bei der Seitenbewe-gung »schräg« von vorn und besitzt eine seitliche

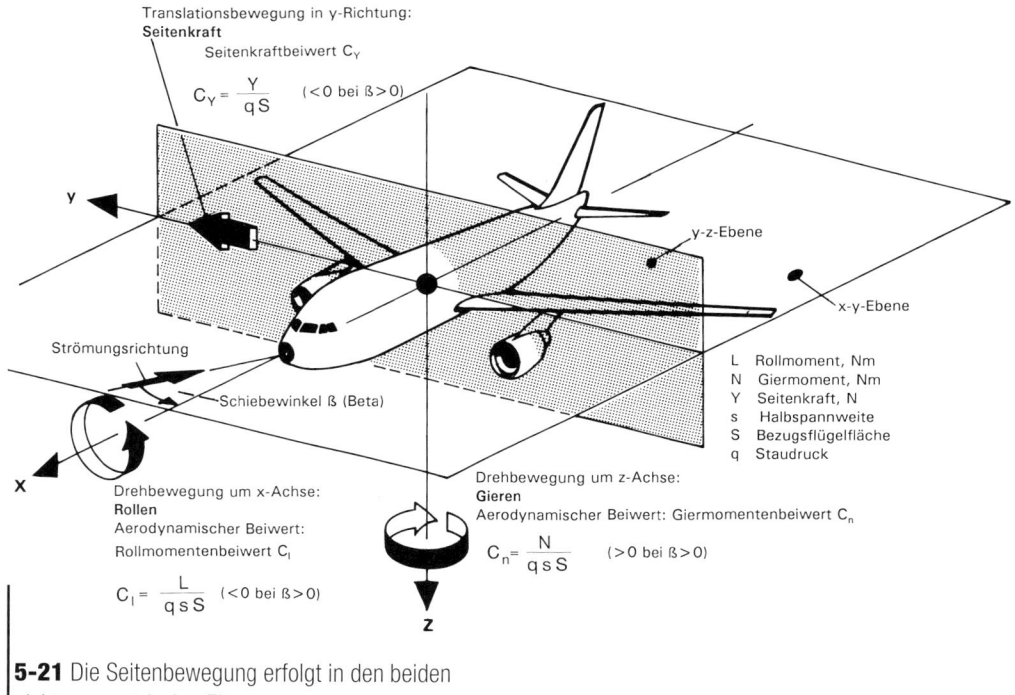

5-21 Die Seitenbewegung erfolgt in den beiden nicht-symmetrischenEbenen

Komponente. Der Winkel, den der relative Wind mit der Längsachse des Flugzeugs bildet, ist der *Schiebewinkel* (sideslip angle, **Abb. 5-21**).

Der Schiebewinkel ist vergleichbar mit dem Anstellwinkel, liegt aber in einer anderen Ebene und wirkt anders. Während der Anstellwinkel den Auftriebsbeiwert des Flugzeugs bestimmt und eng verbunden ist mit der Fluggeschwindigkeit, kommt bei Verkehrsflugzeugen das Fliegen unter einem konstanten Schiebewinkel nur selten vor, etwa beim Ausrichten während der Landung oder beim Start unter Seitenwind. Alle Flugzustände eines Verkehrsflugzeuges erfolgen am günstigsten unter Schiebewinkel Null. Je leichter der Pilot diesen Zustand aussteuern kann, um so besser sind die Flugeigenschaften seines Flugzeugs.

5.5.1 Richtungsstabilität

Ähnlich wie die statische Längsstabilität eine Eigenschaft des Flugzeugs ist, bei einer Störung des Anstellwinkels selbsttätig in den Gleichgewichtszustand zurückzukehren, definiert man als Richtungsstabilität die Fähigkeit des Flugzeugs, bei einer Störung des Gleichgewichts durch eine seitliche Böe oder plötzlichen Ruderausschlag selbsttätig rückführende Momente zu erzeugen.

Auf eine Störung des Gleichgewichtszustandes reagiert das Flugzeug mit einer Änderung seiner Richtung und nimmt dabei gegenüber der Anströmung einen Schiebewinkel ein (**Abb. 5-22**). Nach Beseitigung der Störung kehrt es selbsttätig (ohne Zutun des Piloten oder eines Reglers) in den ursprünglichen Gleichgewichtszustand zurück (genauer: es kehrt zum Schiebewinkel Null zurück).[*]

Man bezeichnet diese Eigenschaft als *Richtungsstabilität* (directional stability) oder als *Windfahnen-Stabilität* (weathercock stability). Ursache des richtungsstabilen Verhaltens ist ein rückdre-

---

[*]Es soll zunächst nicht interessieren, daß der Rückkehrvorgang eine in der Zeit ablaufende schwingende Bewegung darstellt, die alle drei Achsen des Flugzeugs betrifft. Die Beschränkung auf den primären Vorgang verdeutlicht die Wirkungsweise bei unsymmetrischer Anströmung.

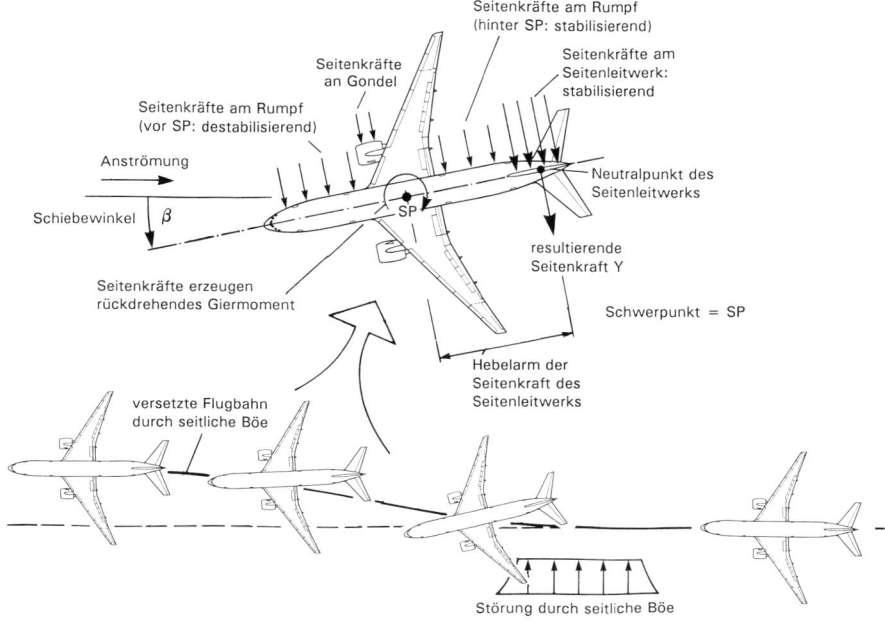

5-22 Auswirkung einer seitlichen Böe

hendes Giermoment (um die Hochachse), das primär von der am Seitenleitwerk angreifenden Seitenkraft mit ihrem Hebelarm zum Schwerpunkt erzeugt wird.

Das Giermoment N ergibt sich als Produkt aus Seitenkraft Y und Hebelarm r_V:

$$N = Y * r_V$$

Wie in der Flugtechnik üblich, wird statt des dimensionsbehafteten Giermoments N sein dimensionsloser Beiwert C_n verwendet. Mit einem willkürlichen Bezugsmoment (hier gewählt aus Staudruck q, Flügelfläche S und Halbspannweite s[**)]) ergibt sich der *Giermomentenbeiwert* (yawing moment coefficient) wie folgt:

$$\text{Giermomentenbeiwert } C_n = \frac{Y \cdot r_V}{qSs}$$

Die Maßzahl für die Richtungsstabilität gibt an, wie stark sich das Giermoment mit dem Schiebewinkel ändert. Üblicherweise wird das Giermoment im Windkanal standardmäßig ermittelt, indem bei festgehaltenem Anstellwinkel verschiedene Schiebewinkel eingestellt und die dabei entstehenden Giermomente gemessen werden(**Abb. 5-23**). Das Maß für die Richtungsstabilität als Zahlenwert ist die Tangente an die Kurve der gemessenen Giermomenten-Beiwerte. Ein Flugzeug gilt als richtungsstabil, wenn bei positivem Schiebewinkel (Wind von rechts) eine rechtsdrehendes (positives) Giermoment resultiert (**Abb. 5-22**). Man bezeichnet diesen Stabilitätsparameter als *Schiebegierbeiwert* $C_{n\beta}$.[***)]

[**)]Als Bezugslänge verwenden wir die Halbspannweite s = b/2, die amerikanische Literatur benutzt häufig die Spannweite b, Airbus Industrie die Bezugsflügeltiefe l_A. Hierauf ist bei Vergleichen zu achten.

[***)]gesprochen: C-n-beta

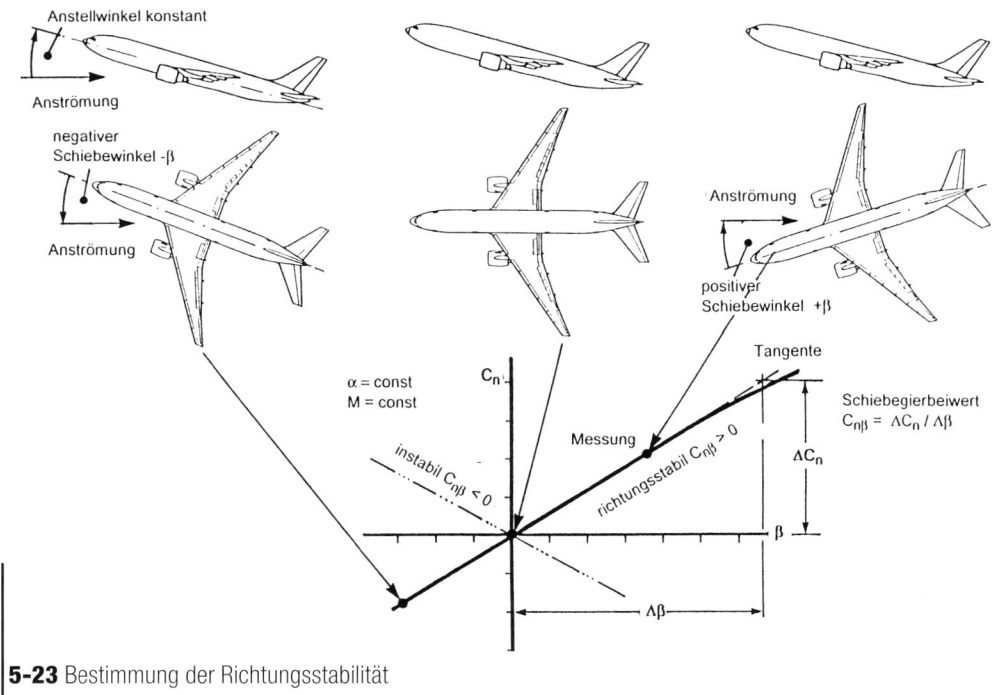

5-23 Bestimmung der Richtungsstabilität

5.5.2 Konfiguratorische Einflüsse

Einfluß des Seitenleitwerks

Den größten Beitrag zur Richtungsstabilität liefert das *Seitenleitwerk* (vertical tailplane). Bei Seitenwind wirkt der Schiebewinkel am Seitenleitwerk ähnlich wie der Anstellwinkel am Höhenleitwerk, woraus eine seitwärts gerichtete *Seitenkraft* (sideforce) resultiert (**Abb. 5-24**, links). Als Angriffspunkt der Seitenkraft gilt der Neutralpunkt der Flosse. Zum Schwerpunkt des Flugzeugs besitzt die Seitenkraft einen Hebelarm r_V, woraus das Giermoment folgt.

Die im Giermomentenbeiwert enthaltene Seitenkraft Y läßt sich (ähnlich wie eine Auftriebskraft) durch den Beiwert der Seitenkraft C_Y, den Staudruck q am Seitenleitwerk und die Leitwerkfläche S_V ausdrücken (Index V für »vertical tail«):

Seitenkraft Y = C_Y q S_V
(zum Vergleich der Auftrieb: A = C_A q S)

Im linearen Bereich (= keine Strömungsablösungen) ist der Beiwert der Seitenkraft ausdrückbar durch den Gradienten der Seitenkraft (= Tangente) dC_Y/d_β und den Anströmwinkel β, wiederum analog zum Tragflügel (dort galt $C_A = C_{A\alpha} * \alpha$).

$$C_Y = \frac{dC_Y}{d\beta} \cdot \beta = C_{Y\beta} \cdot \beta$$

Damit ist der Giermomentenbeiwert in einer Form darstellbar, die Aussagen über die Leitwerkgestaltung zuläßt:

$$C_n = C_{Y\beta} \cdot \beta \cdot \frac{S_V \cdot r_V}{S \cdot s} = C_{Y\beta} * \beta * V$$

(V dimensionsloses Volumen des Seitenleitwerks, s. Tab. 4.1)

Eine Beeinflussung des Gierverhaltens ist demnach möglich durch Verändern des Leitwerk-Volumens, d.h. Verändern der Leitwerkfläche S_V oder des Hebelarms r_V. Der Beiwert der Seitenkraft $C_{Y\beta}$ (analog zum Auftriebsanstieg $C_{A\alpha}$ bei der Längsbewegung) ist über die Grundrißgeometrie zu beeinflussen (Fläche, Pfeilung, Streckung, s. Kap. 4.3.2.1).

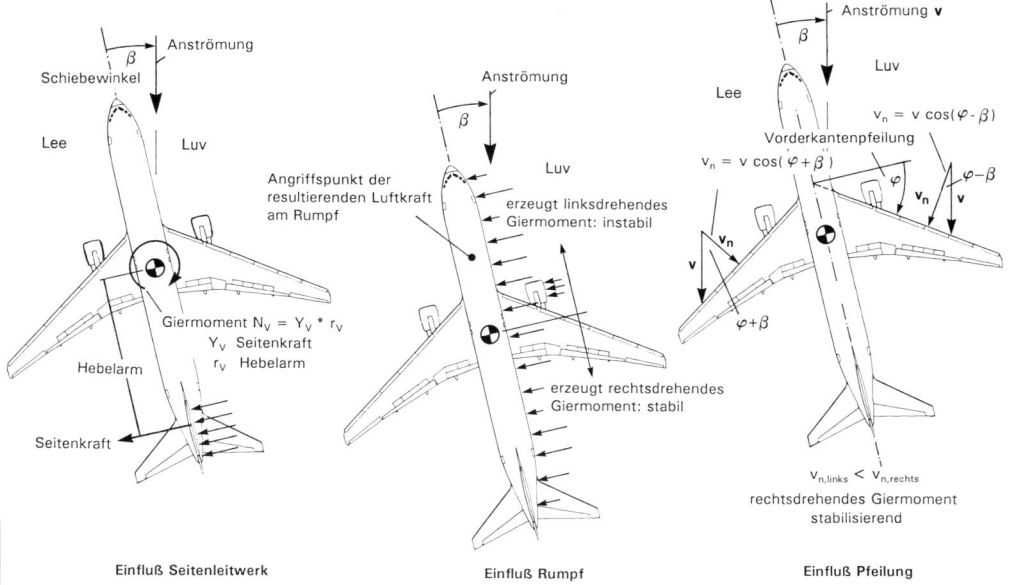

5-24 Beiträge zur Richtungsstabilität durch Seitenleitwerk,
Rumpf, Flügel und Gondeln

Einfluß der Flügelpfeilung

Bei Flügeln mit gepfeilter Vorderkante wirkt der Beitrag zur Richtungsstabilität im positiven Sinn (rechtsdrehend bei positivem Schiebewinkel), ist aber gering. Die für den Flügelauftrieb maßgebliche Komponente senkrecht zur Vorderkante (Normalkomponente v_n) ist wegen des »Kosinus-Effekts« an der luvseitigen Flügelhälfte größer als an der leeseitigen (**Abb. 5-24**, rechts). Die unterschiedlichen Anströmgeschwindigkeiten *senkrecht* zur Vorderkante erzeugen auf der rechten und linken Flügelhälfte unterschiedliche Auftriebskräfte und daher unterschiedliche induzierte Widerstände. Der größere Widerstand des voreilenden Flügels bewirkt ein rückdrehendes (stabilisierendes) Giermoment.

Einfluß des Rumpfes

Der Angriffspunkt der resultierenden Seitenkraft des Rumpfes liegt etwa bei 25% der Rumpflänge. Da der Schwerpunkt des Flugzeugs sehr viel weiter hinten liegt, ist der Beitrag des Rumpfes destabilisierend: ein positiver Schiebewinkel erzeugt ein negatives (linksdrehendes) Giermoment (**Abb. 5-24**, Mitte).

5.5.3 Rollstabilität

Bei einer Störung des Gleichgewichtszustandes bezüglich der Längsachse (um die das Flugzeug eine Rollbewegung vollführt) erfährt der abwärtsgehende Flügel eine Anströmung unter einem scheinbar größeren Anstellwinkel als der aufwärtsgehende (**Abb. 5-25**). Dadurch besitzt der abwärtsgehende Flügel höheren Auftrieb, woraus ein Rollmoment resultiert, das die von der Störung verursachte Rollbewegung dämpft, bis diese zum Stillstand kommt. Hierbei verschwindet das dämpfende Rollmoment, denn es wird von der Drehbewegung direkt verursacht. Dieses als *Rolldämpfung* (damping in roll) bezeichnete Gegenmoment kann den Flügel nicht in die waagerechte Ausgangslage zurückführen (was Ausdruck von Stabilität wäre): das Flugzeug verbleibt theoretisch in der gerollten Lage, so daß jedes Flugzeug grundsätzlich neutrale Stabilität bezüglich der Rollbewegung besitzt.

Gleichzeitig wird ein Prozeß eingeleitet, der dem Flugzeug dennoch Rollstabilität verleiht: während das Flugzeug infolge der Störung einen

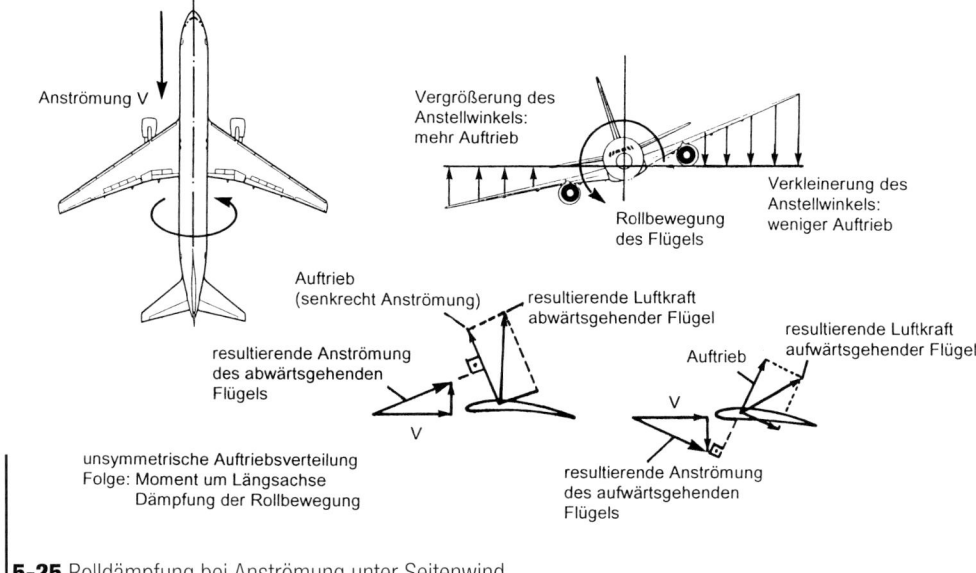

Anströmung V

Vergrößerung des
Anstellwinkels:
mehr Auftrieb

Verkleinerung des
Anstellwinkels:
weniger Auftrieb

Rollbewegung
des Flügels

Auftrieb
(senkrecht Anströmung)

resultierende Luftkraft
abwärtsgehender Flügel

resultierende Luftkraft
aufwärtsgehender Flügel

resultierende Anströmung
des abwärtsgehenden
Flügels

Auftrieb

V

V

unsymmetrische Auftriebsverteilung
Folge: Moment um Längsachse
Dämpfung der Rollbewegung

resultierende Anströmung
des aufwärtsgehenden
Flügels

5-25 Rolldämpfung bei Anströmung unter Seitenwind

Hängewinkel einnimmt, entsteht eine seitwärtsgerichtete Komponente seines Gewichts, die als unausgeglichene Kraft eine schiebende Bewegung einleitet. Hierbei werden an den seitlichen Wandungen der Zelle Seitenkräfte geweckt, die ein rückdrehendes Rollmoment erzeugen und das Flugzeug in die ursprüngliche horizontale Ausgangslage zurückführen.

Als Maß der Rollstabilität gilt, wie sich das Rollmoment mit dem Schiebewinkel ändert. Wie beim Giermoment, so interessiert auch beim Rollmoment der dimensionslose *Rollmomentenbeiwert* (rolling moment coefficient), der gebildet wird, indem das dimensionsbehaftete Rollmoment (Symbol L) durch ein willkürlich gewähltes Bezugsmoment dividiert wird (hier qSs wie beim Giermoment):

$$\text{Rollmomentenbeiwert } C_l = \frac{L}{qSs}$$

Üblicherweise werden die Rollmomente (ebenso wie die Giermomente) im Windkanal standardmäßig ermittelt, indem bei festgehaltenem Anstellwinkel verschiedene Schiebewinkel eingestellt und die dabei entstehenden Rollmomente gemessen werden. Als Maß der Rollstabilität gilt

die Tangente an die Kurve der gemessenen Rollmomenten-Beiwerte. Ein Flugzeug gilt als rollstabil, wenn bei positivem Schiebewinkel ein negatives Rollmoment resultiert (d.h. bei Schiebewinkel von rechts, rollen nach links – das Flugzeug rollt vom Wind weg). Man bezeichnet diesen Stabilitätsparameter als *Schieberollbeiwert* $C_{l\beta}$ (rolling moment due to sideslip).

5.5.4 Konfiguratorische Einflüsse

Die Gestaltung des Tragflügels bietet mehrere Möglichkeiten zur Beeinflussung des Rollverhaltens. Hierzu gehören V-Stellung, Pfeilung und Hochlage. Diese Maßnahmen sind auch auf das Höhenleitwerk anwendbar.

Einfluß der V-Stellung

Als V-Stellung bezeichnet man die Neigung einer Flügelhälfte gegenüber der y- Achse (s. Kap. 4.1.2). Die V-Stellung soll das Rollverhalten verbessern, insbesondere wenn dies durch Pfeilung nicht möglich ist. Die Wirkung der V-Stellung besteht darin, daß bei Seitenwind (= unsymmetrische Anströmung) auf der rechten und linken Flügelhälfte unterschiedliche Auftriebe erzeugt werden, die ein Rollmoment in der gewünschten Richtung hervorrufen.

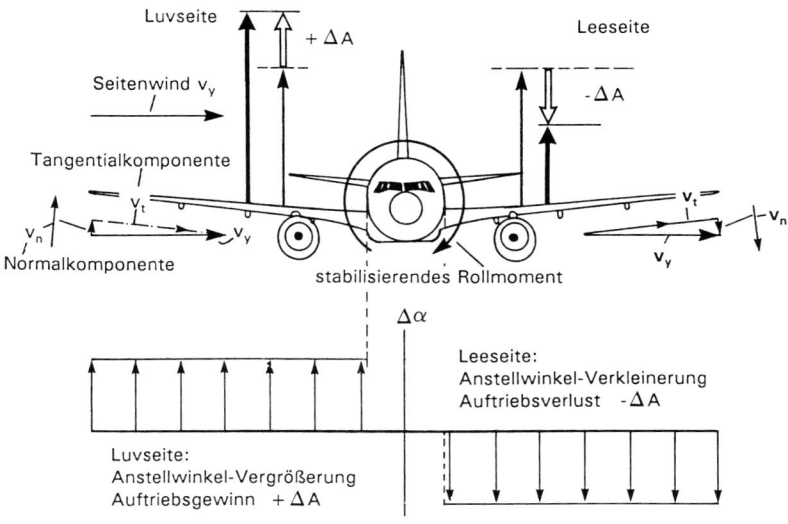

5-26 Wirkungsweise der V-Stellung

5-27 Negative V-Stellung zur Verbesserung der Rollstabilität bei Hochdeckern (Lockheed C5-A)

Die Seitenwind-Komponente v_y läßt sich auf jeder Flügelhälfte zerlegen in eine Komponente senkrecht zur Flügelfläche (Normalkomponente v_n) und eine Komponente parallel dazu (Tangentialkomponente v_t, **Abb. 5-26**). Die Normalkomponente bewirkt bei positiver V-Stellung (hierzu gehören alle modernen Verkehrsflugzeuge in Tiefdecker-Anordnung) auf der vorgehenden (luvseitigen) Flügelhälfte eine Anstellwinkel-Vergrößerung, auf der Leeseite dagegen eine Verkleinerung. Damit verbunden ist ein entsprechender Auf-

triebszuwachs ($+\Delta A$) auf der Luvseite und ein Auftriebsabbau ($-\Delta A$) auf der Leeseite. Diese Unsymmetrie erzeugt ein *Schiebe-Rollmoment infolge V-Stellung* (dihedral effect, **Abb. 5-26**).

Bei positivem Schiebewinkel (Wind von rechts) bewirkt eine positive V-Stellung ein linksdrehendes Rollmoment, mithin Rollstabilität. Umgekehrt bewirkt negative V-Stellung Roll-Instabilität. Hiervon wird bei Hochdecker-Flugzeugen Gebrauch gemacht, beispielsweise bei Militärtransportern (C-5A, C-141) und dem Ziviltransporter HS-146 (**Abb. 5-27**).

Die Festlegung der V-Stellung erfolgt im Hinblick auf einen flugmechanisch günstigen Schieberoll-Beiwert für das Gesamtflugzeug. Doch spielen auch nicht-flugmechanische Werte eine Rolle (Bodenfreiheit der Triebwerke, Sicherheitsabstand des Flügels vom Boden bei Aufsetzen unter Seitenwind). Übliche Werte der V-Stellung liegen bei 5 Grad (s. Tabelle 4.1).

Einfluß der Pfeilung

Aus der Aerodynamik ist bekannt, daß der Auftrieb eines gepfeilten Flügels von der Komponente der Anströmung senkrecht zur Vorderkante (Normalkomponente) bestimmt wird. Da bei einem schiebenden Pfeilflügel die Normalkomponente auf der Luvseite größer ist als auf der Leeseite und der we-

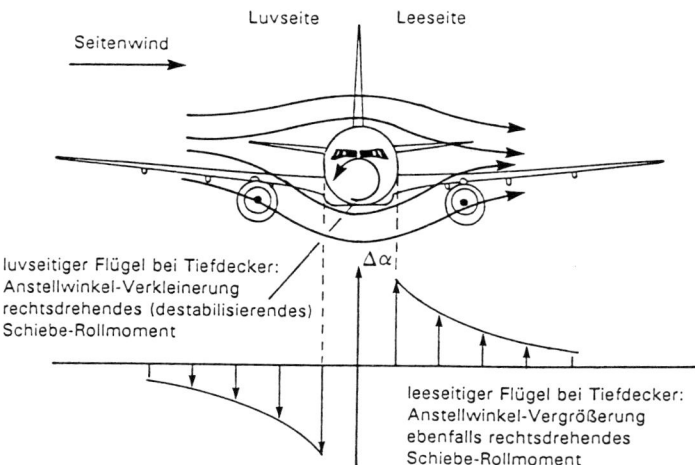

5-28 Wirkung der Flügel-Hochlage auf das
Schiebe-Rollmoment

niger gepfeilte Flügel größeren Auftriebsanstieg besitzt als der stärker gepfeilte, ergibt sich das Rollmoment aus der Differenz der luv- und leeseitigen Auftriebskräfte und deren Hebelarm zur Längsachse (**Abb. 5-24**, rechts).

Bei positivem Schiebewinkel (Seitenwind von rechts) ist das durch Pfeilung verursachte Rollmoment linksdrehend und daher rollstabil. Die Vorderkantenpfeilung besitzt damit die gleiche aerodynamische Wirkung wie die V-Stellung. Hieraus erklärt sich auch, warum bei Kampfflugzeugen auf eine V-Stellung verzichtet und dafür die Pfeilung erhöht wird. Diese Möglichkeit besteht bei Verkehrsflugzeugen nicht, weil aus aerodynamischen Gründen und zur Erzielung eines geringen Strukturgewichts eine möglichst kleine Pfeilung angestrebt wird. Überkritische Profile sind diesbezüglich günstig, weil sie trotz kleinerer Pfeilung höhere Geschwindigkeiten zulassen (s. Kap. 4.4.4.1).

Einfluß der Flügel-Hochlage

Aerodynamische Wechselwirkungen (Interferenzen) zwischen Flügel und Rumpf haben bei unsymmetrischer Anströmung einen merkbaren Einfluß auf das Schiebe-Rollmoment. Beim Schiebeflug ruft die Seitenwind-Komponente eine Rumpf-Umströmung hervor, die im Bereich der Flügel- wurzel besonders ausgeprägt ist (**Abb. 5-28**). Durch Überlagerung mit der Haupt-

strömung wird der Anstellwinkel des Flügels örtlich vergrößert oder verkleinert, je nach Flügel-Anordnung.

Ist der Flügel in Tiefdeckerlage angeordnet (wie bei den meisten Verkehrsflugzeugen), wird der Anstellwinkel auf der Luvseite verkleinert, auf der Leeseite vergrößert. Daraus resultiert ein rechtsdrehendes (destabilisierendes) Rollmoment, das durch V-Stellung kompensiert werden muß. Umgekehrt bei der Hochdecker-Anordnung: durch den stabilisierenden Beitrag zum Schiebe-Rollmoment (linksdrehend bei Seitenwind von rechts) kann der Stabilitätszuwachs so groß werden, daß dieser durch negative V-Stellung wieder abgebaut werden muß (**Abb. 5-27**).

Einfluß des Seitenleitwerks

Bei einem schiebenden Flugzeug wirkt der Seitenwind an der Flosse wie ein (waagerechter) Anstellwinkel. Die dabei entstehende flächenhaft verteilte Seitenkraft kann man sich durch eine konzentrierte Einzelkraft im Neutralpunkt der Seitenflosse ersetzt denken. Da der Flossen-Neutralpunkt oberhalb des Flugzeug-Schwerpunktes liegt, liefert die Seitenkraft bei positivem Schiebewinkel ein linksdrehendes (negatives) Rollmoment und damit einen stabilisierenden Beitrag zum Schiebe-Rollmoment, der allerdings gering ist (**Abb. 5-29**).

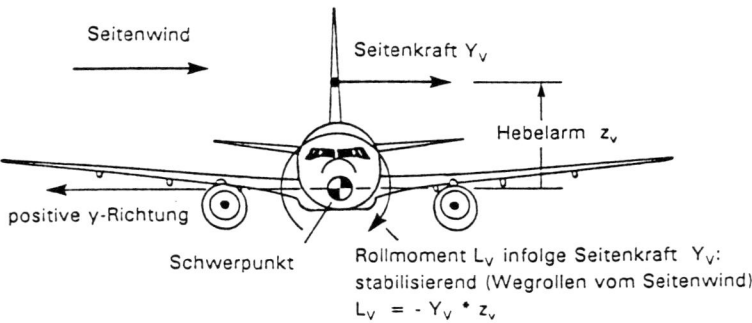

5-29 Bei Seitenwind erzeugt die Luftkraft an der Flosse ein stabilisierendes Rollmoment

5-30 Höhenleitwerk mit V-Stellung zur Verbesserung der Seitenbewegung (A310)

Einfluß des Höhenleitwerks

Die Gestaltung des Höhenleitwerks bietet verschiedene Möglichkeiten, um das Seitenwind-Verhalten konstruktiv zu beeinflussen. Hierzu gehören vor allem V-Stellung und Pfeilung (**Abb. 5-30**). Bei Verkehrsflugzeugen mit einem konventionellen Heckleitwerk ergibt sich die Notwendigkeit einer V-Stellung des Höhenleitwerks durch die Wechselwirkung (Interferenz) mit der eng benachbarten Seitenleitwerksflosse. Als optimal in der Wirkung hat sich eine V-Stellung des Höhenleitwerks von 8° erwiesen, doch beschränkt sich die Praxis auf maximal 6° (z.B. Airbus A320). Hierfür sind auch optische Gründe maßgebend, die bei Verkehrsflugzeugen eine nicht zu unterschätzende Rolle spielen. Die mitunter angeführten Gründe einer Beeinflussung durch Triebwerkstrahlen sind dagegen von untergeordneter Bedeutung.

Bei Flugzeugen mit T-Leitwerk wird mitunter eine negative V-Stellung des Höhenleitwerks gewählt, um das durch Interferenz erzeugte Moment auszugleichen (z.B. McDonnel-Douglas MD-80).

5.5.5 Steuerbarkeit der Seitenbewegung

Zum Trimmen und zum Manövrieren um die drei Achsen besitzt ein Flugzeug charakteristische Steuerflächen: für die Längsbewegung das Höhenruder, für die Seitenbewegung je ein Seiten- und Querruder (**Abb. 5-31**). Spoiler unterstützen oftmals dasQuerruder oder übernehmen dessen Aufgabe, etwa beim Airbus A320 im Hochgeschwindigkeitsflug.

Im Idealfall bewirkt eine Steuerfläche nur die Bewegung des Flugzeugs um eine Achse, beispielsweise das Querruder Rollbewegungen um die Längsachse, das Seitenruder Gierbewegungen um die Hochachse. Wegen der starken Verkoppelung der Achsen bei der Seitenbewegung entstehen neben den Rollmomenten stets auch Giermomente und umgekehrt, so daß ein Ausschlag des Seitenruders nicht nur die erwünschte Gierbewegung, sondern zugleich auch eine Rollbewegung erzeugt. Es ist daher nicht möglich, beide Komponenten so strikt voneinander zu trennen, wie dies für die Längsbewegung geschah. Die gekoppelten Bewegungen bestimmen insbesondere das dynamische Verhalten des Flugzeugs (s.Kap. 5.6).

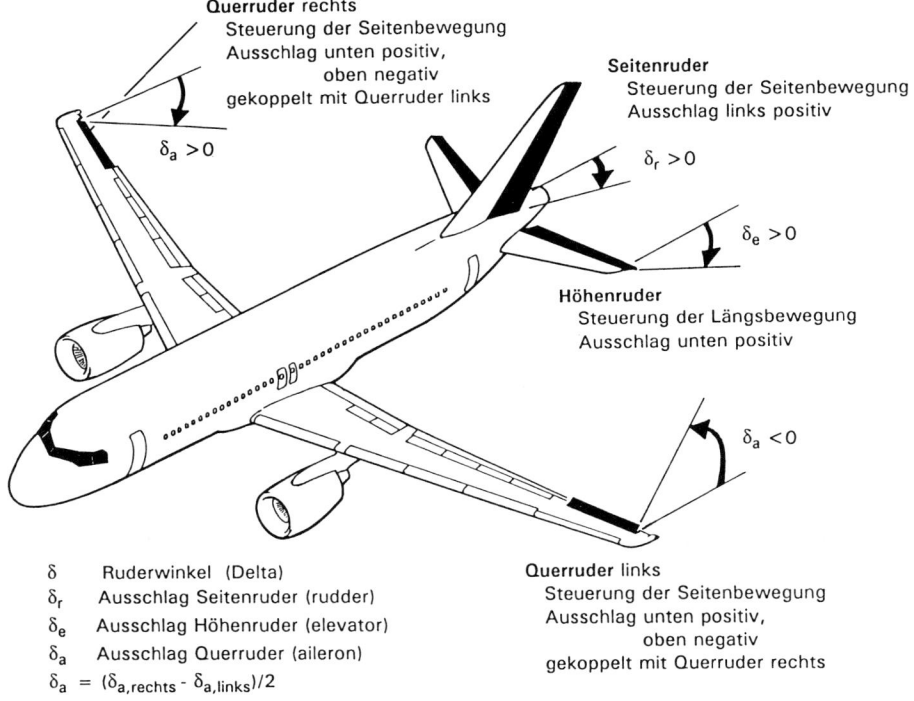

5-31 Steuerflächen am Flugzeug

5.5.6 Einseitiger Triebwerkausfall

Für die Zulassung muß das Verhalten des Flugzeugs bei einseitigemTriebwerkausfall nachgewiesen werden, auch wenn dieser Fall selten eintritt. Es gehört mit zur Aufgabe der Flugmechanik, das Problem der Seitensteuerbarkeit unter diesen extremen Bedingungen zu klären und Grenzgeschwindigkeiten hierfür festzulegen.

Bei einseitigem Triebwerkausfall entsteht ein Giermoment, das insbesondere bei Vollschub und niedriger Fluggeschwindigkeit große Werte annimmt. Der Pilot kann diesen gefährlichen Flugzustand beenden durch Rücknahme des Schubes auf den gegenüberliegenden Triebwerken (soweit dies angesichts der Flugphase überhaupt möglich ist) oder durch Gegensteuern mit dem Seitenruder. Wenn eine Korrektur nicht sofort erfolgt, setzt das Flugzeug Gieren und Rollen in Richtung des ausgefallenen Triebwerks fort, wobei der einsetzende Schiebeflug die Rollbewegung noch verstärkt. Im Extremfall kann infolge der hohen Giergeschwindigkeit die Strömung an der Seitenflosse abreißen, das Ruder ist wirkungslos (rudder lock). Überdies kann infolge hoher Rollgeschwindigkeit die Strömung auch am abwärtsgehenden Außenflügel ablösen, wenn bei niedrigen Fluggeschwindigkeiten hohe Auftriebsbeiwerte vorliegen und durch Querruderbetätigung der Maximal-Auftrieb örtlich überschritten wird.

5.5.7 Steuerbarkeit bei Triebwerkausfall

Auch mit einem ausgefallenen Triebwerk und dem daraus resultierenden asymmetrischen Schub müssen bei stationärem Geradeausflug alle Kräfte und Momente im Gleichgewicht sein. Das Gleichgewicht erzeugt der Pilot mit Hilfe von Quer und Seitenruder, wobei verschiedenste Kombinationen aus Hänge- und Schiebewinkel möglich sind.

Die wesentlichen Kräfte, die am Flugzeug bei einseitigem Triebwerkausfall wirken, sind (**Abb. 5-32**):

– Schub der intakten Triebwerke sowie Widerstand der ausgefallenen, mitdrehenden Triebwerke (beim Vierstrahler ein Triebwerk in der Startphase, in den übrigen Flugphasen zwei Triebwerke auf einer Seite; beim Zweistrahler ein Triebwerk);
– Seitenkraft an Rumpf und Seitenleitwerk als Folge des Schiebeflugs (bei $\beta \varkappa 0$);
– Seitenkraft durch das ausgeschlagene Ruder;
– Auftrieb und Gewicht;
– Widerstand des Flugzeugs.

Hieraus ergeben sich zwei Möglichkeiten zur Herstellung des Gleichgewichts der Kräfte und Momente (Gleichgewicht bedeutet: Summe aller Kräfte oder Momente bezüglich einer Achse gleich Null):
– Schiebeflug *ohne* Hängewinkel (Flügel waagerecht);
– Schiebeflug *mit* Hängewinkel.

Wenn der Flügel mit dem Querruder waagerecht gehalten wird und das ausgeschlagene Seitenruder ein Giermoment um den Schwerpunkt erzeugt, vollführt das Flugzeug einen stationären schiebenden Flug in Richtung des ausgefallenen Triebwerks (**Abb. 5-32**, oben).Hierbei stellen die aus den Seitenkräften resultierenden Momente das Momentengleichgewicht her.

Die zweite Möglichkeit zur Aussteuerung des asymmetrischen Schubes erfolgt mit einem Hängewinkel in Richtung des intakten Triebwerks (**Abb. 5-32**, unten) . Dieser Fall wird von den Vorschriften zugelassen, wobei der maximal erlaubte Hängewinkel 5 Grad betragen darf. Das Giermoment des ausgeschlagenen Ruders ist in diesem Fall genau so groß wie das entgegengesetzt drehende Giermoment aus dem unsymmetrischen Schub. Durch den Hängewinkel entsteht eine seitliche Komponente des Flugzeuggewichts, die den Ausgleich mit der Seitenkraft des ausgeschlagenen Seitenruders erleichtert. Weil in diesem Fall das Seitenruder nicht gegen die Seitenflosse arbeitet (wie beim Schiebeflug ohne Hängewinkel, **Abb. 5-32**,oben), liegt die Mindestgeschwindigkeit für Steuerbarkeit bis zu 15 Knoten (27 km/h) niedriger, was zu größerer Flexibilität bei der Festlegung der Startgeschwindigkeiten und der anzufliegenden Flughäfen führt.

5.5.8 Mindestgeschwindigkeit für Steuerbarkeit

Ein wichtiger Bestandteil der Zulassung ist der Nachweis ausreichender Fliegbarkeit für den Fall, daß während des Fluges einTriebwerk ausfällt. Besonders kritisch ist der Start, weil die Geschwindigkeit gering ist und die Triebwerke Vollschub liefern (maximales Giermoment bei Triebwerkausfall, wenig Staudruck am Ruder). Die Vorschriften verlangen daher eine Mindestgeschwindigkeit für Steuerbarkeit (minimum control speed air, V_{MCA}), die bei Ausfall eines Triebwerkes den Start mit einer sicheren Startgeschwindigkeit V_2 gewährleistet (s. Kap. 9.6.1). Die Mindestgeschwindigkeit für Steuerbarkeit wird von der Flugmechanik festgelegt.

Die Bestimmung der Mindestgeschwindigkeit für Steuerbarkeit erfolgt durch Rechnung, indem Gleichgewicht bezüglich der Seitenkräfte, Rollmomente und Giermomente bei kursstabilem Geradeausflug gefordert wird (d.h. Summe aller Seitenkräfte, aller Rollmomente, aller Giermomente jeweils gleich Null). Das Gleichgewicht wird üblicherweise ermittelt für
– Schiebewinkel Null,
– Hängewinkel 5 Grad,
– voll ausgeschlagenes Seitenruder,
– alle Startgewichte,
– alle Startklappen-Stellungen.

Das Ergebnis der Berechnungen liefert für jede Klappenstellung und jedes Startgewicht den Verlauf der Mindestgeschwindigkeit für Steuerbarkeit als Grenzkurve (**Abb. 5-33**, Punkt A): bei Geschwindigkeiten unterhalb der Kurve kann der Kurs nicht gehalten werden, weil das Seitenruder am Anschlag ist; bei Geschwindigkeiten oberhalb der Kurve existiert noch eine Steuerreserve.

Die Mindestgeschwindigkeit für Steuerbarkeit V_{MCA} ist nur ein einziger Zahlenwert, ermittelt für die Zustände in Meereshöhe und gültig für alle Platzhöhen. Grund: der Triebwerkschub ist wegen der großen Luftdichte in Meereshöhe am größten und demzufolge auch das durch Triebwerkausfall erzeugte Giermoment. Die Forderungen an das Seitenruder stellen demnach in Meereshöhe den kritischen Fall dar, den es abzusichern gilt. Dieser Wert für V_{MCA} wird unter Berücksichtigung der Zu-

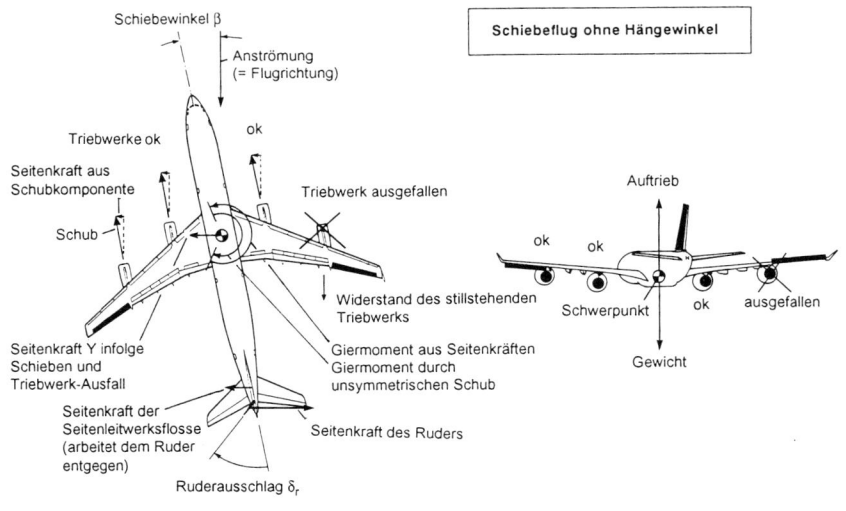

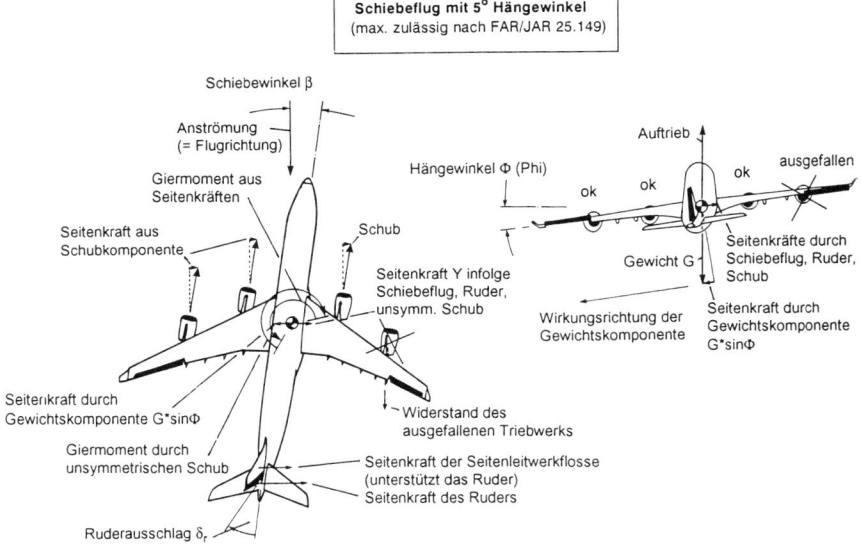

5-32 Gleichgewicht der Kräfte bei einseitigem Triebwerkausfall

lassungsbestimmungen auf der berechneten Kurve für die ungünstigste Konfiguration festgelegt (meistens die Konfiguration mit der größten Startklappenstellung). Die Zulassungsbestimmungen verlangen, daß die sichere Startgeschwindigkeit mindestens 10 Prozent höher liegen muß als die Mindestgeschwindigkeit für Steuerbarkeit (d.h. V_2 ($1.1\,V_{MCA}$, **Abb. 5-33**, Kurve B); andererseits muß

die sichere Startgeschwindigkeit V_2 mindestens 20 Prozent größer sein als die Überziehgeschwindigkeit V_S ($V_2 \gtrsim 1.2\,V_S$, **Abb. 5-33**, Kurve C). Mit diesen Nebenbedingungen wird die Mindestgeschwindigkeit für Steuerbarkeit vom Hersteller üblicherweise festgelegt. Tritt kein Schnittpunkt der Kurve 1.1 V_{MCA} mit der sicheren Startgeschwindigkeitsgrenze auf, kann als Mindestgeschwin-

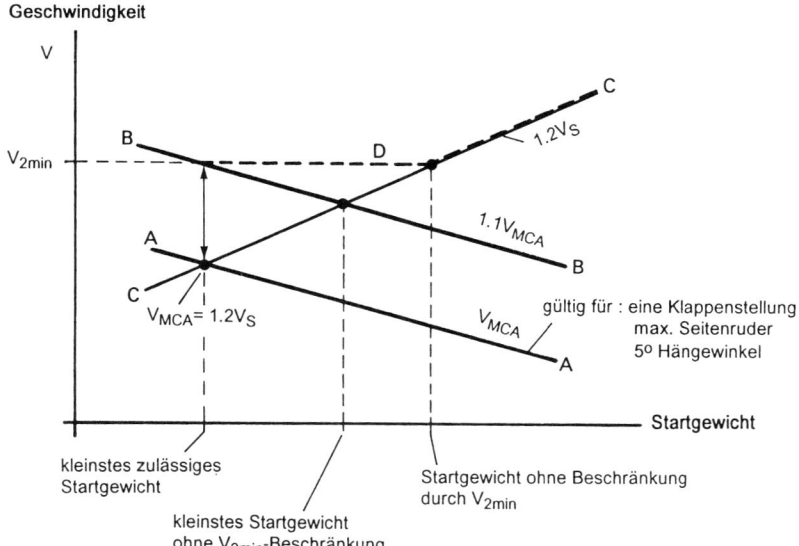

5-33 Ermittlung der Mindestgeschwindigkeit
für SteuerbarkeitVMCA

digkeit für Steuerbarkeit die Angabe »kleiner als Überziehgeschwindigkeit V_S« gewählt werden (z.B. Airbus A340), während bei Vorliegen eines Schnittpunkts die zugehörige Geschwindigkeit auf der V_{MCA}-Kurve aufgesucht wird.

Unterschreitet die 1.2 V_S-Kurve die Bedingung einer zehnprozentigen Sicherheit gegenüber der Mindeststeuerbarkeit, muß mit einer höheren Geschwindkeit als 1.2 V_S gestartet werden. Man bezeichnet in diesem Fall die Startgeschwindigkeit als »V_{2min}, die durchV_{MCA} limitiert« ist. Dieser Fall kann bei niedrigen Startgewichten eintreten (**Abb. 5-33**, Kurve D).

5.6 Dynamische Seitenbewegung

Die bisherigen Betrachtungen bezogen sich auf die stationäre Seitenbewegung. Die Flugeigenschaften werden jedoch maßgeblich von der dynamischen Seitenbewegung in Form von Roll- und Gierschwingungen bestimmt. Die stationäre Seitenbewegung kann als Sonderfall der dynamischenSeitenbewegung angesehen werden.

Als Antwort auf eine kleine Störung der Seitenbewegung, etwa durch eine seitliche Böe oder einen plötzlichen Querruderausschlag, vollführt das ungeregelte Flugzeug schwingende Bewegungen, wobei als charakteristische Schwingungsformen eine Rollbewegung, eine Spiralbewegung und eine Taumelschwingung überlagert sind. Für Verkehrsflugzeuge von großer Bedeutung ist die *Taumelschwingung* (dutch roll), während die Rollbewegung unproblematisch ist.

Bei der Rollbewegung erfährt der abwärtsgehende Flügel eine Anströmung unter einem scheinbar größeren Anstellwinkel, der aufwärtsgehende Flügel eine solche unter einem kleineren Anstellwinkel (**Abb. 5-25**). Dieser Vorgang wirkt der Drehbewegung des Flügels entgegen, so daß die Rollbewegung stark gedämpft ist. Nach Fortfall der auslösenden Störung kehrt das Flugzeug nicht wieder in seine ursprüngliche Gleichgewichtslage zurück, weil keine rückführende Kraft vorhanden ist. Die Rollbewegung klingt rasch ab, der Hängewinkel bleibt. Es handelt sich hierbei um eine Sonderform der schwingenden Bewegung, bei welcher der Flügel nach anfänglicher Auslenkung asymptotisch eine neue Ruhelage einnimmt, daher die Bezeichnung als *aperiodische* Rollbewe-

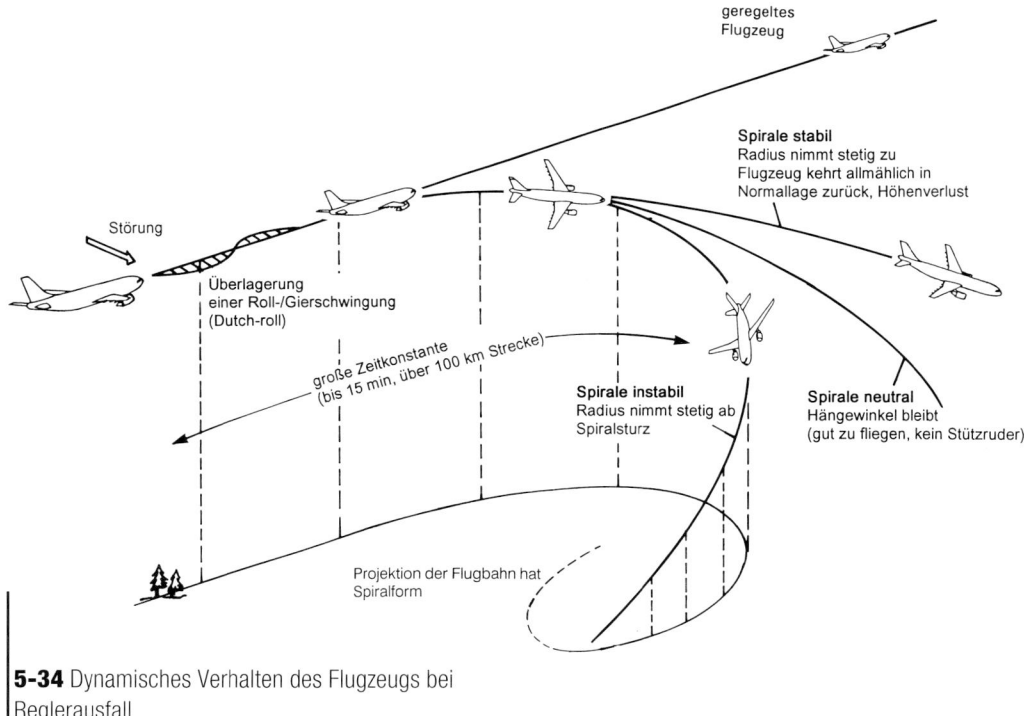

5-34 Dynamisches Verhalten des Flugzeugs bei Reglerausfall

gung (roll subsidence mode). Die Korrektur erfolgt durch Pilot oder Regler.

Bei Verkehrsflugzeugen ist der Rollanteil am Schwingungsverhalten praktisch vernachlässigbar. Ursächlich hierfür ist die große Flügelstreckung, die zu starker Dämpfung führt und dafür sorgt, daß die Rollbewegung nach kurzer Zeit abklingt; anders dagegen bei Flügeln kleiner Streckung, etwa bei Kampfflugzeugen oder Überschall-Verkehrsflugzeugen (Concorde).

Der zweite Anteil, der sich im Schwingungsverhalten des Flugzeugs herausfiltern läßt, ist eine spiralförmige Flugbahn (spiral mode). Die Spirale verläuft schwach gedämpft, wobei das Flugzeug einen Hänge- und Gierwinkel einnimmt ohne zu schieben (**Abb. 5-34**). In ihrem stabilen Zustand gleicht die Spirale einer korrekt geflogenen Kurve mit zunehmendem Radius, wobei der Rollwinkel allmählich auf Null zurückgeht, bis das Flugzeug wieder horizontal fliegt, allerdings in eine andere Richtung (es existiert keine Kursstabilität).

Ist die Spirale instabil, erfolgt die Flugbahn mit abnehmendem Kurvenradius und endet in einem Spiralsturz. Hierbei rollt das Flugzeug zunehmend

in die Kurve hinein, weil die senkrechte Komponente der geneigten Auftriebskraft das Gewicht des Flugzeugs nicht mehr tragen kann (**Abb. 5-34**). Ein solches Flugzeug würde niemals zugelassen.

Beliebt bei Piloten ist neutrales Spiralverhalten, weil beim Kurvenflug der Hängewinkel von sich aus bestehen bleibt und die Kurve ohne Stützausschlag des Querruders geflogen werden kann. Beispielsweise besitzt der Airbus A320 neutrale Spiralstabilität.

Die Spirale hat eine sehr große »Zeitkonstante« (= Zeit bis zum Abklingen der Störung auf eine charakteristische Größe, z.B. auf 37 % entsprechend 1/e), die bis zu 15 Minuten und weit über 100 km Flugweg betragen kann. Der Pilot hat daher immer die Möglichkeit zur Korrektur, so daß die Spiralbewegung bei Ausfall des Reglers beherrschbar bleibt.

Überlagert wird die langsame Spiralbewegung von der schnellen »Dutch-roll«-Schwingung, die Rollen, Schieben und Gieren umfaßt (**Abb. 5-35**). Sie ist gekennzeichnet durch einen schwingenden Verlauf von Schiebewinkel β, Rollwinkel ϕ (Phi) und Gierwinkel ψ (Psi), wobei die einzelnen Größen

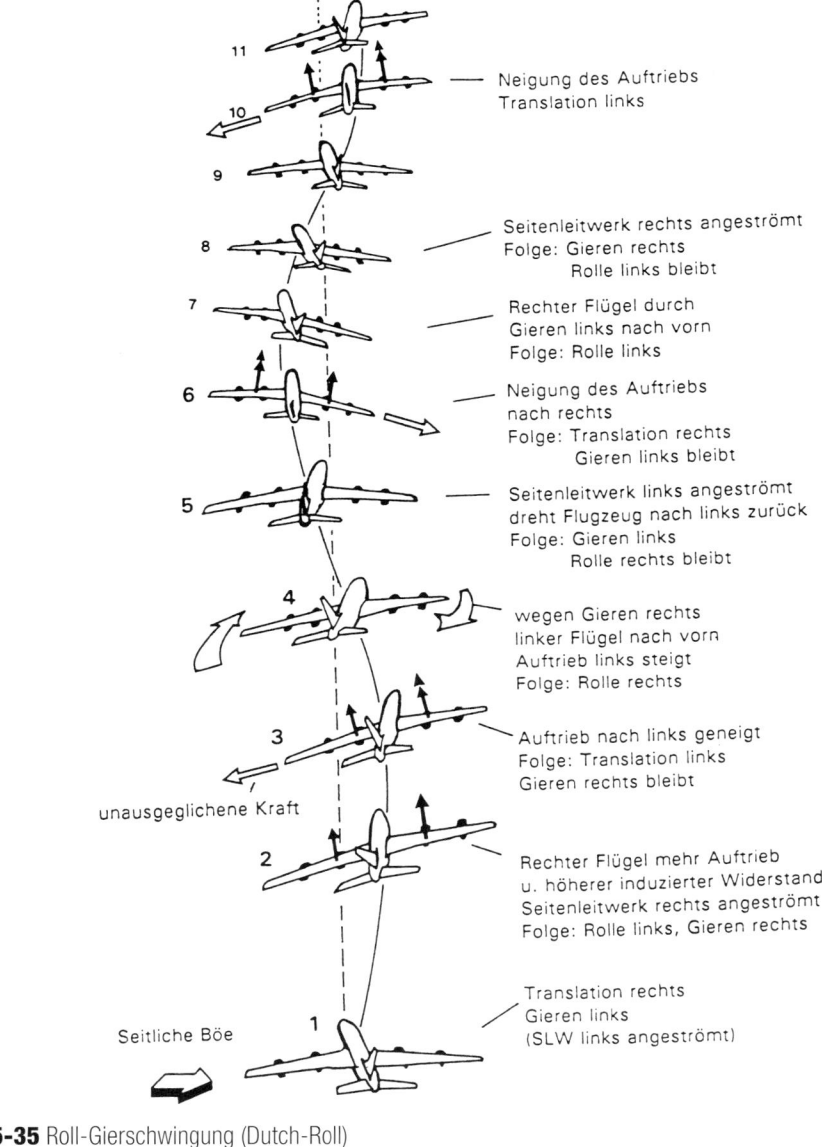

5-35 Roll-Gierschwingung (Dutch-Roll)

je nach Flugzeugtyp und Schwingungsform unterschiedlich miteinander gekoppelt sind. Von besonderer Bedeutung als Beurteilungsparameter der Fliegbarkeit ist das Verhältnis des Rollwinkels zum Schiebewinkel, ϕ/β.

Angeregt wird die »Dutch-roll«-Schwingung durch eine Störung des Gleichgewichtszustandes, etwa eine seitliche Böe oder einen plötzlichen Ausschlag des Seitenruders. Dabei nimmt das Flugzeug einen Schiebewinkel ein, den die Windfahnenstabilität des Seitenleitwerks sofort zu verkleinern sucht. Der für die »Dutch-roll« ungünstige Pfeilungseinfluß facht die Schwingung an, weil die unterschiedlichen Auftriebe des schiebenden Pfeilflügels eine Rollbewegung einleiten (**Abb. 5-35**).Unterstützt wird die Rollbewegung durch Gieren, weil der Außenflügel (etwas) schneller ist als der Innenflügel und dadurch mehr Auftrieb erzeugt. Der stabilisierende Einfluß der Seitenflosse versucht diese Bewegung zu korrigieren, um den

Schiebewinkel wieder zu Null zu machen. Je nach Dämpfungsvermögen der Seitenflosse erfolgt ein Überschwingen (über die Null-Lage hinaus) sowie anschließendes Rollen und Gieren in entgegengesetzter Richtung. Bei unzureichenden Dämpfungs-Eigenschaften schaukeln sich die Schwingungen auf, wobei hohe Beschleunigungskräfte entstehen können bis hin zu einem kritischen Flugzustand. Grundsätzlich besitzen alle Flugzeuge mit Pfeilwinkeln schlechte »Dutch-roll«-Eigenschaften.

Infolge der schwachen natürlichen Dämpfung der »Dutch-roll«-Schwingung erfolgt künstliche Dämpfung durch einen *Gierdämpfer* (yaw damper). Der Gierdämpfer ist ein Gerät, das die Giergeschwindigkeit (= zeitlicher Verlauf der Drehung um Hochachse) messen kann und das Seitenruder im Verhältnis zur Giergeschwindigkeit, aber in entgegengesetzter Richtung verstellt. Bei der »Dutch-roll«-Schwingung wird nur der Gieranteil gedämpft. Eine Dämpfung des Rollanteils durch Aufschaltung des Querruders ist dagegen kaum wirksam und wird nicht gemacht. Bei Reglerausfall sind die meisten Flugzeuge zwar von Hand unter Kontrolle zu halten (so etwa alle Airbusse), aber schwierig und unangenehm zufliegen.

Dem aufmerksamen Passagier fällt die »Dutch-roll«-Schwingung des Flugzeugs durch eine leicht kreisende Bewegung der Flügelspitze gegenüber dem Horizont auf; der durchschnittliche Passagier merkt davon allerdings nichts.

Seitens des Flugzeug-Entwurfs ist das »Dutch-Roll«-Verhalten beeinflußbar durch das Seitenleitwerk bezüglich Fläche, Geometrie, Hebelarm; durch eine V-Stellung des Flügels; durch den Dämpfungsregler.

6

Triebwerke*⁾

Die Leistungen moderner Verkehrsflugzeuge wären undenkbar ohne die beträchtlichen Fortschritte, die auf dem Triebwerksektor erzielt wurden; mehr noch, die neue Generation von Verkehrsflugzeugen wurde überhaupt erst möglich mit der Entwicklung leistungsstarker Triebwerke. Hohes Schub/ Gewichts-Verhältnis, reduzierter Kraftstoff-Verbrauch sowie eine enorme Betriebssicherheit sind die Kennzeichen, die maßgeblich zum Aufschwung des Luftverkehrs beigetragen haben. Hinzu kommt eine verbesserte Umwelt-Verträglichkeit durch geringeren Schadstoff-Ausstoß und eine Reduzierung des Lärms.

6.1 Wirkungsweise

Der physikalische Vorgang der Schub-Erzeugung ist bekannt: eine Luftmasse wird in der Düse auf hohe Geschwindigkeit beschleunigt und dann in die Atmosphäre ausgestoßen; dadurch können sich innerhalb des Triebwerks (an Schaufeln und Wandungen) Reaktionskräfte absetzen, die als Schub den Vortrieb des Flugzeugs bewirken. An einem Spielzeug-Luftballon läßt sich das Prinzip anschaulich demonstrieren: nach Freigabe der Einfüll-Öffnung »schießt« der aufgeblasene Ballon durch den Raum, bis sein Gasvorrat aufgebraucht und der Druck abgefallen ist.

---

*⁾Eine ausführlichere Darstellung findet sich in dem Buch »Flugtriebwerke – Ihre Technik und Funktion«, Klaus Hünecke , Motorbuchverlag, Stuttgart

In einem Flugtriebwerk wird das für den Vortrieb erforderliche Gas ständig neu erzeugt. Damit der Gasstrahl die notwendige Austrittsgeschwindigkeit erreichen kann, muß die durchströmende Luft mit Energie aufgeladen werden. Dies geschieht im Verdichter durch Zufuhr mechanischer Energie zur Erhöhung des Drucks und in der Brennkammer durch Zufuhr von Wärme-Energie zur Erhöhung der Temperatur (**Abb. 6-1**).

In der Turbine wird dem Heißgas ein Teil der Energie entzogen und in mechanisches Drehmoment umgewandelt. Damit treibt die Turbine den Verdichter und mehrere Anbaugeräte, die für die Funktion erforderlich sind. Die verbleibende Energie des Gases ermöglicht den eigentlichen Vortrieb des Flugzeugs. In der Schubdüse erfolgt die Umwandlung von Druck- und Wärme-Energie in Geschwindigkeits-Energie, die Voraussetzung ist für den Schub.

Der Schub hängt von zwei Faktoren ab: der *Geschwindigkeit*, mit der das Gas ausströmt, und der *Gasmenge*, die ausströmt. Bei den Triebwerken gegenwärtiger Unterschall-Verkehrsflugzeuge kann die Ausströmung aus der Düse höchstens mit Schallgeschwindigkeit erfolgen. Grund: eine Schubdüse ist so ausgebildet, daß der Strömungskanal zunehmend enger wird und der Strahlaustritt an der engsten Stelle erfolgt (*konvergente* Schubdüse). Es gehört zu den Besonderheiten dieser Düsenform, daß die durchströmende Gasmenge nicht weiter gesteigert werden kann, sobald am Düsenaustritt Schallgeschwindigkeit erreicht ist: die Düse ist *thermisch verstopft* (choked nozzle). Eine Steigerung des Gasdurchsatzes ist wirtschaftlich nur über einen zweiten Strömungsweg möglich, der das Basistriebwerk mantelförmig umgibt (daher die Bezeichnung

Tabelle 6-1 Triebwerk-Daten

Typ / Kenndaten	General Electric				Rolls-Royce		Pratt & Whitney			CFMI	IAE	
	CF6-80A1	CF6-80C2-A1	CF6-80E1-A3	GE90	RB.211-535E4	Trent RB.211-772-524L	JT9D-7R4-E1	PW4164	PW2037	CFM56-5A3	V2500-A1	V2500-A5
1 Schub/Prüfstand, daN	21 350	26 250	32 000	34 200	17 850	31 600	22 200	28 450	16 700	11 750	11 100	12 450
2 Schub/ typ. Reiseflug, daN	3750	5 200	6050	-	3900	6 400	5 000	5 750	2 200	2 200	2 260	2 550
3 Spezifischer Kraftstoffverbrauch bei Standschub, kg Kraftstoff/ daN Schub * h	0.34	0.34	-	-	-	-	-	-	0.32	0.35	0.319	-
4 Spezifischer Kraftstoffverbrauch bei Reiseschub, kg Kraftstoff/ daN Schub * h	0.59	0.59	0.60	-	0.57	0.589	0.624	0.565	0.563	0.611	0.575	0.594
5 Durchsatz bei Standschub, kg/s	652	830	880	1500	499	909	731	877	541	391	358	376
6 Nebenstrom-Verhältnis	4.66:1	5.1:1	5.1:1	9:1	4.1:1	4.56:1	5.0:1	5.0:1	5.8:1	5.9:1	5.8:1	4.9:1
7 Bläser-Druckverhältnis	1.68	1.73	1.82	-	-	1.82	1.59	1.67	-	1.59	1.75	1.75
8 Verdichter-Druckverhältnis, gesamt	31.8	30.3	34.6	-	28.5	38.0	23.0	33.5	30.0	28.0	31.5	31.3
9 Stufenzahl Verdichter (Fan+Booster/ Hoch)	1+3/14	1+4/14	1+4/14	-	1/6/6	1/8/6	1+4/11	1+4/11	1+4/12	1+3/9	1+3/10	1+4/10
10 Mittlere Drucksteigerung je Stufe	1.21	1.21	1.21	-	1.31	1.27	-	-	1.22	1.29	1.30	1.26
11 Stufenzahl Turbine (Hochdruck/Niederdru	2/4	2/5	2/5	-	1/1/3	1/1/4	2/4	2/4	2/5	1/4	2/5	2/5
12 Turbinen-Eintrittstemperatur, K	1480K	-	-	-	1520K	-	1560K	-	1537K	1538K	-	-
13 Gewicht, daN	3750	4045	5000	-	3250	4600	4000	4170	2950	2200	2200	2200
14 Schub/ Gewichtsverhältnis (Stand)	5.7	6.5	6.4	-	5.38	6.87	5.55	6.82	5.66	5.34	5.04	5.66
15 Bläser-Durchmesser, m	2.19	2.36	2.44	3.12	1.89	2.48	2.36	2.52	2.11	1.74	1.60	1.60
16 Länge, m	3.98	-	-	-	3.00	3.00	3.40	-	3.45	2.43	2.96	-
17 Zulassung	1982	1982	1994	1995	1984	1995	1982	1993	-----	1987	1988	1992
18 Flugzeug	B767 A310	A300-600 MD11 B767 B747	A330-300	B777	B757	A330-300 MD12 B777	A310 B747 B767	A330-300	B757	A320-200 B737 A340	A320-200	A321 MD90
Bemerkung				"Super-TW"			"25-Tonner"					"10-Tonner"

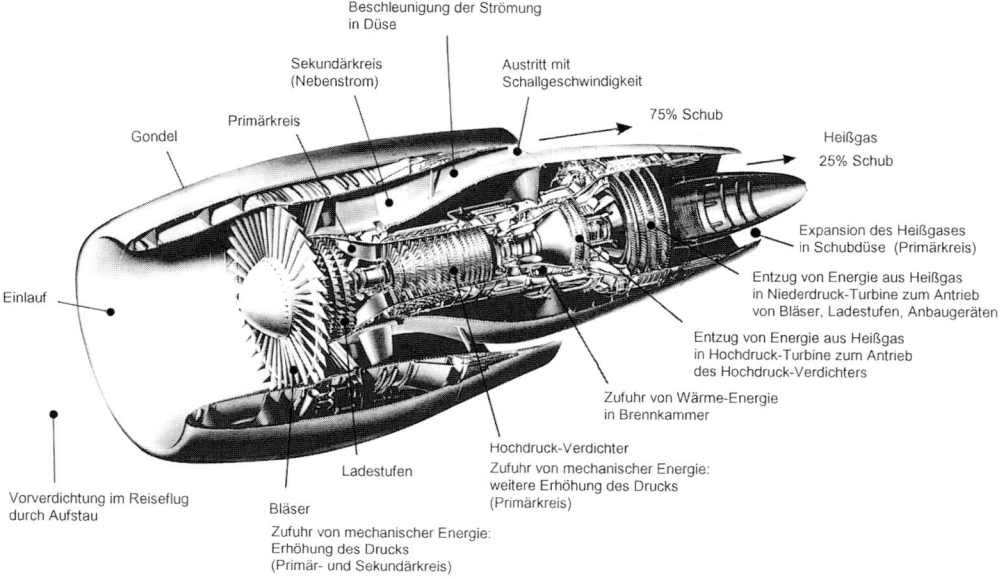

Beschleunigung der Strömung in Düse

Sekundärkreis (Nebenstrom)

Austritt mit Schallgeschwindigkeit

75% Schub

Primärkreis

Heißgas

25% Schub

Gondel

Expansion des Heißgases in Schubdüse (Primärkreis)

Entzug von Energie aus Heißgas in Niederdruck-Turbine zum Antrieb von Bläser, Ladestufen, Anbaugeräten

Einlauf

Entzug von Energie aus Heißgas in Hochdruck-Turbine zum Antrieb des Hochdruck-Verdichters

Zufuhr von Wärme-Energie in Brennkammer

Hochdruck-Verdichter

Ladestufen

Zufuhr von mechanischer Energie: weitere Erhöhung des Drucks (Primärkreis)

Vorverdichtung im Reiseflug durch Aufstau

Bläser

Zufuhr von mechanischer Energie: Erhöhung des Drucks (Primär- und Sekundärkreis)

6-1 Aufbau und Wirkungsweise eines Flugtriebwerks (Beispiel: CF6-50 von General Electric)

Mantelstrom- oder *Bypass*-Triebwerk). Nach diesem Prinzip, bei dem der Luftstrom in einen inneren *heißen* Kreis und einen äußeren *kalten* Kreis aufgeteilt wird, arbeiten alle Triebwerke, die in heutigen Verkehrsflugzeugen zum Einsatz kommen.

Auf ihrem Weg durch das Triebwerk erfährt die Luft eine Änderung ihrer Zustandsgrößen Druck, Temperatur und Dichte. Man bezeichnet eine Folge von Zustands-Änderungen, die mit dem Einströmen der Luft in das Triebwerk beginnt und mit ihrer Rückführung in die freie Atmosphäre endet, als *Kreisprozeß* (cycle). Der Kreisprozeß stellt die thermodynamische Grundlage für die Berechnung von Turbotriebwerken dar.

6.2 Konstruktiver Aufbau

Sämtliche Triebwerke, die bei Verkehrsflugzeugen eingesetzt werden, sind sog. *Bläser-Triebwerke* (turbofan). Sie bestehen aus folgenden Baugruppen (**Abb. 6-1**):
– Bläser (fan)

– Verdichter (compressor)
– Brennkammer (combustion chamber)
– Turbine.

Ein wirksamer Flugantrieb entsteht daraus erst, wenn Zuström- und Abströmteil in geeigneter Weise gestaltet werden. Der Zuströmteil ist der *Einlauf* (air inlet), der Abströmteil die *Schubdüse* (nozzle).

6.2.1 Bläser-Abschnitt

Das beherrschende Kennzeichen heutiger Hochleistungs-Triebwerke ist das Laufrad des Bläsers, das bei Großtriebwerken einen Durchmesser von 2.50 m hat (**Abb. 6-2**). Die aufnehmbare Luftmenge beim Start beträgt nahezu 800 kg/s. Super-Triebwerke wie das GE90 haben einen Bläser-Durchmesser von über drei Metern und einen Durchsatz von 1500 Kilogramm Masse je Sekunde (s. Tab. 6.1).

Die Rotor-Baugruppe des Bläser-Abschnitts besteht aus dem großen einstufigen Laufrad und (in den meisten Fällen) einer nachfolgenden mehrstufigen Ladergruppe (*booster*) zur Aufladung

(=Drucksteigerung) des Primär-Luftstromes (**Abb. 6-3**).

Vorwiegend aus Lärmgründen wird auf Leitschaufeln am Eintritt verzichtet. Hochfrequenter Bläserlärm entsteht, wenn Schaufeln in einer periodisch ungleichförmigen Strömung arbeiten müssen. Bei einem vorgeschalteten Leitschaufelkranz würde hinter jeder Leitschaufel eine Nachlaufströmung entstehen, die von der rotierenden Bläserschaufel gewissermaßen »zerhackt« wird, wobei hochfrequenter Lärm entsteht. Das Fehlen von Leitschaufeln ermöglicht eine weitgehend gleichförmige Zuströmung.

Austritts-Leitschaufeln hinter dem Rotor lenken die Strömung in axiale Richtung um und beseitigen den *Drall* . Durch ihre Lage weit hinter dem Rotor wirken sie als Lärmbarriere.

Ein Bläserrotor besitzt 22-38 Laufschaufeln, die teilweise hohl sind, um Masse einzusparen. Dadurch reduzieren sich die Fliehkräfte, die den Schaufelfuß belasten. Wegen ihrer großen Länge arbeitet der obere Bereich einer Bläserschaufel bereits im Überschall (Mach 1.5), während der Fußbereich bei gleicher Flug-Machzahl Unterschallströmung antrifft. Demzufolge ändert sich die Profilierung längs einer Schaufel: am Fuß ein stark gewölbtes Unterschallprofil, an der Spitze ein schwach gewölbtes Überschallprofil (Kreisbogenprofil, **Abb. 6-4**).

Aus Gründen der mechanischen Belastbarkeit ist bei Großtriebwerken die Drehzahl des Bläsers auf etwa 3800 Umdrehungen pro Minute be-

6-2 Der Durchmesser eines Bläsers beträgt ca. 2.50 Meter (Pratt & Whitney PW4000)

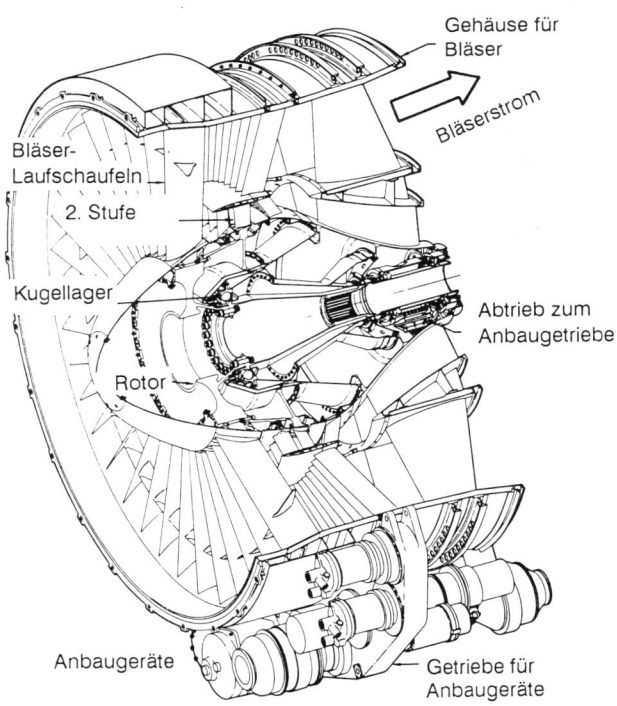

6-3 Bläser-Baugruppe (General Electric CF6)

6-4 Kreisbogenprofil an den Blattspitzen der Bläser-schaufeln, die im Überschall arbeiten (Rolls Royce RB.211)

grenzt. Um einen hohen Wirkungsgrad zu erzielen, sind die Bläserschaufeln aerodynamisch so gestaltet, daß die Energiezufuhr nicht gleichmäßig über der Schaufelhöhe verteilt ist, sondern nach außen zunimmt (non-constant energy stage). Der niedrige Verdichtungsgrad in Nabennähe erklärt die Notwendigkeit nachgeschalteter Ladestufen.

Die große Schaufellänge und die extreme Belastung der Bläserschaufeln machen besondere Maßnahmen erforderlich, um Blattschwingungen zu vermeiden. Hier haben sich Schwingungs-dämpfer im oberen Schaufelbereich bewährt, durch die eine gegenseitige Abstützung der Schaufeln erfolgt. Wegen des strömungsmechanischen Nachteils (Eckenströmung, Nachlauf, Ablösung), der über 2% Verlust im Wirkungsgrad ausmacht, wurden die Dämpfungsnasen (snubber) bei neueren Triebwerken der oberen Schubklasse (»25-Tonner«) erheblich verkleinert und bei der unteren Schubklasse (»10-Tonner«) gänzlich fortgelassen. Dies ist möglich geworden durch konstruktive Verbesserungen der Schaufelgestaltung (große Profiltiefe) und durch Verwendung neuer Werkstoffe.

Für die neuen Super-Triebwerke wurden besondere Hochleistungsschaufeln entwickelt, bei denen ebenfalls auf die strömungsungünstigen Dämpfungsnasen verzichtet werden konnte. Diese Schaufeln besitzen übergroße Profiltiefe, einen Außenmantel aus Titan und eine Füllung aus leichter Wabenstruktur (wide-chord fan, WCF). Das größte Problem bei der Entwicklung derartiger Hochleistungsschaufeln war die Forderung nach ausreichender Widerstandsfähigkeit gegen Vogelschlag.

Unmittelbar hinter dem Bläser-Rotor wird der Luftstrom aufgeteilt in den (inneren) *Primärkreis* und den (äußeren) *Sekundärkreis*. Der primäre Luftstrom durchläuft den *Gasgenerator*, der die Baugruppen Verdichter, Brennkammer, Turbine umfaßt und den eigentlichen Kern des Triebwerks darstellt (core engine). Der äußere Luftstrom, der etwa 75 Prozent der aufgenommenen Luftmenge ausmacht, wird »mantelförmig« um das Basis-Triebwerk herumgeleitet, in der Schubdüse des kalten Kreises bis auf Schallgeschwindigkeit beschleunigt und dann in die Atmosphäre entlassen (**Abb. 6-1**). Neuere Konstruktionen vermischen kalten und heißen Kreis noch im Triebwerk und besitzen eine gemeinsame Schubdüse (z.B. CFM56 im Airbus A340).

6.2.2 Verdichter

Sämtliche Verdichter in Hoch-Bypass-Triebwerken sind *Axialverdichter* (axial compressor, **Abb. 6-5**). Die Hauptströmung verläuft parallel zur Achse (axial), es treten keine Umlenkungen auf wie beim Radialverdichter. Der Vorteil dieser Bauart: hoher Luftdurchsatz; der Nachteil: komplexer Aufbau, Gewicht.

Ein Axialverdichter besteht aus den folgenden Bauteilen:

    Eintrittsgehäuse
    Verdichtergehäuse (Stator)
    Verdichterläufer (Rotor)
    Austrittsgehäuse

Das *Eintrittsgehäuse* (front compressor frame) übernimmt die vordere Lagerung des Rotors und leitet die Lagerkräfte über Stützstreben in das Verdichtergehäuse ab. Das *Verdichtergehäuse* (stator casing) ist ein rohrförmiges Bauteil, das die fest-

6-5 Axialverdichter (General Electric CF6)

stehenden Leitschaufelkränze trägt und konstruktiv in eine untere und obere Halbschale aufgeteilt ist. Die Aufgabe der *Leitschaufeln* besteht darin, der Strömung eine vorgeschriebene Richtung zu erteilen, so daß die nachfolgenden Laufschaufeln günstig angeströmt werden. Moderne Verdichter-Konstruktionen ermöglichen eine Verstellung der vorderen Leitschaufeln und damit eine bessere Anpassung an den jeweiligen Lastzustand des Triebwerks.

Im Inneren des Verdichtergehäuses befindet sich der Verdichterläufer (*Rotor*). Er trägt eine Vielzahl von Schaufeln, die zumeist in 12 bis 14 Stufen hintereinander angeordnet sind (**Abb. 6-6**). Lauf- und Leitschaufeln sind vergleichbar mit ungepfeilten, stark verwundenen Tragflügeln und dem typischen Tragflügelprofil. Die Auslegung erfolgt nach speziellen Verwindungsgesetzen. Die Schaufellänge nimmt mit zunehmender Verdichtung in axialer Richtung ab; daher sind die längsten Schaufeln vorn (größtes Gasvolumen).

Den Abschluß der Verdichter-Konstruktion bildet das *Austrittsgehäuse* (rear compressor frame), das die vom Verdichter erzeugte »Preßluft« der nachgeschalteten Brennkammer zuleitet. Das

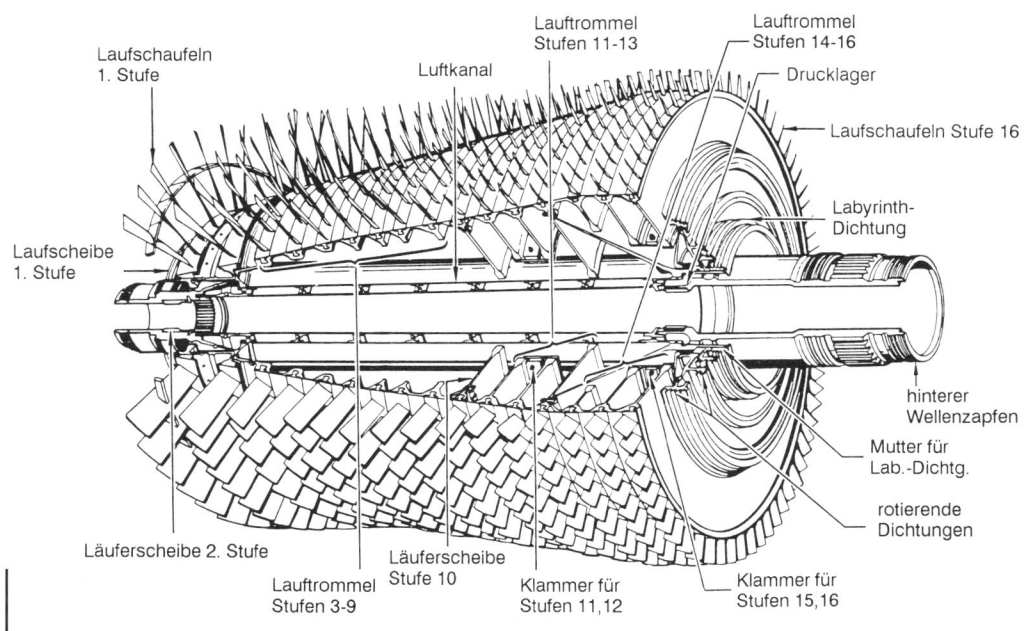

6-6 Verdichterläufer (Rotor) des Triebwerks CF6

Austrittsgehäuse trägt das hintere Rotorlager, das als Festlager die Axialkräfte des Rotors aufnimmt (Schubkräfte).

Der mechanische Verdichtungsprozeß findet im Bläser und im Axialverdichter statt. Da beide Rotoren zu Erzielung guter Wirkungsgrade unabhängig voneinander unterschiedliche Drehzahlen benötigen, sind sie mechanisch voneinander vollkommen getrennt und werden von eigenen Turbinen angetrieben. Der vordere Verdichter (Bläser plus Ladestufen) ist der *Niederdruck*-Verdichter (low-pressure compressor, LPC), der zweite Verdichter der *Hochdruck*-Verdichter (high-pressure compressor, HPC). Bläser-Triebwerke besitzen daher grundsätzlich mindestens zwei Wellen, die unabhängig voneinander drehen.

Axialverdichter können pro Stufe nur eine Drucksteigerung von etwa 30 Prozent schaffen, d.h. ein Verdichtungsverhältnis von etwa 1.3:1, (s. Tab. 6.1). Daher ist ein Hochleistungs-Verdichter stets mit mehreren Stufen ausgerüstet. Die letzten Stufen arbeiten jedoch mit schlechterem Wirkungsgrad, weil die Strömungsqualität abnimmt und eine andere Drehzahl geeigneter wäre. Aus diesem Grund hat Rolls-Royce den Verdichter nochmals unterteilt in einen *Mitteldruck*-Verdichter (intermediate pressure compressor, IPC) und in den eigentlichen Hochdruck-Verdichter. Der bessere Wirkungsgrad dieser Triebwerke (RB.211) muß mit größerer mechanischer Komplexität erkauft werden (3 Wellen).

In einem modernen Axialverdichter werden gewaltige Leistungen auf kleinstem Raum umgesetzt. Hierzu ein einfaches Beispiel:

Die verlustfreie (=isentrope), auf den Durchsatz 1 kg/s bezogene Verdichterarbeit H_V ist gegeben durch die Beziehung:

$$H_V = c_p T_2 \left\{ \left(P_3 / P_2 \right)^{(\kappa-1)/\kappa} - 1 \right\}$$

c_p spezifische Wärme bei konstantem Druck (für Luft 1.004 kJ/kg*K)
T_2 Gesamttemperatur Verdichter-Eintritt
P_3/P_2 Gesamtdruck-Verhältnis Verdichter-Austritt zu Eintritt
κ (Kappa) Verhältnis der sog. spezifischen Wärmen (=1.4 für Luft)

Durch Multiplikation mit dem Durchsatz ($\dot{m}$) und unter Berücksichtigung des Wirkungsgrades (η_V) ergibt sich die erforderliche Antriebsleistung des Verdichters wie folgt:

$$N_V = \dot{m} * H_V / \eta_V \quad (kW)$$

Beispiel für einen Hochdruck-Verdichter ähnlich CF6

Durchsatz $\dot{m}$ = 120 kg/s (Primärkreis)
Gesamtdruck-Verhältnis P_3/P_2 = 12

Wirkungsgrad η_V=0.9
Gesamttemperatur Verdichter-Eintritt
T_2= 288K=15C (am Boden, Normalzustand)

$$N_V = 120 * 1.004 * 288 * (12^{0.286} - 1)/0.9$$
$$= 39918 \text{ kW} = 54288 \text{ PS}$$

6.2.3 Brennkammer

In der Brennkammer (combustion chamber) wird die aus dem Verdichter kommende Luft mit dem Kraftstoff zu einem zündfähigen Gemisch aufbereitet und dieses dann verbrannt, wobei ein Heißgasstrom hoher Energie entsteht.

6.2.3.1 Verbrennungsvorgang

Beim Eintritt in die Brennkammer hat der aus dem Verdichter kommende Luftstrom einen Druck bis zu 30 bar, eine Temperatur zwischen 600K und 800K und eine Strömungsgeschwindigkeit von 150m/s. Für den Verbrennungsprozeß ist diese Geschwindigkeit viel zu hoch, so daß die Strömung verzögert werden muß. Zu diesem Zweck ist der vordere Abschnitt der Brennkammer als *Diffusor* ausgebildet (Kanal-Erweiterung, **Abb. 6-7**)

Eine weitere Aufgabe der Brennkammer ist die Aufbereitung eines zündfähigen Gemisches. Entsprechend den wechselnden Bedingungen des Flugbetriebes liegt das Verhältnis von eingespritztem Kraftstoff zur Luftmenge zwischen 0.8% und 2.2%. Das für die Verbrennung günstigste Mischungsverhältnis liegt jedoch bei 15%, so daß nur ein Teil der einströmenden Luftmenge zur Gemischbildung herangezogen wird. Der vordere Abschnitt der Brennkammer muß daher die Luft so

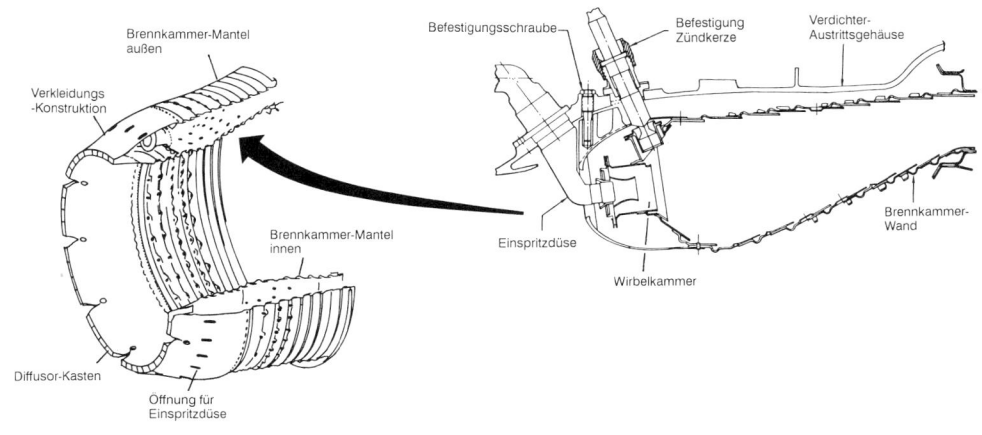

6-7 Brennkammer: Aufbau und Arbeitsweise
(General Electric CF6)

dosieren, daß möglichst vollständiger Ausbrand stattfindet.

Der Kraftstoff wird über zahlreiche Einspritzdüsen unter hohem Druck (bis zu 100 bar) mit der Verbrennungsluft vermischt. Die Einspritzdüsen erzeugen einen kegelförmigen Strahl aus feinsten Tröpfchen, die von der vorbeistreichenden Luft mitgerissen werden. Die eigentliche Verbrennung findet in einem verhältnismäßig kleinen Teil der Brennkammer statt, der *Primärzone* (primary zone, **Abb. 6-7**). Hier erreichen die Flammen eine Temperatur bis 2400K (2100 °C). Ohne ausreichende Wandkühlung würde jeder Werkstoff schmelzen.

Der zur Verbrennung verwendete Luftanteil ist relativ klein. Der weitaus größte Teil der eintretenden Luftmenge wird teilweise zur Kühlung verwendet, teilweise um die Brennkammer herumgeleitet. Zu Kühlzwecken besitzt die Brennkammer zahlreiche Öffnungen, in welche die Luft tangential einströmen und sich schützend zwischen Wandung und Flamme legen kann (**Abb. 6-7**). In der *Sekundärzone* (secondary zone) muß der Verbrennungsvorgang abgeschlossen sein, damit Temperaturspitzen von der nachgeschalteten Turbine ferngehalten werden. Der noch verbleibende Luftanteil wird über Eintrittsöffnungen den Heißgasen zugemischt, um diese auf erträgliche Werte abzukühlen. Der Verbrennungsprozeß wird durch elektrische Zündung eingeleitet und läuft dann

selbsttätig ab.

Zur wirksamen Ausnutzung des Kraftstoffs muß eine Brennkammer zahlreiche Kriterien erfüllen, nach denen sie entworfen und hinsichtlich ihrer Leistung beurteilt wird. Hierzu gehören:

– Wirkungsgrad der Verbrennung
– Gesamtdruck-Verlust
– Temperaturprofil am Austritt
– Umweltbelastung
– Lebensdauer (durability)
– Zündung und Verbrennung
– Abmessungen und Gewicht

6.2.3.2 Umwelt-Wirkung

Während bislang die Erzielung möglichst hoher Brennkammer-Temperaturen im Vordergrund stand, haben die schädlichen Auswirkungen von Stickoxyden, die beim Verbrennungsprozeß entstehen, ein Umdenken erzwungen und eine Neubewertung des Abgasverhaltens von Flugtriebwerken bewirkt. Strengere Vorschriften, anfänglich in den USA und dann weltweit, haben zu verbesserten Brennkammer-Konstruktionen geführt, die die Umwelt zwar immer noch, aber weit weniger belasten.

Die Abgase der Flugtriebwerke enthalten umweltbelastende Bestandteile in Form von sichtbarem Rauch (Ruß), Kohlenmonoxyd (CO), Kohlenwasserstoff (HC) und Stickoxyden (NO_x). Als weniger problematisch gilt derjenige Teil des Kraftstoffs, der vollständig verbrennt und als Verbrennungsprodukte Wasser (H_2O) und Kohlendioxyd (CO_2) erzeugt. Deren Anteil liegt im Leerlauf jeweils bei 1.4 bis 2.4 Prozent, bei Vollschub zwischen 3 und 5 Prozent der Abgasmenge.

Während die Einbringung von Wasser in die unteren Schichten der Atmosphäre nicht als Umweltbelastung angesehen wird, trägt das Kohlendioxyd zur Aufheizung der Atmosphäre bei. Dieses Problem entsteht bei allen Verbrennungsvorgängen, ohne daß hierfür eine Lösung in Sicht ist.

Ein Teil des Kraftstoffs verbrennt unvollständig, wobei Kohlenmonoxyd, Ruß und unverbrannte Kohlenwasserstoffe entstehen. Diese Bestandteile bedeuten für den Gasturbinen-Prozeß einen Verlust, denn sie enthalten ungenutzte Energie des Kraftstoffs; wegen ihrer Gesundheitsgefährdung sind sie ein Problem für die Umwelt. Unverbrannte Kohlenwasserstoffe verbreiten den typischen Geruch in Flughafennähe, Kohlenmonoxid ist ein giftiges Gas, Ruß soll krebserzeugend wirken. Der Anteil dieser Abgasprodukte liegt im Leerlauf jeweils bei 50-2000 ppm, im Reiseflug bei 1-50 ppm.[*] Der prozentual größte Anteil dieser Schadstoffe fällt daher im Flughafenbereich an.

Bei hohen Flammentemperaturen und Arbeitsdrücken, die charakteristisch für Hoch-By-pass-Triebwerke sind, reagieren die in der Luft enthaltenen Bestandteile Stickstoff und Sauerstoff miteinander, wobei Stickoxyde gebildet werden. In Bodennähe tragen Stickoxyde zu der gefürchteten Smog-Bildung bei. In Reiseflughöhe wirken sich Stickoxyde eher positiv aus, sie regen die Bildung von Ozon ($O3$) an. Ozon fängt die ultraviolette Strahlung aus dem Weltraum ab, die Krebs erzeugen kann. Erst wenn Stickoxyde in die Stratosphäre und damit in gößere Höhen als beim Reiseflug aufsteigen, kehrt sich ihre Wirkung um: Ozon wird abgebaut. Diese Vorgänge sind bislang wenig geklärt, so daß vorsorglich als Entwurfsziel für den Brennkammerbau ein möglichst niedriger Ausstoß an Stickoxyden angestrebt wird.

Die chemischen Vorgänge während des Verbrennungsprozesses sind sehr komplex und einer exakten Analyse kaum zugänglich, zumal die Verbrennungsprodukte selbst nicht stabil sind. Erschwert wird die Beherrschung der schädlichen Abgase durch wechselnde Druck- und Temperaturverhältnisse beim Einströmen in die Brennkammer. Dennoch sind dem Brennkammerbau bemerkenswerte Fortschritte gelungen. Insbesondere arbeiten heutige Triebwerke nahezu rußfrei. Dies ist möglich geworden durch eine effektivere Aufbereitung des Kraftstoff-Luft-Gemisches, so daß lokale Kraftstoff-Konzentrationen (zu fettes Gemisch) vermieden werden. Unverbrannte Kohlenwasserstoffe lassen sich auf ein Mindestmaß beschränken, wenn das Verhältnis von Kraftstoff und Luft bei Leerlauf und Vollschub optimal ist (*stöchiometrisches* Verhältnis). Eine ausreichende Verweilzeit der Heißgase in der Sekundärzone trägt zur Nach-Oxydation von Kohlenmonoxyd bei.

Am schwierigsten lassen sich Stickoxyde beseitigen. Sie entstehen bei hohen Temperaturen, die zur Wirtschaftlichkeit von Flugtriebwerken aber notwendig sind. Als aussichtsreich hat sich eine besonders feine Kraftstoff-Zerstäubung (Atomisierung) erwiesen sowie eine beschleunigte Vermischung mit der Luft in der Primärzone. Eine weitere Verbesserung wird von einer neuartigen Verbrennungstechnik erwartet, bei der je nach Lastzustand des Triebwerks unterschiedliche Einspritzdüsen angesteuert werden (Dual-Dome Combustor).

6.2.4 Turbine

Bei einem Strahltriebwerk besteht die wesentliche Aufgabe der Turbine darin, den Verdichter anzutreiben. Dies geschieht durch Entzug von Energie aus dem Heißgas und deren Umwandlung in mechanisches Drehmoment. Darüber hinaus muß die Turbine genügend Leistungsüberschuß besitzen, um auch verschiedene Hilfsgeräte anzutreiben, die für das Funktionieren des Triebwerks erforderlich sind. Entsprechend der Anzahl der Verdichter besitzen heutige Bläsertriebwerke zwei Turbinen (bei Rolls-Royce-Triebwerken sogar drei). Hohe thermische und mechanische Lasten machen die Turbine zum kritischsten Bauteil eines Triebwerks.

---

[*] ppm=parts per million, gibt die Anzahl der Bestandteile an Verunreinigung je 1 Million Anteile Abgas an; wird verwendet, wenn dieser Anteil zu sehr kleinen Zahlen führt. Beispiel: 2000ppm = 0.2%; ebenso 50ppm=0.005%

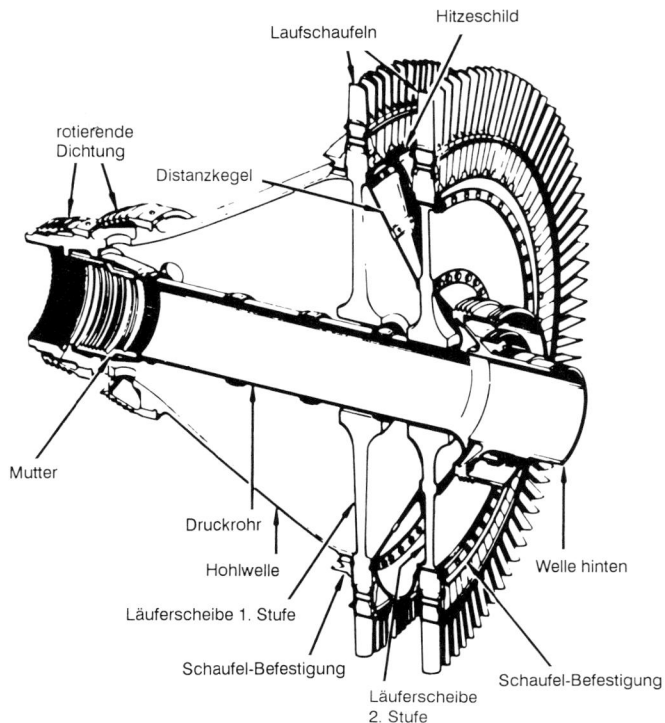

rotierende
Dichtung

Distanzkegel

Laufschaufeln

Hitzeschild

Mutter

Druckrohr

Hohlwelle

Läuferscheibe 1. Stufe

Schaufel-Befestigung

Läuferscheibe
2. Stufe

Welle hinten

Schaufel-Befestigung

6-8 Zweistufige Hochdruck-Turbine
(General Electric CF6)

6.2.4.1 Aufbau und Wirkungsweise

Grundsätzlich unterscheidet sich die Arbeitsweise einer Turbine nicht von der des Verdichters. Während der Verdichter jedoch Energie an die durchströmende Luft abgibt und diese komprimiert, entzieht die Turbine Energie aus dem Gas und verwandelt sie in mechanisches Drehmoment.

In Flugtriebwerken wird wegen der hohen Durchsätze ausschließlich die axiale Bauform angewendet, wobei die Ausführung ein- oder mehrstufig sein kann. Da jeder Verdichter von einer eigenen Turbine angetrieben wird, besitzen Bläser-Triebwerke zwei oder drei Turbinen, die mechanisch nicht miteinander verbunden sind und unabhängig voneinander drehen. Die erste Turbine ist die *Hochdruck-Turbine* (high-pressure turbine) mit einer oder höchstens zwei Stufen zum Antrieb des Hochdruck-Verdichters (**Abb. 6-8**, s. auch Tab. 6.1). Die letzte Turbine ist die *Niederdruck*-Turbine (low-pressure turbine) mit drei

bis fünf Stufen zum Antrieb des Bläsers und der Anbaugeräte (**Abb. 6-9**). Die Stufen der Niederdruck-Turbine werden nicht gekühlt, da das Gas in der Hochdruck-Turbine bereits so weit abgekühlt ist, daß eine Beschädigung der Schaufeln nicht auftritt.

Typisches Merkmal jeder Turbomaschine (Verdichter oder Turbine) ist die *Stufe* (stage). Unter einer Turbinenstufe hat man die Kombination aus einem feststehenden *Leitschaufelkranz* oder Leitrad (stator) und einem nachfolgenden Turbinenläufer oder *Laufrad* (rotor) zu verstehen (Beim Verdichter ist die Reihenfolge umgekehrt). Das Leitrad besteht aus einer Anzahl flügelähnlicher Schaufeln zur Umlenkung der Strömung, damit die nachfolgenden Laufschaufeln günstig angeströmt werden. Der Strömungskanal zwischen den Schaufeln ist so geformt, daß sich der Querschnitt verengt (beim Verdichter: *Kanal-Erweiterung*). In dem düsenförmigen Kanal wird bei einer Turbine die Strömung beschleunigt und umgelenkt (**Abb. 6-10**). Hierbei sinken Druck und Tem-

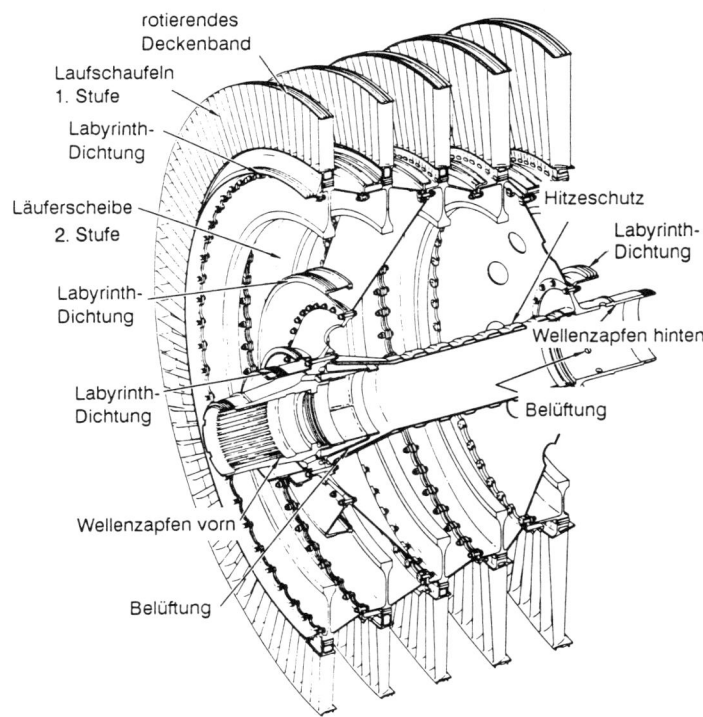

rotierendes
Deckenband

Laufschaufeln
1. Stufe

Labyrinth-
Dichtung

Läuferscheibe
2. Stufe

Labyrinth-
Dichtung

Labyrinth-
Dichtung

Wellenzapfen vorn

Belüftung

Hitzeschutz

Labyrinth-
Dichtung

Wellenzapfen hinten

Belüftung

6-9 Niederdruck-Turbine (General Electric CF6)

peratur, während die Energie des Gases (bis auf Strömungsverluste) konstant bleibt, denn das Gas leistet an den feststehenden Schaufeln des Leitrades keine Arbeit. Anders beim Laufrad mit rotierenden Schaufeln. Das Laufrad besitzt ebenfalls Strömungskanäle mit abnehmendem Querschnitt, so daß dort die Expansion des heißen Gases fortgesetzt wird (**Abb. 6-10**). Dabei entstehen an den Laufschaufeln Reaktionskräfte, die die Turbine in Drehung versetzen (*Reaktionsturbine*). Der Entspannungsprozeß wird bei Flugzeug-Gasturbinen auf Leitrad und Laufrad verteilt.

6.2.4.2 Kühlung

Die aus der Brennkammer strömenden Heißgase treten mit Temperaturen bis 1700 K (1400 Grad Celsius) in die Turbine ein. Die heutigen hochwarmfesten metallischen Turbinen-Werkstoffe schmelzen aber schon bei 1400 K (1100 Grad Celsius). Die einzige Möglichkeit, die Turbine trotzdem bei diesen hohen Temperaturen zu betreiben, besteht durch Kühlung der Schaufeln. In der Praxis sind drei Kühlmethoden gebräuchlich (**Abb. 6-11**):

– Konvektions-Kühlung
– Auftreff-Kühlung
– Filmkühlung.

Am unkompliziertesten arbeitet die *Konvektions-Kühlung* (convection cooling). Die aufgenommene Wärme wird an Kühlluft, die die Schaufel im Innern durchströmt, übertragen und abgeführt. Die Schaufel ist zu diesem Zweck mit besonderen Kanälen ausgestattet (Konvektion=Abführung). Um die von Kühlluft bestrichene Fläche zu vergrößern, sind vielfach Kühlrippen in die Schaufel eingelassen (**Abb. 6-11**).

Eine intensivere Form der Konvektions-Kühlung stellt die *Auftreff-Kühlung* dar (impingement cooling, Prallkühlung). An thermisch hoch beanspruchten Stellen (z.B. Profilnase) werden Kühlluft-Strahlen gezielt gegen die Innenwände der Schaufel gerichtet (**Abb. 6-11**).

Eine noch größerer Schutz gegen Hitze ist erreichbar, wenn Konvektionskühlung zusammen mit *Filmkühlung* (film cooling) eingesetzt wird. Bei der Filmkühlung tritt Kühlluft über Tangentialboh-

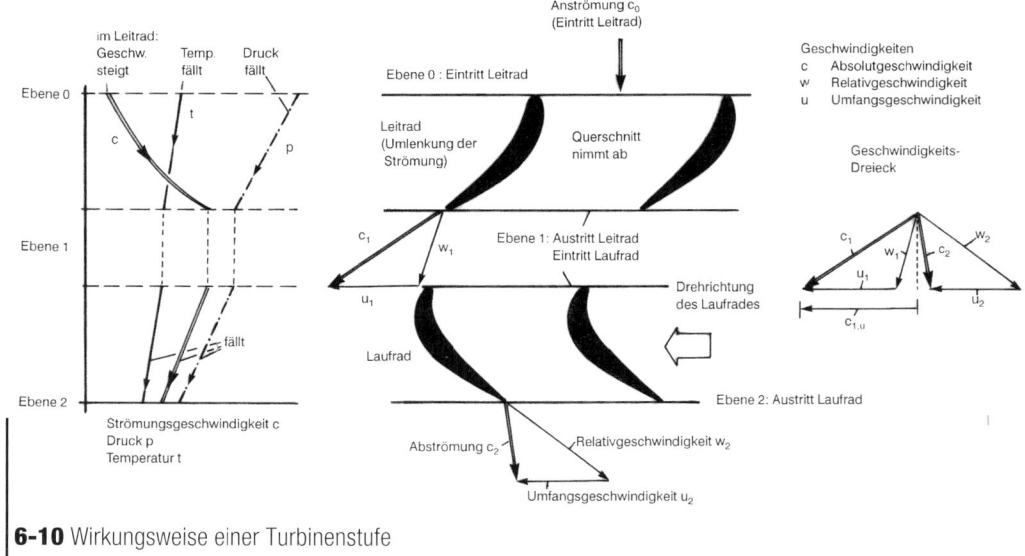

6-10 Wirkungsweise einer Turbinenstufe

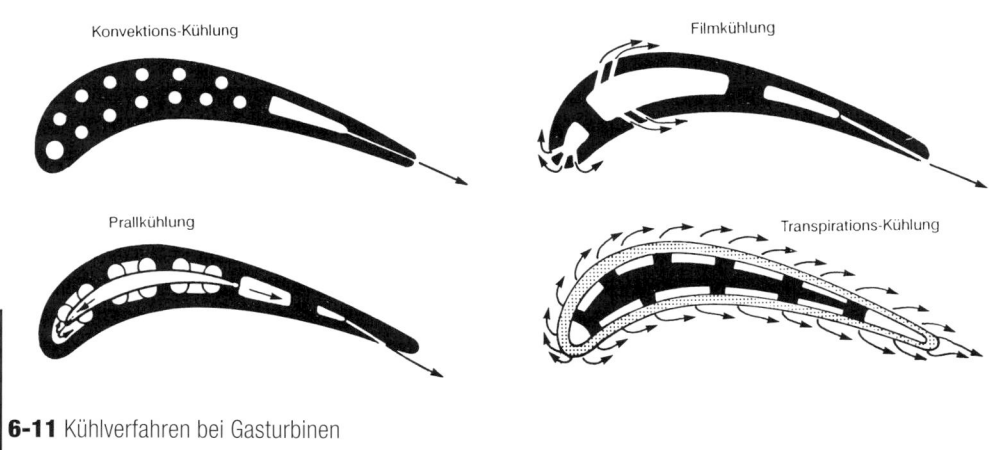

6-11 Kühlverfahren bei Gasturbinen

rungen oder Schlitze aus der Innenschaufel aus und legt einen Kühlfilm zwischen Schaufelwand und Heißgas (**Abb. 6-11**). Der Luftstrom führt durch Konvektion zunächst Wärme aus dem Inneren der Schaufel über die Öffnungen nach außen ab und wird dann als Kühlfilm an der Schaufel entlanggeführt. Da die Kühlwirkung wegen der hohen Temperaturen schnell nachläßt, muß der Kühlfilm stromabwärts durch eine weitere Reihe tangentialer Bohrungen erneuert werden. Mit dieser Methode kombinierter Konvektions- und Filmkühlung lassen sich Temperaturen bis 1800 K (1500 Grad Celsius) beherrschen.

Die zur Kühlung verwendete Luft wird dem Gasturbinenprozeß entzogen, was den Wirkungsgrad des Triebwerks beeinträchtigt. Die Menge der Kühlluft muß daher so gering wie möglich sein und effektiv genutzt werden. Andererseits dürfen die Austrittsöffnungen der Kühlluft niemals durch Verunreinigungen verstopfen, weil bei einer Unterbrechung der Kühlung die Turbinenschaufeln innerhalb von Sekunden zerschmelzen würden. Wegen der extremen thermischen Belastung werden heutige Schaufeln mit allen der drei genannten Kühlmethoden geschützt: Konvektion, Auftreffkühlung und Filmkühlung (**Abb. 6-12**).

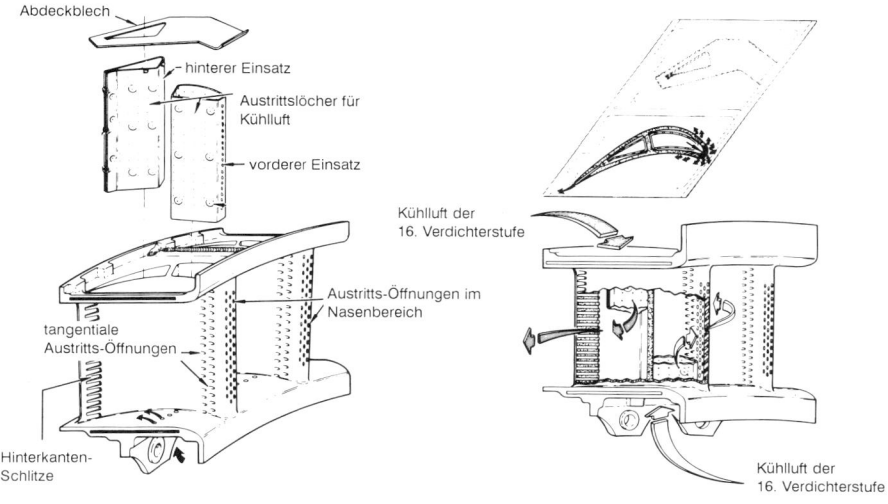

6-12 Aufbau und Kühlungsprinzip der Turbinendüse
(Hochdruckturbine General Electric CF6)

6.2.5 Schubdüse

Beim Entspannungsprozeß in der Turbine wird dem Gas ein Teil seiner Energie entzogen, und zwar genau so viel, wie zum Antrieb des Verdichters und verschiedener Anbaugeräte (z.B. Kraftstoffpumpe, Hydraulikpumpe, Stromgenerator) und zur Deckung der Verluste erforderlich ist. Die verbleibende Energie wird in der *Schubdüse* (exhaust nozzle) in Geschwindigkeits-Energie umgewandelt. Je nach Bauform kann die Abströmung in einer gemeinsamen Düse (*long duct*) oder in zwei getrennten Schubdüsen erfolgen, jeweils eine für den »kalten« Kreis (der etwa 70 Prozent des Schubes bewirkt) und eine für den »heißen« Kreis (**Abb. 6-13**). Da der heiße Strahl eine höhere Austrittsgeschwindigkeit hat, wird neuerdings die Vermischung beider Kreise noch innerhalb des Triebwerks angestrebt, so daß der Strahl in einer gemeinsamen Schubdüse austritt. Neben einem verbesserten Wirkungsgrad verspricht diese Lösung eine Reduzierung des Lärms.

Obwohl bei Bläser-Triebwerken mit separaten Düsen für den heißen und kalten Kreis in beiden Fällen am Austritt Schallgeschwindigkeit herrscht, ist dennoch die Austrittsgeschwindigkeit im heißen Kreis erheblich höher (und damit auch die Lärm-Erzeugung). Ursache ist die höhere Schallgeschwindigkeit, weil diese von der Temperatur abhängt. Beispielsweise ist die Schallgeschwindigkeit (und damit auch die Austrittsgeschwindigkeit) bei 700 Grad Celsius Abgastemperatur aus dem Basis-Triebwerk um 85 Prozent höher als beim Austritt aus der Düse des Sekundärkreises mit 15 Grad Celsius.

6.2.6 Schub-Umkehr

Bei Aufsetzgeschwindigkeiten von 200 km/h benötigen Flugzeuge wegen ihrer großen Masse lange Bremswege, denn die Leistungen der mechanischen Radbremsen sind begrenzt. Zwar ließe sich die Bremskapazität durch größere Dimensionierung erhöhen, doch würde dies zusätzliches Gewicht und höheren Platzbedarf nach sich ziehen. Hinzu kommt, daß bei nasser oder verschneiter Rollbahn die Haft-Eigenschaften der Reifen ohnehin gering sind. Es war daher naheliegend, das Vortriebsprinzip des Flugzeugs auch für die Verkürzung des Bremsweges auszunutzen. Dieser Gedanke führte zur Entwicklung von *Schubumkehr*-Vorrichtungen (thrust reverser), die als Bestandteil des Abgassystems in die Schubdüse integriert sind.

Ihre Wirkung besteht darin, daß der expandierende Gasstrom auf Umlenkflächen prallt, die in den Strömungsweg eingeklappt werden können. Beim Auftreffen auf das Strömungshindernis wird

6-13 Getrennte Schubdüse für äußeren und inneren Kreis (General Electric CF6 am Airbus A310); gemeinsame Schubdüse für Bläserstrom und Heißgas (CFM56 am Airbus A340)

der Strahl nach außen, aber mit deutlicher Richtung nach vorn umgelenkt. Durch Reaktionswirkung entsteht eine Schubkomponente, die als aerodynamische Bremse zusätzlich zu den mechanischen Radbremsen wirkt (**Abb. 6-14**).

Die praktische Ausführung des Schub-Umkehrers hängt vom Triebwerk ab. Während anfänglich der gesamte Strahl (heißer und kalter Kreis) umgelenkt wurde, wenden moderne Bläser-Triebwerke das Umlenkprinzip nur auf den kalten Strahl an (der ohnehin die größte Masse enthält), während der heiße Strahl unbeeinflußt bleibt. Zwar wird hierdurch das Bremspotential nicht voll genutzt, aber die Einsparung an Gewicht für einen zweiten Schub-Umkehrer innerhalb eines Triebwerks (wie bei der DC-10) wiegt diesen Nachteil auf.

6-14 Schub-Umkehrer am Airbus A340

6.2.7 Einlauf

Voraussetzung für das Funktionieren eines Triebwerks ist ein störungsfreier Zulauf der vom Triebwerk benötigten Luftmenge. Diese Aufgabe übernimmt der *Einlauf* (air intake, **Abb. 6-15**).

Der Einlauf gehört nicht zum Aufgabenbereich des Triebwerk-Herstellers, sondern fällt in die Zuständigkeit des Flugzeug-Herstellers, weil die Anordnung der Triebwerke von diesem festgelegt wird (Aerodynamik und Strukturmechanik).

Konstruktiv wird der Einlauf so gestaltet, daß einerseits die Durchsatz-Forderung des Triebwerks erfüllt wird und andererseits am Ende des Einlaufs beim Eintritt in den Verdichter eine gleichförmige, verlustarme Strömung vorliegt. Diese Bedingungen müssen nicht nur im Flug bei unterschiedlichen Geschwindigkeiten erfüllt werden, sondern bereits am Boden, wenn das Flugzeug startet und den maximalen Schub benötigt.

Einläufe für Verkehrsflugzeuge haben überwiegend kreisähnlichen Querschnitt (auffällige Ausnahme: Boeing 737-300). Die Problematik der Einlauf-Strömung ergibt sich aus dem weitgespannten Geschwindigkeitsbereich, bei dem eine sichere Zuströmung für das Triebwerk erforderlich ist: sowohl der Standfall bei Vollschub als auch der Reiseflug müssen sicher beherrscht werden. Als besonders kritisch erweist sich der Beginn des Starts, wenn maximaler Schub verlangt wird, die Umgebungsluft aber noch in Ruhe ist. Hierbei saugt der Einlauf die

6-15 Der Einlauf gewährleistet die Zuströmung der Luft in das Triebwerk (Airbus A340, Triebwerk CFM56)

Luft seiner Umgebung an und beschleunigt sie auf die vom Verdichter verlangte Zuströmgeschwindigkeit. Die starke Umlenkung an der Einlauflippe begünstigt unerwünschte örtliche Strömungsablösungen, was durch eine gut gerundete Lippe vermieden werden kann (**Abb. 6-16**).

Eine weitere Störgröße für die Einlaufströmung stellt Seitenwind dar, weil sich auf der Luvseite die ohnehin vorhandene Übergeschwindigkeit an der Einlauflippe zusätzlich erhöht und die Gefahr der Strömungsablösung größer wird. Aus diesem Grund schreibt der Hersteller Obergrenzen des zulässigen Seitenwindes für den Start vor.

Mit zunehmender Fahrt ändert sich das Stromlinienbild am Einlauf, wobei insbesondere Strömungen aus dem rückwärtigen Bereich unterbleiben. Solange das Flugzeug die vom Verdichter verlangte Zuströmgeschwindigkeit noch nicht erreicht hat, findet im Einlauf weiterhin Beschleunigung statt. Diese Tatsache äußert sich an einer Verengung der Stromröhre vor dem Eintritt in den Einlauf, wobei die Randstromlinien auf dem Außenmantel eine ringförmige Staupunktlinie bil-

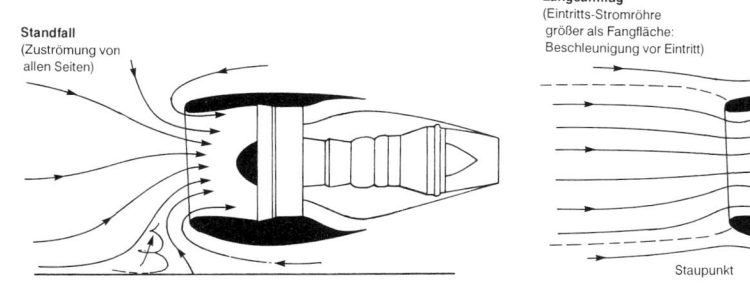

Standfall
(Zuströmung von allen Seiten)

Langsamflug
(Eintritts-Stromröhre größer als Fangfläche: Beschleunigung vor Eintritt)

Staupunkt

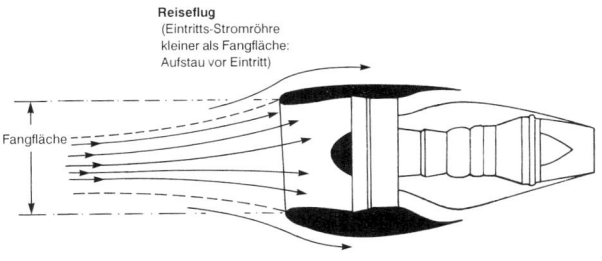

Reiseflug
(Eintritts-Stromröhre kleiner als Fangfläche: Aufstau vor Eintritt)

Fangfläche

6-16 Strömungszustände am Einlauf

den. Sie wandert mit wachsender Geschwindigkeit nach vorn (**Abb. 6-16**).

Beim Schnellflug (Reiseflug) ist wegen der hohen Geschwindigkeit der Querschnitt der eintretenden Stromröhre kleiner als die *Fangfläche* (capture area), so daß ein Aufstau bereits im Vorfeld des Einlaufs stattfindet (**Abb. 6-16**). Hierbei steigt der Druck an. Die beinahe gratis gelieferte Druckanhebung infolge Aufstau stellt einen merkbaren Gewinn für den Arbeitsprozeß des Triebwerks dar.

Unter Reiseflug-Bedingungen (Schnellflug) wird der Verdichtungsprozeß im Einlaufkanal fortgesetzt. Zu diesem Zweck ist der Kanal so ausgebildet, daß eine allmähliche Erweiterung des Querschnitts in Strömungsrichtung stattfindet (Diffusor). Die Strömung wird verzögert und ein Teil ihrer Bewegungs-Energie (*kinetische* Energie) in *Druck*-Energie umgewandelt. Die Verzögerung ist erforderlich, weil bei hohen Flug-Machzahlen die Luft wesentlich schneller zuströmt als für den Verdichter zulässig ist.

Ein Gas strömt nur »ungern« in Gebiete mit höherem Druck ein. Es kommt sehr auf eine gute Formgebung des Kanals mit einer nur allmählichen Zunahme des Querschnitts an, damit die Strömung nicht ablöst, was ihre Qualität verschlechtert (Strömungsverzerrung oder *Distorsion*). Ein Teil der wertvollen Strömungs-Energie würde sonst für den Kreisprozeß des Triebwerkes verloren gehen.

Infolge der allgegenwärtigen Reibung ist eine völlig verlustfreie Strömung nicht erreichbar. Als Beurteilungsmaß und als Kenngröße für die Güte der im Einlauf stattfindenden Verdichtung gilt der *Druckrückgewinn* (pressure recovery), der definiert ist als Verhältnis des Gesamtdrucks am Eintritt in den Verdichter (P_2) zum Gesamtdruck der ungestörten Strömung weit vor dem Einlauf (P_0). Es ist das Ziel jeder Einlauf-Konstruktion, durch entsprechende Formgebung, Abrundung der Lippe und Gestaltung der Oberfläche den Gesamtdruck-Verlust möglichst gering zu halten, so daß der Druckrückgewinn-Faktor möglichst nahe bei 100% liegt.

Die hohen Anforderungen an die Wirtschaftlichkeit eines Flugzeugs verlangen von der Einlauf-Konstruktion geringes Gewicht, kostengünstige Fertigung und hohe aerodynamische Qualität. Die Forderung nach geringem Widerstand orientiert sich vornehmlich am Reiseflug. Die heute üblichen Reiseflug-Machzahlen zwischen Mach 0.76 und 0.85 verlangen einen möglichst dünnwandigen Einlauf mit einem Außendurchmesser, der bei gegebenem Innendruchmesser so klein wie möglich zu halten ist. Das bedingt einen kleinen Nasenradius und eine relativ scharfe Nase. Dadurch wird erreicht, daß die Außenströmung an der Nase keine allzu großen Übergeschwindigkeiten entwickelt (Unterdruck), weil sonst die Gefahr der Strömungsablösung und Widerstandszunahme besteht.

6.3 Triebwerk-Systeme

Vom KFZ-Motor ist uns bekannt, daß der nackte Motor allein nicht lauffähig ist, sondern daß zu seiner Funktion ein Kraftstoff-Luftgemisch aufbereitet, angesaugt und im richtigen Augenblick gezündet werden muß. Zu diesem Zweck besitzt der KFZ-Motor Kraftstoffpumpe, Vergaser und Zündanlage sowie Kühlung und Schmierung. Ganz ähnlich sind die Verhältnisse bei Flugtriebwerken, deren Betriebsverhalten mit einem KFZ-Motor allerdings nur begrenzt vergleichbar ist.

Für das Funktionieren eines Flugtriebwerks sind typische Zusatz-Aggregate erforderlich, die spezifische Aufgaben erfüllen müssen. Sie werden üblicherweise zu funktionalen Einheiten zusammengefaßt und als *Triebwerk-Systeme* bezeichnet. Hier die wichtigsten Systeme:

– Triebwerk-Regelung
– Kraftstoff-Management
– Hydraulik
– Schmierstoff-Versorgung
– Elektrik
– Anlasser
– Kühlsystem
– Schubumkehrer
– Feuerlösch-Einrichtung
– Enteisung

Obgleich jedes System eine bestimmte Aufgabe zu erfüllen hat, existieren wichtige Systeme nicht unabhängig nebeneinander, sondern sie werden in sinnvoller Weise von einem übergeordneten Regler überwacht und gesteuert.

6.3.1 Triebwerk-Regelsystem

Das Betriebsverhalten eines Flugtriebwerks ist mit zunehmender Leistungsfähigkeit immer komplexer geworden, so daß hierfür ein Regler erforderlich wurde, der diese Aufgabe übernimmt. Der Regler ist ein Computer, der mit Meßdaten aus verschiedenen Bereichen des Triebwerks und mit Steuerbefehlen des Piloten gespeist wird. Moderne Regler sind so programmiert, daß für jeden Flugabschnitt – vom Rollen beim Start bis zum Aufsetzen bei der Landung – die wirtschaftlichste Betriebsart ermittelt wird, wobei Kraftstoffverbrauch und Umweltbelastung die günstigsten Werte annehmen.

Das war nicht immer so. Traditionell erfolgte die Triebwerk-Regelung durch hydromechanische Systeme, bei denen die Kraftstoffzufuhr entsprechend der Leistungshebel-Stellung geregelt wurde. Bei diesen Reglern, die auch heute noch zahlreich im Einsatz sind, wirken als Korrekturgrößen gemessene Drücke und Drehzahlen, die über Druckdosen, Federn und Nocken die Kraftstoff-Zufuhr beeinflussen und ständig in den Regelprozeß eingreifen. Mit zunehmender Komplexität der Triebwerke (beispielsweise beim Übergang vom Einwellen- zum Mehrwellengerät) stiegen die Anforderungen an den hydromechanischen Regler. Insbesondere Temperaturen ließen sich als Korrekturgrößen mechanisch kaum nachbilden und wurden daher als elektrische Signale erfaßt, in mechanische Größen umgewandelt und dem hydromechanischen Regler aufgeschaltet. Ein derartiger Regler, der neben dem hydromechanischen Teil auch elektrische Elemente enthielt, wurde im zivilen Flugzeugbau erstmals bei der Concorde serienmäßig eingesetzt.

Der hydromechanische Regler ist ein Computer, der nicht mit Zahlen arbeitet, sondern mit physikalischen Größen (*Analogrechner*). Regler dieser Art sind auf das spezielle Triebwerk abgestimmt, und jede Modifikation am Triebwerk erfordert aufwendige Änderungen am Regler.

Mit dem Vordringen der Elektronik eröffneten sich auch für die Triebwerk-Regelung neue Möglichkeiten. Zwar besitzen auch moderne Regler hydromechanische Baugruppen wie Pumpen und Ventile, aber die Regelbefehle, nach denen sie arbeiten, werden von einem elektronischen Rechner erteilt.

Die Elemente einer elektronisch arbeitenden Triebwerk-Regelung sind

a) Meßgeber (Sensoren) zur Erfassung von Druck, Temperatur, Drehzahl und Kraftstoff-Durchfluß;

b) ein Computer, der die Signale verarbeitet und Befehle erteilt;

c) Verstell-Einrichtungen (Aktuatoren) zur Ausführung der Befehle.

Solche rechnergestützen Regler sind vielseitig einsetzbar und tragen in erheblichem Maß zur Entlastung des Piloten bei. Sie sind unter der Bezeichnung *Fadec* bekannt (Full Authority Digital Electronic Control). Am Beispiel des Fadec-Reglers der A320 (der zum Modernsten gehört, was gegenwärtig international am Markt ist) wollen wir Aufbau und Wirkungsweise kennenlernen.

6.3.2 Fadec-Regler im Airbus A320

Die A320 kann wahlweise mit dem Triebwerk CFM56-5 von SNECMA-General Electric oder V2500 von International Aero Engines ausgerüstet werden, beide mit einem Schub von 11000 daN (s. Tab. 6.1). Trotz unterschiedlicher Hersteller wird in beiden Triebwerken derselbe Fadec-Regler verwendet. Der Regler selbst ist eine »schwarze Kiste«, die ein umfangreiches Aufgabenspektrum abdeckt. Zur Organisation des Fadec-Reglers gehören (**Abb. 6-17**):

a) der elektronische Rechner (Electronic Control Unit, ECU) mit einem zweiten Ausgangskanal aus Sicherheitsgründen;

b) Peripherie-Geräte wie
 – hydromechanischer Kraftstoff-Regler (Hydromechanical Fuel Unit, HMU)
 – Zünd- und Startanlage (ignition and starting system)
 – Schubumkehr-Anlage (thrust reverser system)
 – Kraftstoff-Rückfluß (fuel recirculation)
 – Triebwerk-Meßgeber (engine sensors)

Während der gesamten Flugdauer ist die Regelgröße der Schub und nicht -wie bei hydromechanischen Reglern- der Kraftstoff-Durchfluß. Der Fadec-Regler erfüllt folgende Aufgaben:

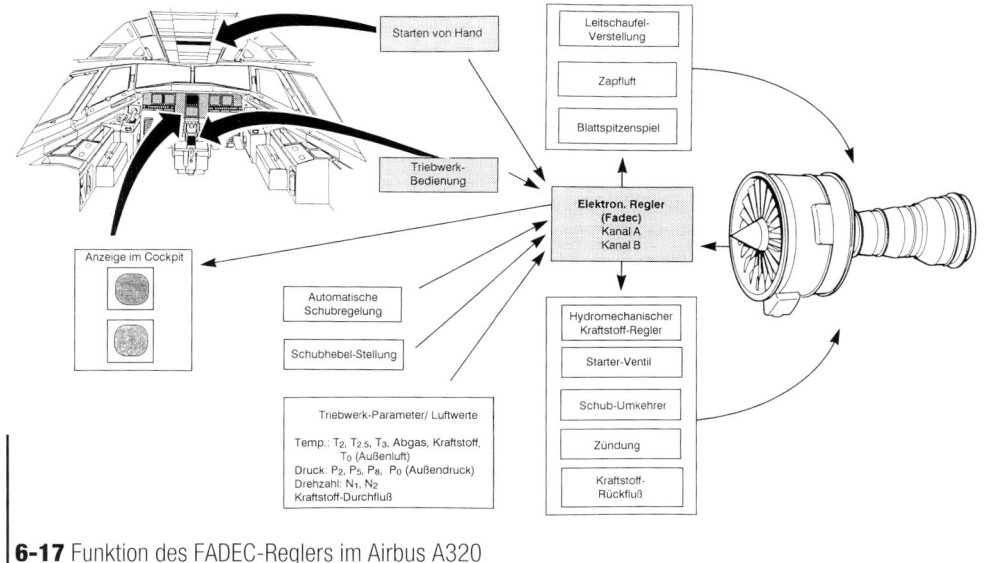

Starten von Hand

Leitschaufel-Verstellung

Zapfluft

Blattspitzenspiel

Triebwerk-Bedienung

Elektron. Regler (Fadec) Kanal A Kanal B

Anzeige im Cockpit

Automatische Schubregelung

Schubhebel-Stellung

Hydromechanischer Kraftstoff-Regler

Starter-Ventil

Schub-Umkehrer

Zündung

Kraftstoff-Rückfluß

Triebwerk-Parameter/ Luftwerte

Temp.: T_2, $T_{2.5}$, T_3, Abgas, Kraftstoff, T_0 (Außenluft)
Druck: P_2, P_5, P_8, P_0 (Außendruck)
Drehzahl: N_1, N_2
Kraftstoff-Durchfluß

6-17 Funktion des FADEC-Reglers im Airbus A320

1. Regelung des Gasgenerators

Hierzu gehört die richtige Bemessung der Kraftstoffmenge, die Einhaltung der Fahrlinie bei Drehzahl-Änderungen (Vermeidung von Verdichter-Pumpen und Überhitzen der Turbine), die Regelung der Zapfluft-Entnahme aus dem Verdichter, die Verstellung der Verdichter-Leitschaufeln, die Anpassung des Blattspitzenspiels zur Erhöhung des Turbinen-Wirkungsgrades (durch Schrumpfen des heißen Turbinengehäuses mittels Kühlluft) und die Leerlauf-Regulierung.

2. Überlastschutz

Diese Funktion schützt das Triebwerk gegen Überdrehen, indem das Überschreiten maximaler Drehzahlen des Niederdruck- und Hochdruckteils verhindert wird. Während des Hochlaufs wird die Abgastemperatur überwacht (als Maß für die schwer meßbare Turbinen-Eintrittstemperatur).

3. Leistungs-Regulierung
(power management)

Entsprechend der vorgewählten Stellung des Leistungshebels ergeben sich unterschiedliche Schubforderungen, z.B. maximaler Startschub, maximaler Reiseschub, Leerlaufschub. Der Rechner legt die Grenzwerte der jeweiligen Schubklasse (thrust rating) fest und regelt den Schub entsprechend der Stellung des Leistungshebels (Au-

to Throttle System, ATS). Wenn die Triebwerke von Hand gefahren werden (was möglich ist), sorgt die Leistungs-Regulierung für die Einhaltung der Betriebsgrenzen, ohne daß sich der Pilot darum kümmern muß.

4. Anlassen der Triebwerke

Das Anlassen erfolgt üblicherweise automatisch, kann aber auch von Hand geschehen. In der Reihenfolge der Anlaßprozedur steuert der Fadec-Regler die Öffnung des Preßluftventils (für die Anlaßturbine), das Einschalten der Zündung, die Öffnung des Kraftstoff-Ventils und die Regulierung der Kraftstoff-Zufuhr. Gleichzeitig erfolgt die Überwachung der Drehzahlen N1, N2 (für Niederdruck- und Hochdruckläufer) sowie der Abgastemperatur.

5. Regelung des Schub-Umkehrers

Hierunter fällt das Kommando zum Ausfahren der vier Umlenkklappen (blocker door) für die Sekundärströmung (kalter Kreis), die Regelung der Drehzahl während der Klappenbetätigung und das Wieder-Einfahren der Umlenk-Klappen.

6. Regelung des Kraftstoff-Rückflusses

Ein Teil des Kraftstoffes, der den hydromechanischen Regler durchströmt, wird zur Kühlung des Getriebeöls verwendet. Der erwärmte Kraftstoff wird entweder zur Kraftstoffpumpe geleitet oder in den Tank zurückgefördert. Hat der Kraftstoff zu viel Wärme aufgenommen (besonders im Teillastbetrieb bei niedrigen Drehzahlen), wird vor der Übergabe an den Tank kalter Kraftstoff zugemischt. Eine Rückförderung findet jedoch nicht statt bei Start und Steigflug oder wenn der Kraftstoff wärmer als 50 Grad Celsius ist.

7. Signale zur Cockpit-Anzeige
Der Fadec-Regler teilt das Ergebnis seiner Arbeit dem Piloten mit. Zu diesem Zweck werden folgende Signale für die Cockpit-Anzeige erzeugt und übertragen:
– die primären Triebwerk-Parameter (Drehzahlen N1, N2 des Niederdruck- und Hochdruckläufers, Abgastemperatur, Kraftstoff-Durchfluß);
– Zustand des Anlaßsystems;
– Zustand des Schubumkehr-Systems;
– Zustand des Fadec-Reglers selbst.

Schließlich kontrolliert der Fadec-Regler die Temperatur des Computers und erkennt Fehler bei sich selbst.

6-18 Bedienhebel der Triebwerke auf der Mittelkonsole (Airbus A320)

6.3.3 Triebwerk-Bedienung

Die Bedienung im Cockpit ist bei den modernen Verkehrsflugzeugen äußerlich scheinbar unverändert geblieben: der Pilot benutzt weiterhin den vertrauten Leistungshebel für Schub und Umkehr-

schub (**Abb. 6-18**). Im Unterschied zur bisherigen Praxis wird der Leistungshebel jedoch nicht mehr wie das Gaspedal beim KFZ bedient (mal mehr, mal weniger Kraftstoff), sondern eher wie der Wählhebel bei einem automatischen Getriebe. Das bedeutet: der Pilot wählt eine von fünf möglichen Stellungen des Leistungshebels, wobei jede Stellung einer typischen Flugphase zugeordnet ist. Die verschiedenen Stellungen sind durch Raster auf dem Hebelweg markiert und leicht auffindbar. Vorsorglich kann der Leistungshebel aber auch so bedient werden, wie dies in der Vergangenheit üblich war.

Die einzelnen Rasterstellungen bedeuten:
– Maximaler Startschub (vorderste Hebelstellung, Raster 1)
– Reduzierter Startschub (wenn Flugzeug mit geringerem Gewicht startet, Raster 2)
– Steigflug (reduzierter Schub wegen Lärmvorschrift, Raster 3)
– Leerlauf (Raster 4)
– Umkehrschub (Raster 5)

Nachdem der Leistungshebel auf eine Rastermarkierung gesetzt wurde, übernimmt der Fadec-Regler die Berechnung des Schubes hinsichtlich minimalem Kraftstoffverbrauch und gibt die erforderlichen Befehle an das Triebwerk.

6.3.4 Anlaßvorgang

In der Leistungshebel-Stellung »Leerlauf« (ground idle) kann der Anlasser betätigt werden. Der Vorgang läuft vollautomatisch ab und wird im Fall der A320 vom Fadec-Regler gesteuert. Wahlweise können die einzelnen Schritte auch von Hand erfolgen, wobei das Triebwerk durch den Regler überwacht wird. Das Bedienfeld zum Anlassen befindet sich auf der Mittelkonsole in der Nähe der Leistungshebel (**Abb. 6-19**).

Die Anlaßbedienung ist denkbar einfach: Drehschalter nach rechts auf Zündung (Ignition, IGN), dann Hauptschalter für jedes Triebwerk auf »ON«. Der Fadec-Regler fährt automatisch das Startprogramm durch und veranlaßt folgendes:
– Öffnen des Startventils;
– Einschalten der Zündung nach Erreichen von 16% der Nenndrehzahl des Hochdruckrotors (N2);

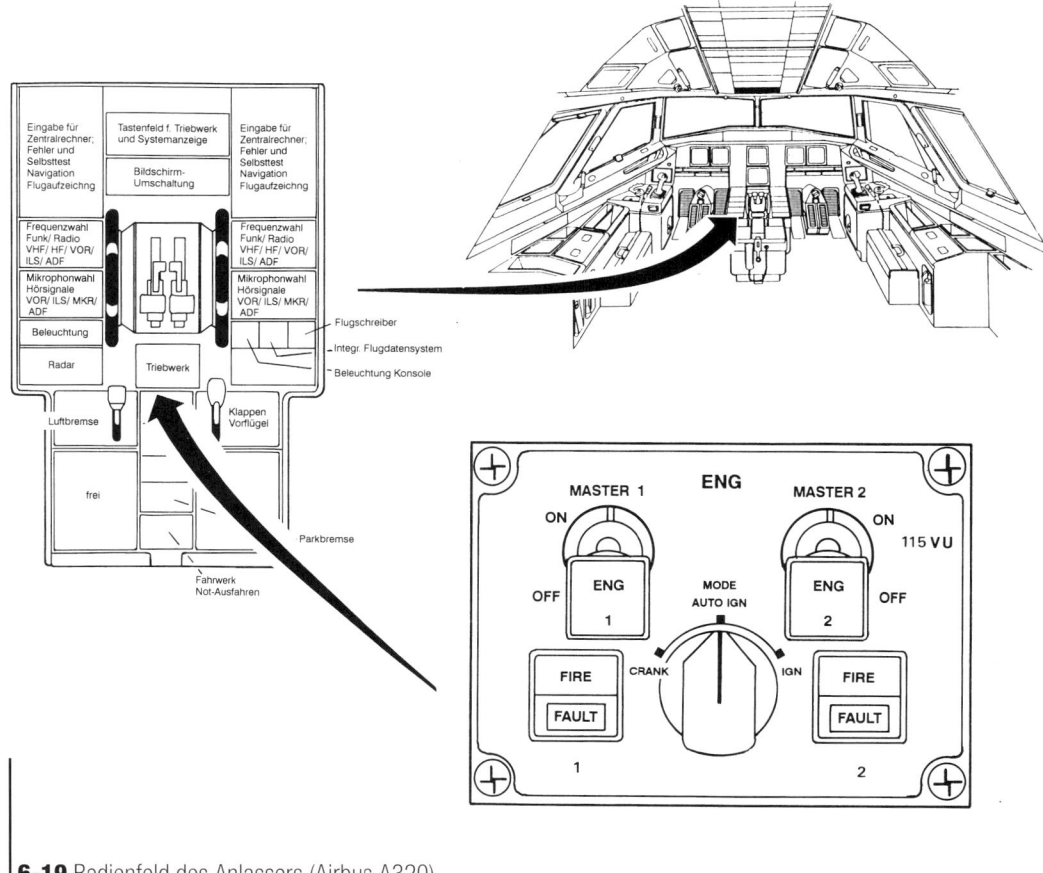

6-19 Bedienfeld des Anlassers (Airbus A320)

– Öffnen der Kraftstoffzufuhr nach Erreichen von 20% N2;
– Schließen des Startventils bei 50% N2, Abschalten der Zündung.

Danach ist das Triebwerk in der Lage, selbsttätig auf Leerlaufdrehzahl hochzufahren. Während des Anlaßvorgangs werden die Grenzwerte von Niederdruck- und Hochdruckrotor und die Abgastemperatur ständig überwacht, um Grenzwert-Überschreitungen zu verhindern. Die Zündung bleibt eingeschaltet, solange der Drehschalter auf »Zündung« steht; sie wird aus Sicherheitsgründen im Fluge automatisch mit der Triebwerk-Enteisung wieder eingeschaltet.

Der Anlasser dreht nur den Hochdruckrotor; der Niederdruckrotor wird durch den einsetzenden Luftstrom wie eine Windmühle mitgedreht.

Hoch- und Niederdruckrotor sind nur aerodynamisch, nicht mechanisch miteinander verbunden.

Wegen der kurzen Anlaßzeit im Vergleich zur Dauer eines Fluges ist die wichtigste Forderung an einen Anlasser die Erzeugung eines hohen Drehmoments bei geringem Gewicht. Diese Bedingung erfüllt der Luftturbinen-Anlasser, der aus einer hochtourigen Gleichdruck-Turbine, einem Untersetzungsgetriebe, Klinkenkupplung, Sperrventil sowie den zugehörigen Druckluft- und elektrischen Leitungen besteht. Das Untersetzungsgetriebe formt das niedrige Drehmoment bei hoher Drehzahl in ein hohes Drehmoment bei niedriger Drehzahl um. Der besondere Vorteil dieses Anlassers ist sein geringes Gewicht. Die große Luftmenge der Anlaßturbine wird vom Hilfstriebwerk (auxiliary power unit, APU) bereitgestellt.

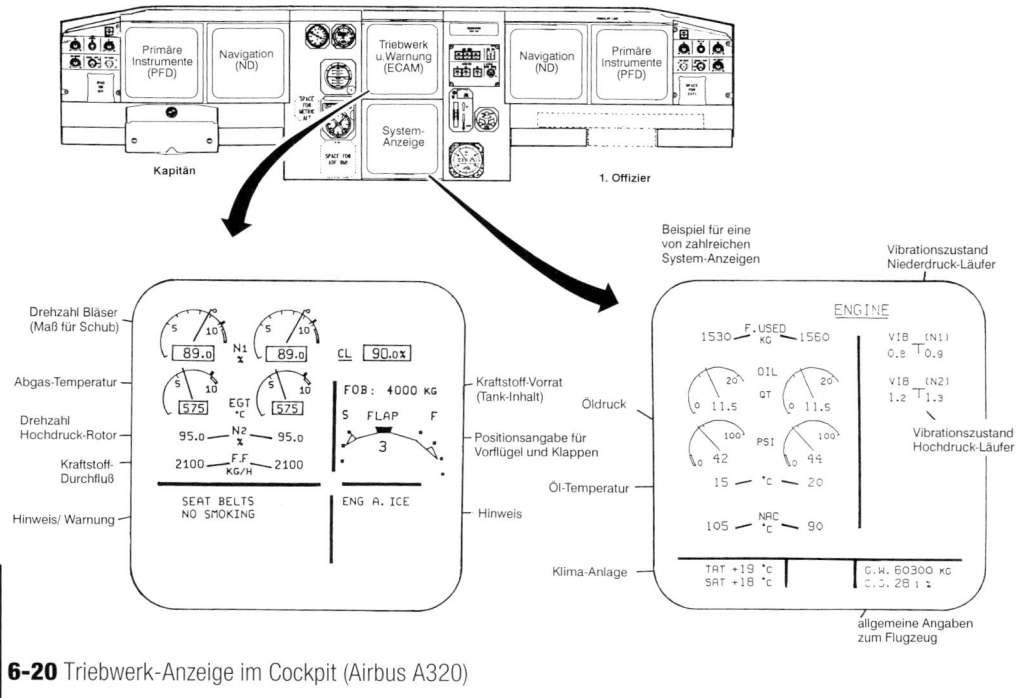

6-20 Triebwerk-Anzeige im Cockpit (Airbus A320)

6.3.5 Cockpit-Anzeige

Die Triebwerk-Anzeige erfolgt traditionell in der Mitte des Haupt-Anzeigefeldes und ist im Falle der A320 auf zwei Bildschirme verteilt (**Abb. 6-20**). Der obere Bildschirm stellt die primären Triebwerkdaten dar:

– Bläser-Drehzahl N1 als Maß des Schubes, in Prozent der Nenndrehzahl
– Abgastemperatur (exhaust gas temperature, EGT)
– Drehzahl N2 des Hochdruck-Rotors in Prozent
– Kraftstoff-Durchfluß für jedes Triebwerk

Zusätzlich werden Hinweise gegeben auf den verbleibenden Kraftstoff (fuel on board, FOB) sowie Angaben über den Zustand des Flugzeugs, die keinen Bezug zum Triebwerk haben (die Bildschirmtechnik macht's möglich). Der untere Bildschirm liefert überwiegend Anzeigen zum Zustand des Flugzeugs. Bezüglich des Antriebssystems werden Informationen gegeben über die verbrauchte Kraftstoffmenge, Öldruck, Öltemperatur und die Eintrittstemperatur am Einlauf.

6.4 Triebwerk-Zellen-Integration

Zu den schwierigen Aufgaben beim Entwurf eines Flugzeugs gehört die Suche nach einem widerstandsarmen Zusammenwirken von Triebwerk und Zelle. Insbesondere die komplizierte strömungsmechanische Wechselwirkung zwischen benachbarten Bauteilen muß verstanden und in eine technisch überzeugende Lösung umgesetzt werden. Obgleich in zunehmendem Maße hierfür rechnerische Verfahren eingesetzt werden, bildet das Experiment im Windkanal auch weiterhin einen unverzichtbaren Bestandteil des Entwurfs. Die gegenwärtig praktizierten Zuordnungen von Triebwerk und Zelle lassen drei technische Lösungsmöglichkeiten erkennen (**Abb. 6-21**):

– reine Unterflügel-Anordnung (für zwei- und vierstrahlige Flugzeuge der Mittel- und Langstreckenklasse)
– reine Heck-Anordnung (für zweistrahlige Flugzeuge der Mittelstreckenklasse)
– gemischte Heck- und Unterflügelanordnung (für dreistrahlige Flugzeuge der Langstreckenklasse)

6-21 Triebwerk-Anordnungen (Unterflügel: A300-600; Mischanordnung: DC-10)

Die mit der VFW-614 in den sechziger Jahren versuchte Überflügel-Anordnung hat sich dagegen nicht durchsetzen können.

Am weitesten verbreitet ist die Unterflügel-Anordnung, die zugleich die strömungstechnisch größte Herausfordrung darstellt. Diese Anordnung ist für die Struktur günstig, weil die schweren Triebwerke dort getragen werden, wo der Auftrieb entsteht. Das Biegemoment an der Flügelwurzel (beim Anschluß des Flügels an den Rumpf) ist relativ klein, woraus sich Vorteile für das Strukturgewicht ergeben. Wir werden uns im folgenden ausschließlich mit dieser Anordnung beschäftigen.

6.4.1 Gondelströmung

Strömungstechnisch ist die Unterflügel-Anordnung deshalb so schwierig, weil Triebwerk und Flügel in enger Nachbarschaft zueinander stehen und sich wechselseitig beeinflussen, wobei zusätzlicher Strömungswiderstand entsteht (Interferenz-Widerstand). Es gehört zur Aufgabe des Flugzeug-Entwurfs, diesen Widerstand – wie alle anderen Widerstandsquellen auch – so klein wie möglich zu halten.

Maßgeblich für die Interferenz mit dem Flügel ist die Verdrängungswirkung der Gondel und die Wirkung des Schubstrahls, weil die Gondel im Vorfeld des Flügels und ihr Abströmteil direkt unter dem Flügel liegt (**Abb. 6-22**). Die konstruktive Gestaltung des Abströmteils wirkt sich sowohl auf

die Höhe des Schubes als auch auf den Widerstand des Flugzeugs aus. Weil selbst kleine Verbesserungen zur Senkung des Kraftstoff-Verbrauchs und zur Reduzierung des Widerstandes beitragen, ist der Hersteller von Anfang an bestrebt, die Einflüsse des Antriebssystems auf den Widerstand zu ermitteln und Maßnahmen zur Widerstandsverminderung zu untersuchen.

Hoch-Bypass-Triebwerke besitzen im Reiseflug ein Austritts-Druckverhältnis des Bläserstrahls von etwa 2.4 (Verhältnis von Gesamtdruck am Bläseraustritt zu statischem Druck der Umgebungsluft). Dieses Druckverhältnis ist etwas größer als für das Erreichen von Schallgeschwindigkeit erforderlich (überkritisches Druckverhältnis). Das bedeutet, der Strahl erreicht beim Austritt aus der konvergenten Düse zwar Schallgeschwindigkeit (die höchste Geschwindigkeit, die mit einer konvergenten Düse erzielbar ist), aber sein statischer Druck ist höher als der Umgebungsdruck. Der Strahl ist daher nicht vollständig expandiert, man bezeichnet ihn als *unterexpandiert*. Beim Druckausgleich mit der Umgebung expandiert der Strahl entlang der Ummantelung des Gasgenerators weiter und erreicht durch Nachexpansion geringe Überschallgeschwindigkeit (etwa Mach 1.05 bis 1.2, **Abb. 6-22**). Je stärker der Strahl auf der Gondel expandieren kann, um so größer sind die Unterdrücke, die hierbei erzeugt werden. Da sich die Unterdrücke auf einem nach hinten konisch zulaufenden Heck absetzen, wirken sie als Wider-

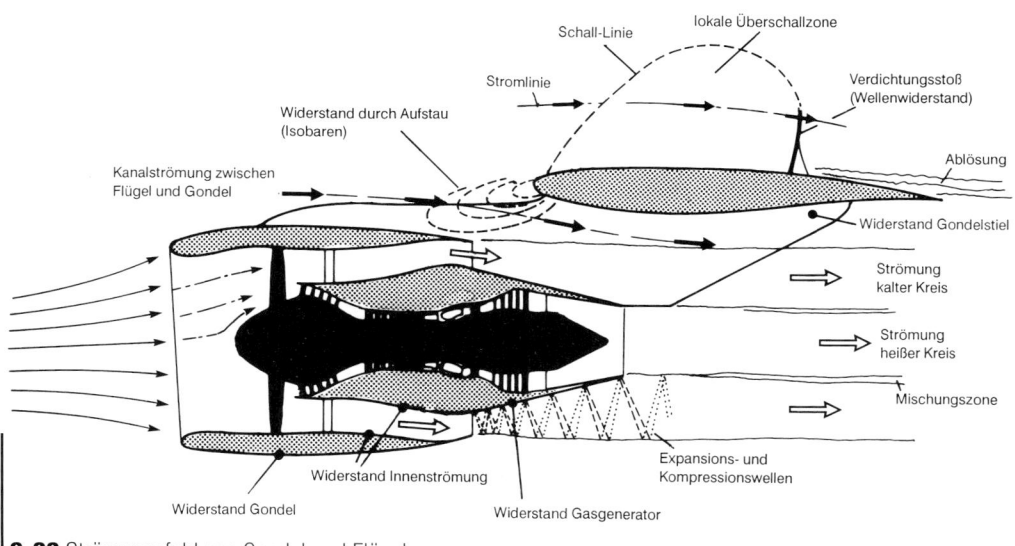

6-22 Strömungsfeld von Gondel und Flügel

stand entgegen der Schubrichtung. Ist die Kontur der Ummantelung des Gasgenerators konvex gekrümmt, kann die Expansion stärker erfolgen als auf einer geradlinigen Kontur, so daß hier eine der Möglichkeiten liegt, nachteilige Folgen der Überschallströmung auf der Gondel zu verringern. Der Druck, den der Überschallstrahl entlang der Ummantelung des Gasgenerators erzeugt, »pendelt« wellenförmig um den Druck der freien Atmosphäre, in die der Strahl austritt. Es handelt sich hierbei um ein typisches Merkmal einer Überschallströmung, bei der sich Expansion und Kompression abwechseln (Im Abgasstrahl einer Rakete oder beim Start eines Kampfflugzeugs mit Nachverbrennung lassen sich ähnliche Erscheinungen beobachten, die auf ein nicht-angepaßtes Druckverhältnis zurückzuführen sind). Die Folge sind Verdichtungsstöße und mögliche Strömungsablösungen bei der Rückführung auf Unterschall, die sich als Wellenwiderstand bemerkbar machen.

Der Widerstand, der vom Bläserstrahl auf dem Abströmteil der Gondel hervorgerufen wird, setzt sich daher aus folgenden Anteilen zusammen:
1. Druck- und Reibungswiderstand auf der konischen Ummantelung des Gasgenerators;
2. Wellenwiderstand, wenn die Strömung durch Verdichtungsstöße ablöst;
3. Druck- und Reibungswiderstand an der Triebwerk-Aufhängung (Pylon).

6.4.2 Wechselwirkung Flügel-Gondel

Die gegenseitige Beeinflussung von Triebwerk- und Flügelströmung ergibt sich aus ihrer engen Nachbarschaft zueinander, wobei die Gondel im Strömungsfeld des Flügels und der Flügel im Strömungsfeld der Gondel arbeitet. Daraus resultiert einerseits eine Beeinträchtigung der Flügel-Aerodynamik durch die Gondel und andererseits eine Verringerung des Schubes durch Rückwirkungen des Flügels. Bei einem Verkehrsflugzeug kann der Interferenz-Widerstand je Triebwerk drei bis vier Prozent des Flugzeug-Gesamtwiderstandes betragen.

Die Ermittlung der störenden Einflüsse verlangt Untersuchungen darüber, wie sich die Strömung an Flügel, Ummantelung des Gasgenerators, Bläserverkleidung und Pylon verhält, wenn bestimmte konstruktive Größen gezielt verändert werden, beispielsweise der Abstand Triebwerk/ Flügel oder die Neigung der Triebwerk-Achse. Hierfür sind umfangreiche Windkanalversuche erforderlich. Ohne auf Einzelheiten solcher Meßprogramme und ihrer Ergebnisse einzugehen, soll hier lediglich aufgezeigt werden, was prinzipiell untersucht wird und mit welchen Mitteln.

Am wichtigsten sind Druckverteilungsmessungen, die Aufschluß über die Strömung an den Wandungen geben und eine Identifizierung von

Ablösungen ermöglichen. Hierzu werden zahlreiche Druckbohrungen an Gondel, Pylon und Flügel-Unterseite benötigt, um ein möglichst lückenloses Bild der Strömung an den widerstandserzeugenden Bauteilen zu erhalten. Die räumliche Strömung wird mit Hilfe von Meßrechen punktweise abgetastet. Ergänzt werden die Messungen durch optische Verfahren wie Fädchen, Ölfilm, Rauch oder Strömungsbeobachtungen im Wasserkanal (**Abb. 6-23**).

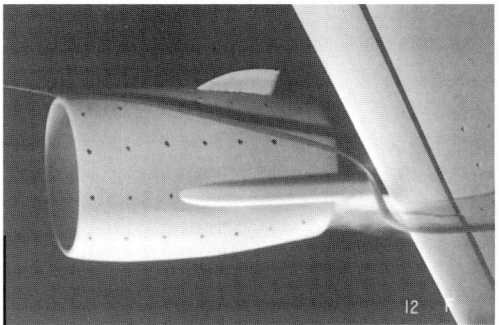

6-23 Sichtbarmachung der Strömung in einem Wasserkanal

Das Spektrum möglicher Konfigurationen, die untersucht werden, ist weitgespannt und hängt davon ab, ob ein Projekt völlig neu entworfen wird oder ob ein bestehendes Muster in seinem Widerstandsverhalten verbessert werden soll. Änderungen an einem existierenden Flugzeug sind nur beschränkt möglich, weil größere Umrüstungen praktisch unbezahlbar sind. Im übrigen hängen die zur Anwendung kommenden Maßnahmen erheblich von der jeweiligen Konfiguration ab. Verbesserungsfähig ist – wie an einem Beispiel demonstriert wurde – eine konvex gekrümmte Verkleidung des Gasgenerators, auf der sich hohe Unterdrücke absetzen können. Durch Umgestaltung in eine geradlinige Kontur lassen sich unerwünschte Übergeschwindigkeiten abbauen. Gleichzeitig wird der Bläserstrahl in Richtung Triebwerk-Achse verlagert, so daß der Strömungskanal zwischen der Gondel und der Flügel-Unterseite geräumiger wird.

Bei Neukonstruktionen wird die widerstandsgünstigste Anordnung ermittelt durch die Untersuchung zahlreicher Einflußgrößen, etwa

– Verändern der Gondelposition bezüglich Hoch- und Längslage;
– Gondelform (oben flach, unten bauchig);
– Abströmwinkel der Gasgenerator-Ummantelung (boat-tail);
– Pylonform (Gesaltung von Vorder- und Hinterkante);
– Anstellwinkel und Einzugwinkel der Gondel bezüglich der Rumpfachse;
– Modifizierung der Flügel-Druckverteilung.

6-24 Triebwerk-Simulation im Windkanal (Airbus A340 im DNW)

So vielfältig wie die Einflußgrößen sind auch die eingesetzten Windkanal-Modelle. Sie reichen von der einfachen *Durchflußgondel* (through-flow nacelle, TFN) über eine Simulation des Austrittsstrahls durch Preßluft bis zu einem turbo-getriebenen Miniaturtriebwerk (turbo-powered simulator, TPS; **Abb. 6-24**). Für den Vergleich der oftmals schwierig zu übertragenden Windkanal-Ergebnisse wird in seltenen Fällen die Messung von Drücken und die Sichtbarmachung der Strömung an einem Serienflugzeug durchgeführt.

Wegen der hohen Kosten, die mit Windkanalversuchen verbunden sind, wird intensiv an Rechenverfahren gearbeitet, die diese Aufgabe unterstützen können. Mit der Verfügbarkeit solcher Verfahren lassen sich gezielte Verbesserungen entwickeln, die dann im Windkanal überprüft werden. Erst Rechenverfahren schaffen die Möglichkeit, den Flügel so zu modifizieren, daß dessen Strömung die Gondel möglichst nicht »bemerkt«, so daß die Druckverteilung in Gegenwart der Gondel kaum von derjenigen des ungestörten Flügels unterscheidbar ist – eine Aufgabe, die weder der Windkanal noch die numerische Aerodynamik für sich allein lösen können, sondern erst die ergänzende Zusammenarbeit beider Disziplinen.

7

Baugruppen und Gewichte

Bereits in der frühen Konzeptphase eines Flugzeugs findet das Gewicht größte Beachtung. Eine möglichst genaue Vorhersage der Baugruppen-Gewichte ist ausschlaggebend für die Flugleistung, weil hiervon Startstrecken und Reichweiten abhängen (s. Kap. 9). Eine rigorose Gewichts-Überwachung soll das Erreichen der angestrebten Entwurfsziele sicherstellen. Gewichts-Überschreitungen führen zwangsläufig zur Leistungseinbuße und zur Unerfüllbarkeit abgegebener Leistungsgarantien.

Je nach Fortschritt eines Projektes erfolgt die Ermittlung des Gewichtes mit unterschiedlichen Methoden. Im frühen Entwicklungsstadium werden Gewichte mit relativ einfachen statistischen Verfahren berechnet. Solange eine gewisse Unsicherheit bezüglich der zugrunde gelegten Daten besteht, ist eine genaue Vorhersage ohnehin nicht möglich. Sobald jedoch die äußeren Abmessungen des Flugzeugs festliegen und die Änderungen nur noch gering sind, werden genauere Verfahren erforderlich, um den Einfluß von baulichen Änderungen auf das Gewicht zu ermitteln (halb-empirische Verfahren).

Wenn der Entwurf schließlich »eingefroren« ist, kommen genaue, aber auch teure analytische Verfahren zur Anwendung, die eine hohe Genauigkeit bezüglich der Gewichtsprognose versprechen. Die Genauigkeit bezüglich des Gewichts hat deshalb so hohe Bedeutung, weil hiervon die Leistungsgarantien des Flugzeugs abhängen, die lange vor dem Erstflug gegenüber den Fluggesellschaften verbindlich abgegeben werden. Eine spätere Nichteinhaltung der gegebenen Zusagen kann zu Schadenersatz in Millionenhöhe oder zur Stornierung eines Auftrags führen.

7.1 Hauptgruppen

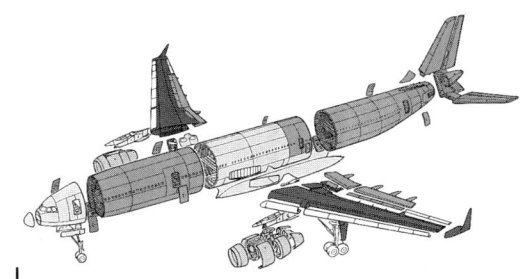

7-1 Aufteilung eines Flugzeugs in Baugruppen (Beispiel: Airbus A330)

Die Komplexität eines Flugzeugs macht als unerläßliche Grundlage für den Flugzeug-Entwurf ein Ordnungs-Schema erforderlich, welches das Flugzeug nach Hauptbaugruppen untergliedert. Hauptbaugruppen sind größere Einheiten, die ideenmäßig oder konstruktiv zusammengehören (**Abb. 7-1**). Ein derartiges Ordnungssystem dient dem Hersteller zur Kosten-Ermittlung, den Luftverkehrsgesellschaften zur Berechnung der Wirtschaftlichkeit und den Fachabteilungen für ihre spezifischen Aufgaben. Wir wollen die Grundzüge einer solchen Aufteilung kennenlernen, die sich an gängige Normen (DIN, ATA) und die Vorgehensweise in der Luftfahrt-Industrie anlehnt, ohne jedoch deren Ausführlichkeit bis hin zur letzten Einzelmasse anzustreben.

Ein Flugzeug läßt sich nach folgenden Masse-Hauptgruppen aufteilen:

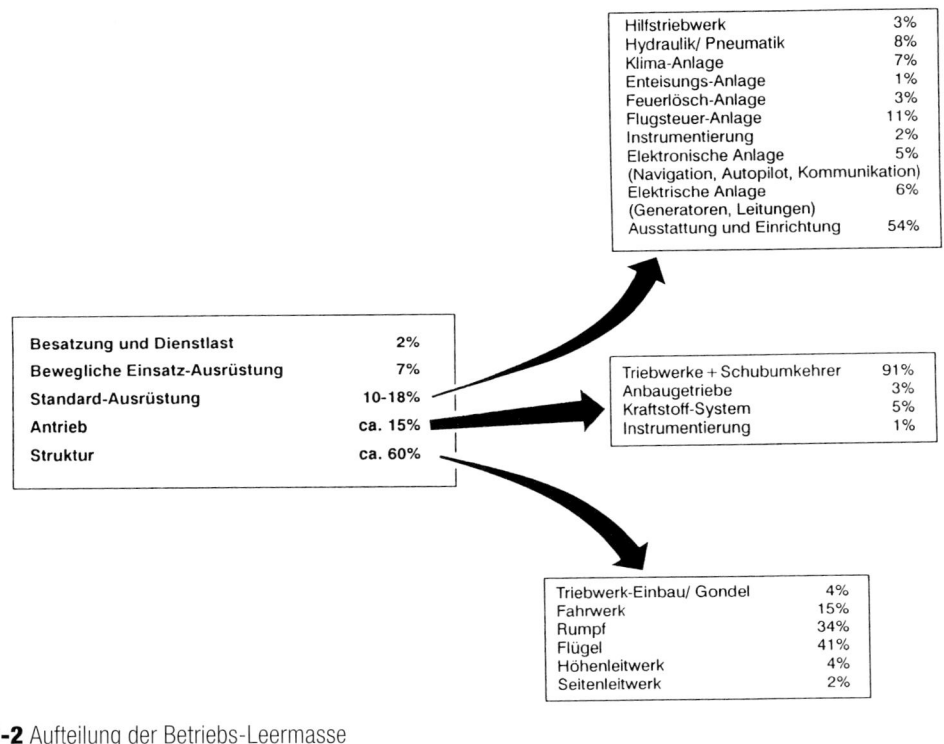

7-2 Aufteilung der Betriebs-Leermasse

- Struktur
- Antriebs-Anlage
- Standard-Ausrüstung
- Sonder-Ausrüstung
- bewegliche Einsatz-Ausrüstung
- Besatzung und Dienstlast
- Nutzlast
- Kraftstoff

Die Flugzeugmasse ohne Nutzlast und Kraftstoff bezeichnet man als *Betriebs-Leermasse* (operating empty mass, OEM, **Abb. 7-2**).

7.1.1 Struktur

Die Struktur eines Flugzeugs umfaßt alle Teile der Zelle, deren Hauptaufgabe darin besteht, Kräfte aufzunehmen und weiterzuleiten. Dazu gehören auch die äußeren Flächen (Beplankung) einschließlich der Steuerflächen. Die Struktur wiegt 25 Prozent des Abfluggewichts oder 50 Prozent des Leergewichts. Im wesentlichen umfaßt die Struktur folgende Baugruppen (**Abb. 7-2**):

- Flügel
- Rumpf
- Leitwerk
- Fahrwerk
- Gondel und Triebwerk-Aufhängung

Die Baugruppen sind weiter untergliedert nach Bauanteilen, die häufig an einzelne Hersteller im Unterauftrag vergeben werden. Besonders deutlich wird dies bei internationalen Programmen wie Airbus.

7.1.2 Antriebs-Anlage

Triebwerke sind schwere Maschinen, trotz aller Bemühungen um Gewichts-Einsparungen. Ein Triebwerk für die Boeing 747 wiegt 4 Tonnen bei einem Startschub von 20 Tonnen; das Schub-Gewichtsverhältnis beträgt somit 5:1. Auch bei kleineren Bläser-Triebwerken gilt durchweg ein Schub-Gewichtsverhältnis von 5:1 (s. Tabelle 6.1). Auch wenn der Flugzeug-Hersteller das Triebwerk-Gewicht nicht beeinflussen kann, ist eine genaue Kenntnis der Gewichts-Anteile erforderlich.

Die *Antriebs-Anlage*(propulsion system) wird in folgende Gruppen unterteilt (s. Kap. 6):
– Gasgenerator, bestehend aus Verdichter, Brennkammer, Turbine
– Bläser
– Abgas-System (Schubdüse und Schubumkehrer)
– Anbaugeräte und deren Antrieb
– Kraftstoff-Anlage (fuel system)
– Schmierstoff-Anlage
– Anlasser
– Triebwerk-Bedienungssystem

Für jede Einheit lassen sich typische Gewichte statistisch ermitteln oder vom Hersteller erfragen.

7.1.3 Standard-Ausrüstung

Die Standard-Ausrüstung (standard equipment) besteht aus der *Grundausrüstung*, die unbedingt erforderlich ist, und der *Zusatz-Ausrüstung*, die in das Ermessen des Herstellers fällt. Zur Standard-Ausrüstung gehören:
– Flugsteueranlage (flight control system), ohne Steuerflächen
– Hydraulik- und Pneumatik-Anlage
– Elektrische Anlage
– Elektronische Anlage
– Ausstattung und Einrichtung der Kabine (Bestuhlung, Küche, Gepäckablage)
– Toilette
– Klima-Anlage
– Enteisungs-Anlage

Die Standard-Ausrüstung wird als fester Bestandteil eines Flugzeugs angesehen. In diesem Zustand verlassen alle Flugzeuge desselben Typs das Werk.

7.1.4 Sonderausrüstung

Die *Sonder-Ausrüstung* (special equipment) basiert auf Kundenwünschen, die der Hersteller ergänzend zur Standard-Ausrüstung mitliefert, beispielsweise Musik-Anlage für die Passagiere, Bordkino, Außenanstrich des Flugzeugs.

7.1.5 Bewegliche Einsatz-Ausrüstung

Hierzu gehören Ausrüstungs-Gegenstände, die nicht zur sog. Leermasse zählen. Sie werden je nach Bedarf in unterschiedlichem Umfang mitgeführt und können auch fortgelassen werden. Beispiele:
– Sicherheits-Ausrüstung (Feuerlöscher, Schwimmwesten, Notrutschen);
– Frischwasser (ein Jumbo führt auf einem Transatlantikflug fast eine Tonne Wasser mit);
– zusätzliche Küchen- und Garderoben-Einrichtung;
– zusätzliche Ausstattung jeglicher Art (Schall- und Wärme-Isolierung, Innenverkleidung, Trennwände, Beschilderung);
– Container und Paletten sowie Halterungen und Rollen.

7.1.6 Besatzung und Dienstlast

Das Gewicht der Besatzung setzt sich zusammen aus dem Gewicht der Flugzeugführer (flight crew) und dem Gewicht des Kabinenpersonals (cabin crew), das für die Betreuung der Passagiere zuständig ist. Unabhängig von seiner Konstitution wird ein *Norm-Passagier* ohne Gepäck bei der Vereinigung europäischer Luftverkehrsgesellschaften (Association of European Airlines) mit 175 lb (79.4 kg, 77.9 daN) veranschlagt, das Normgepäck mit 45 lb (20.4 kg, 20 daN), zusammen also 220 lb. Airbus-Industrie legt bei seinen Rechnungen 210 lb (93.4 daN) zugrunde.

Zur Dienstlast gehört die bewegliche Küchen-Ausrüstung einschließlich Verpflegung und Getränken, aber auch das Gewicht der Flug-Unterlagen (Flug-Handbücher).

7.1.7 Nutzlast

Die Beförderung von Passagieren oder Fracht mit einer Geschwindigkeit, die kein anderes Verkehrsmittel bieten kann – dies ist die eigentliche Aufgabe des Luftverkehrs. Das »Beförderungsgut«, mit dessen Transport eine Gesellschaft Gewinn erwirtschaften muß, ist die *Nutzlast* (payload).

Die Einteilung der Flugzeugklassen erfolgt vorwiegend nach der Anzahl der Passagiere, die ein Flugzeug maximal aufnehmen kann. Der Hersteller macht den Luftverkehrsgesellschaften alternative Vorschläge zur Sitzaufteilung in der Passagierkabine, z.B.

– Maximalbestuhlung für Charterflüge (Economy),
– Mischbestuhlung für den Berufsverkehr (1.Klasse+Business +Economy),
– Mischanordnung für Passagiere und Fracht etc.

Wenn maximale Reichweiten nicht gefordert sind, kann durch Verringerung des mitgeführten Kraftstoffs die Nutzlast erhöht werden. Hierbei müssen jedoch Beladegrenzen und zulässige Schwerpunktlagen beachtet werden.

7.1.8 Kraftstoff

Als maximale Kraftstoffmenge gilt der nutzbare Anteil des Kraftstoffs, der sich aus dem zulässigen Fassungsvermögen der Kraftstoffbehälter ergibt (Ein geringer Teil des Kraftstoffs verbleibt in den Tanks und ist nicht nutzbar). Die Kraftstoffmenge, die für eine vorgegebene Flugstrecke benötigt wird, ist die *Mindestkraftstoffmenge*. Sie setzt sich aus folgenden Teilen zusammen:

– Streckenkraftstoff, der gemäß Flugplan für eine bestimmte Strecke verbraucht wird;
– *Ausweichkraftstoff* zum Anfliegen eines Ausweichflughafens;
– Kraftstoff für *Warteflug*.

Sodann gibt es den zusätzlichen Kraftstoff, der über die Mindestkraftstoffmenge hinausgeht.

Hierbei handelt es sich um diejenige Kraftstoffmenge, die bis zum Erreichen des zulässigen Startgewichts getankt werden kann. Dieser Wert ist etwa dann von Bedeutung, wenn in einem teuren Land nicht getankt werden soll.

Für das Warmlaufen der Triebwerke und das Rollen zum Startpunkt wird der *Rollkraftstoff* verbraucht. Das maximale Startgewicht darf am Flugsteig um das Gewicht des Rollkraftstoffs überschritten werden.

7.2 Massen- und Gewichtsdefinitionen

Standard-Leermasse

Ähnlich einer Standard-Ausführung beim Auto existiert auch beim Flugzeug eine Standard-Ausführung, jedoch mit dem Unterschied, daß das Flugzeug leer und zur Personenbeförderung noch ungeeignet ist. Gewichtsmäßig wird das Flugzeug in diesem Zustand als *Standard-Leergewicht* (manufacturer's empty weight, MEW) bezeichnet, nach neuem Sprachgebrauch auch als *Standard-Leermasse* (manufacturer's empty mass). Diese setzt sich zusammen aus Struktur, Antriebssystem, Standard-Ausrüstung und Masse-Abweichungen (**Abb. 7-3**). Hierin enthalten sind auch Flüssigkeiten in geschlossenen Anlagen (Hydraulik- und Enteisungsflüssigkeit, Schmierstoffe). Die Standard- oder Leermasse wird auch als »Trockenmasse« des Flugzeugs bezeichnet.

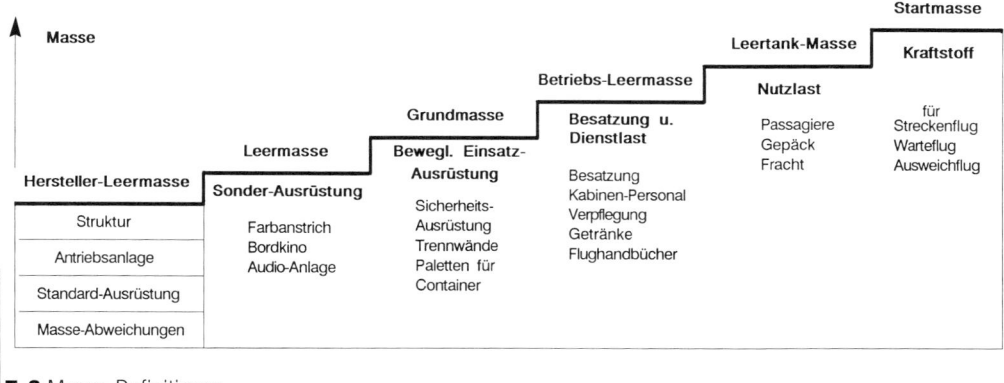

7-3 Masse-Definitionen

Leermasse

Von der Standard-Leermasse unterscheidet sich die *Leermasse* (empty mass nach DIN 9020, standard basic empty weight nach ATA 100) um die eingebaute Sonderausrüstung wie Feuerlösch-Einrichtung, strukturelle Aufnahmemöglichkeit für Bordküche und Bar und zusätzliche elektronische Ausrüstung (s. Kap. 7.1.4 und **Abb. 7-1**).

Die Leermasse ist das Flugzeug im fertig produzierten Zustand. Das Leergewicht (= Leermasse in Kilogramm mal Erdbeschleunigung $9.81 m/s^2$) wird durch Wägung festgestellt. Abweichungen zum rechnerischen Leergewicht müssen im Wägungsbericht festgehalten werden. Der Wägungsbericht enthält auch eine Liste aller zur Leermasse gehörenden Ausrüstungsgegenstände.

Die Leermasse ist für alle Flugzeuge desselben Typs identisch. Jede bauliche Veränderung am Flugzeug muß behördlich genehmigt werden, weil sich mit der Leermasse auch die Zuladung ändert.

Grundmasse

Die Grundmasse (basic mass) umfaßt die Leermasse und die bewegliche (= demontierbare) Einsatz-Ausrüstung. Jede Fluggesellschaft hat eigene Vorstellungen über Einrichtungen, die zur Leermasse hinzugefügt oder von ihr entfernt werden sollen (standard item variations, SIV; s. Kap. 7.1.5). Diese Maßnahmen fallen in ihren Verantwortungsbereich.

Betriebs-Leermasse

Das Flugzeug gilt bezüglich seines Gewichts bzw. seiner Masse als betriebsbereit (jedoch nicht als abflugbereit), wenn folgende Bestandteile zur Grundmasse hinzugerechnet werden:
– Besatzung und deren Gepäck
– Betriebshandbücher
– Verpflegung und Getränke für die Passagiere
– Wasser
– Schwimmwesten und sonstige Rettungseinrichtungen.

Die *Betriebs-Leermasse* (operating empty mass) ist die Masse des Flugzeugs *ohne* Passagiere (Nutzlast) und Kraftstoff.

Leertankmasse

Die Masse des beladenen Flugzeugs (Passagiere, Gepäck, Fracht), jedoch ohne Kraftstoff, ist die Leertankmasse (zero fuel mass, **Abb. 7-1**). Der Hersteller legt in Übereinstimmung mit den Bauvorschriften die höchstzulässige Leertankmasse fest, um eine Überbeanspruchung der Struktur zu vermeiden. Die Leertankmasse ist begrenzt veränderbar, da Nutzlast gegen Kraftstoff ausgetauscht werden kann, beispielsweise weniger Passagiere zur Erzielung größerer Reichweiten oder mehr Passagiere auf Kurzstrecken.

Startmasse

Die Startmasse (operational take-off mass) ist die Masse des Flugzeugs zu Beginn des Startvorgangs und umfaßt die Leermasse plus Zuladung, jedoch ohne Rollkraftstoff. Für den Festigkeitsnachweis der Struktur wird eine *Bemessungs-Startmasse* (design take-off mass) als höchstzulässige Masse zu Beginn des Startvorgangs zugrunde gelegt.

Rollmasse

Vor Startbeginn hat das Flugzeug das höchste Gewicht. Bei Bewegungen am Boden treten Belastungen auf, die vom Fahrwerk, den Bremsen und der Struktur ohne Schaden verkraftet werden müssen (**Abb. 7-4**). Zu diesem Zweck wird eine höchstzulässige Rollmasse verbindlich festgelegt und in den Betriebsanweisungen dokumentiert.

7-4 Größte Masse: Boeing 747 rollt zum Start

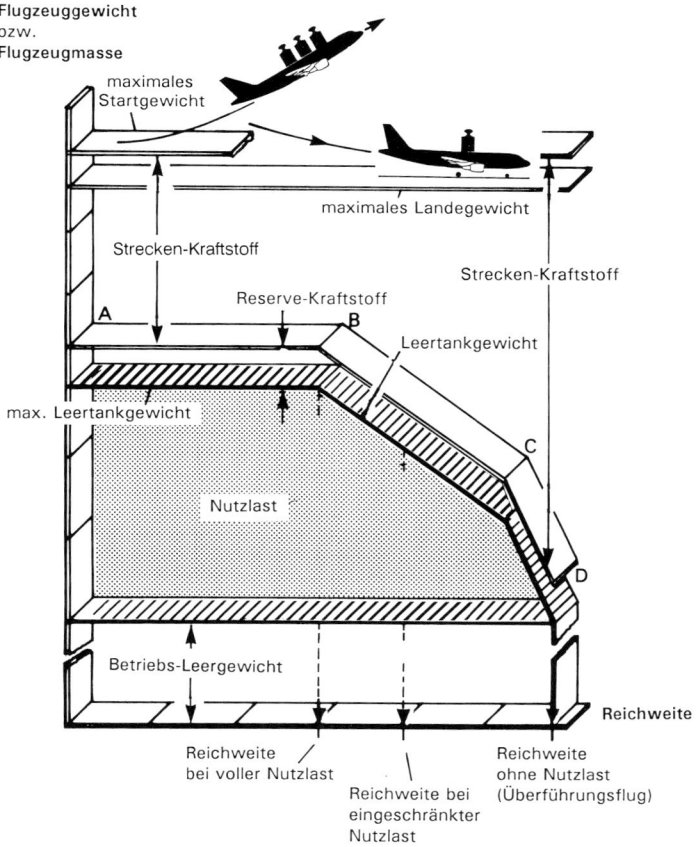

7-5 Nutzlast-Reichweiten-Diagramm

7.3 Nutzlast und Reichweite

Aus den zuvor beschriebenen Massen und den daraus resultierenden Gewichten sowie den Vorschriften des Flugbetriebs wird die Nutzlast in Abhängigkeit von der Reichweite ermittelt (**Abb. 7-5**).

Auf kürzeren Strecken kann die volle Nutzlast mitgeführt werden (**Abb. 7-5**, Linie A-B). Bis zum höchstzulässigen Landegewicht kann darüber hinaus zusätzlicher Kraftstoff getankt werden. Für längere Strecken wird jedoch mehr Kraftstoff benötigt, so daß weniger Nutzlast befördert werden kann. Eine weitere Begrenzung der Nutzlast ist durch das Fassungsvermögen der Kraftstofftanks gegeben (**Abb. 7-5**, Linie C). Eine Steigerung der Reichweite ist nur möglich durch Verringern des Startgewichts, was bei vollen Tanks weniger Nutzlast bedeutet. Schließlich wird ein Zustand erreicht, bei dem keine Nutzlast mehr befördert werden kann (**Abb. 7-5**, Linie D). Dieser Bereich ist von praktischer Bedeutung bei Überführungsflügen.

8

Cockpit und Instrumentierung

In den achtziger Jahren hat das Cockpit in Verkehrsflugzeugen weitreichende Veränderungen erfahren. Die Entwicklung der Digitaltechnik und der integrierten Schaltungen führte dazu, daß der Pilot nicht mehr unmittelbar auf die verschiedenen Steuerorgane wie Leitwerk, Auftriebshilfen, Spoiler und Querruder Einfluß nimmt (etwa durch Seilzüge), sondern über elektronische Rechner und elektrische Systeme. In dem Maße, in dem der Pilot durch Computer von Routinearbeiten entlastet werden konnte, hat sich auch die Konzeption der Bedien- und Anzeige-Instrumente im Cockpit gewandelt. Die neuen Möglichkeiten der Flugzeugführung durch die Elektronik, die ihren sichtbaren Ausdruck durch Anzeigeverfahren in Form von Farbbildschirmen gefunden haben, stellen den größten technologischen Fortschritt im Flugzeugbau seit den siebziger Jahren dar, als überkritische Profile und Hochbypass-Triebwerke eingeführt wurden.

Das volldigitale System des modernen Cockpits ist hinsichtlich der Informations-Darstellung und -Verarbeitung keinerlei Beschränkungen unterworfen: per Bildschirm läßt sich praktisch alles darstellen. Schon aus diesem Grund müssen sich Flugzeughersteller und Fluggesellschaften mehr denn je darüber verständigen, welche Informationen für einen Piloten erforderlich sind, um das Fliegen noch sicherer zu machen. Das Vertrauen in die neue Technologie verlangt zugleich neue Sicherheits-Standards. Hierzu gehört, daß in sicherheitskritischen Systemen mehrere Rechner gleichzeitig arbeiten, die von unterschiedlichen Herstellern stammen müssen. Bei Ausfall eines Rechners soll der parallel arbeitende Rechner dessen Funktion übernehmen und so verhindern, daß ein gesamtes System lahmgelegt werden kann.

Als richtungweisend für die gewandelten Beziehungen zwischen Pilot und Flugzeug gilt das Cockpit der A320 (**Abb. 8-1**). Auch die übrigen großen Flugzeug-Hersteller verwenden inzwischen ähnliche Cockpit-Gestaltungen.

8.1 Die Pilotenkanzel der A320

8-1 Cockpit A320

Das Cockpit aller modernen Mittel- und Langstreckenflugzeuge der neuen Generation weist folgende Gemeinsamkeiten in der Gestaltung auf:
- das Flugzeug ist für eine Bedienung durch zwei Personen ausgelegt (der früher übliche Flugingenieur ist mit der Einführung von Computern entbehrlich geworden);
- das zentrale Instrumentenbrett besitzt anstelle herkömmlicher Zeiger-Instrumente nunmehr Bildschirme, wie sie vom Computer bekannt sind;

– die bislang verwendeten Kippschalter wurden weitgehend durch übersichtliche Drucktasten ersetzt.

Die funktionale Gestaltung des Cockpits soll die Arbeitsbelastung der beiden Besatzungsmitglieder verringern und die Zusammenarbeit zwischen Mensch und Maschine erleichtern. Welche Lösungen die Konstrukteure erdacht haben, soll am Beispiel der A320 aufgezeigt werden.

Auch in relativ kleinen Flugzeugen wie der A320 wirkt das Cockpit geräumig (**Abb. 8-1**). Hierzu trägt das Fehlen von konventionellen Steuersäulen bei, die durch seitlich angeordnete Steuergriffe ersetzt wurden. Die Verwendung seitlicher Steuergriffe ermöglicht beiden Piloten uneingeschränkte Sicht auf die Instrumententafel. Seitensteuergriffe haben sich in der Raumfahrt und in der Militärluftfahrt bereits seit Jahren bewährt und wurden mit der A320 erstmals in die Zivilluftfahrt eingeführt.

Auffällig ist die Instrumententafel mit sechs Bildschirmen und nur 12 herkömmlichen Zeiger-Instrumenten, gegenüber 35 bei der A310 und 42 bei der Boeing 737-300. Alle Anzeigen erfolgen auf Bildschirmen; die verbleibenden elektromechanischen Instrumente dienen als notwendige Sicherheitsreserve bei Ausfall der elektronischen Anzeige.

Die Mittelkonsole enthält die Wählhebel für den Triebwerkschub, die Triebwerkbedienung, die Handräder für die Trimmung und die Navigationsanlage. Diese Anordnung ist eher konventionell und auch aus früheren Flugzeugen bekannt. Die Deckenschalttafel enthält jetzt diejenigen Funktionen, die zuvor der dritte Mann im Cockpit (der Flugingenieur) wahrzunehmen hatte.

8.2 Elektronisches Instrumentensystem

Für die Darstellung von Fluginformationen ist eine elektronische Anlage erforderlich, die Flugdaten bildschirmgerecht aufbereitet und zur Anzeige bringt. Zu dieser Anlage gehören Computer, Bildschirme, Zuleitungen, Bedien-Einrichtungen sowie Rechnerprogramme, die Informationen verarbeiten und in lesbare Signale umsetzen können. Verlangt wird einfachste Bedienung und zuverlässiges Funktionieren. Bei Airbus heißt diese Anlage *Elektronisches Instrumentensystem* (Electronic Instrument System, EIS). Es besteht aus zwei Untersystemen, dem Fluginstrumenten-System und dem Überwachungssystem. Das elektronische Fluginstrumenten-System (Electronic Flight Instrument System, EFIS) dient der Anzeige der *primären* Fluginstrumente (Fluglage, Richtung, Geschwindigkeit) und der Navigation (Kompaßrose). Die Darstellungen entsprechen in ihrer Form den bewährten Anzeigen herkömmlicher elektromechanischer Geräte (**Abb. 8-2**). Das elektronische Fluginstrumenten-System (EFIS) der A320 umfaßt folgende Elemente:

– je ein Bildschirm zur Darstellung der Primär-Instrumente für Kapitän und ersten Offizier (Primary Flight Display, PFD);
– je ein Bildschirm zur Darstellung der Kompaßrose (Navigation Display, ND);
– je eine Bedientafel links bzw. rechts neben dem Primär-Bildschirm;
– drei Computer für die Ansteuerung der Bildschirme, wobei der dritte Computer bei Ausfall der beiden anderen Computer einspringt (Display Mangement Computer, DMC).

Das elektronische Überwachungssystem (Electronic Centralized Aircraft Monitor System, ECAM) zeigt den Zustand der Triebwerke und wahlweise den Zustand zahlreicher Flugzeug-Systeme wie Kraftstoffverbrauch und verbleibender Kraftstoff, Klappenstellung, elektrisches System, Klima-Anlage, Kabinendruck, Hydraulik etc. Dieses System umfaßt bei der A320 folgende Baugruppen:

– ein Bildschirm für Triebwerk-Überwachung und Warn-Anzeige (oberer Bildschirm über der Mittelkonsole, **Abb. 8-2**);
– ein Bildschirm für Status-und System-Anzeigen (unterer Bildschirm);
– eine Bedientafel;
– zwei Computer für Warnanzeigen (Flight Warning Computer, FWC);
– zwei Computer für Daten-Erfassung (Systems Data Acquisition Concentrator, SDAC).

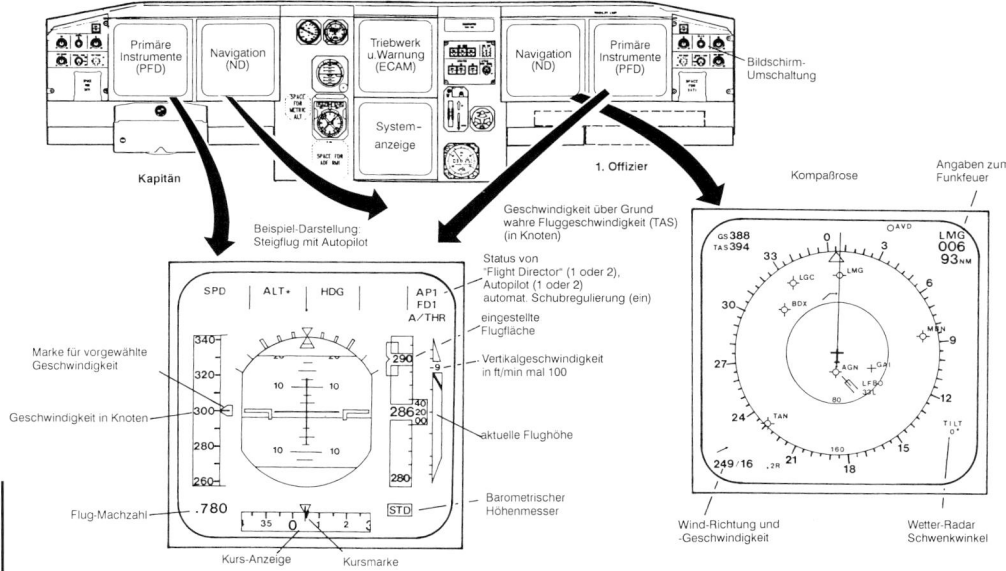

8-2 Elektronisches Instrumentensystem (Airbus A320)

Die Darstellung auf den Bildschirmen ist mehrzweckgeeignet und liefert im Normalfall nur Informationen, die für die jeweilige Flugphase notwendig sind. Der Pilot kann jedoch in das festgelegte Programm eingreifen und per Tastendruck beliebige Anzeigen aufrufen, ändern oder löschen.

8.3 Elektrische Flugsteuerung

Eine *Flugsteuer-Anlage* (flight control system) hat die Aufgabe, Steuerbefehle des Piloten zur Lageänderung des Flugzeugs an die betreffenden aerodynamischen Steuerflächen (Höhenruder, Seitenruder, Querruder, Klappen) weiterzuleiten und deren Verstellung zu veranlassen (**Abb. 8-3**). Dies geschah bislang über die klassische Steuersäule (Höhenruder, Querruder) und über Fußpedale (Seitenruder). Die Befehle wurden über Seilzüge bis an die Steuerorgane geleitet. Das System funktionierte mit großer Sicherheit, war aber relativ schwer und wartungsintensiv.

Die Digitaltechnik ersetzte die mechanische durch eine *elektrische* Flugsteuerung. An die Stelle von Seilzügen, Umlenkrollen und Spannfedern

traten Computer und elektrische Signalleitungen. Die hydraulischen Betätigungsorgane werden nunmehr elektrisch angesteuert (Fly-by-Wire, FBW).

Elektrische Flugsteuerungen werden seit längerem in der Raumfahrt und im Kampfflugzeugbau eingesetzt. In der Zivilluftfahrt erfolgte dies erstmals bei der A320, wobei Erfahrungen mit der Concorde und der A310 (dort elektrische Ansteuerung der Spoiler) genutzt werden konnten. Bei der A320 arbeitet die elektrische Flugsteuerung mit zwei voneinander unabhängigen Signalsystemen: zwei Computer besorgen die Nick- und Rollsteuerung (wirken also auf Höhen- und Querruder), zwei weitere Computer sind für die Spoiler zuständig, haben aber auch Zugriff auf das Höhenruder; ein fünfter Computer hält sich im Hintergrund bereit, falls ein Rechner ausfällt (**Abb. 8-3**). Für den ersten Computer hat sich Airbus den Namen Elac einfallen lassen (elevator and aileron computer), für den zweiten den Namen Sec (spoiler/elevator computer). Der Entwurf beider Rechner erfolgte unabhängig voneinander, beide Ingenieurgruppen durften nicht miteinander kommunizieren. Die Mikroprozessoren (Chips) sind ebenfalls unterschiedlich: der Elac-Rechner verwendet den 68000- Mikroprozessor von Motorola, der

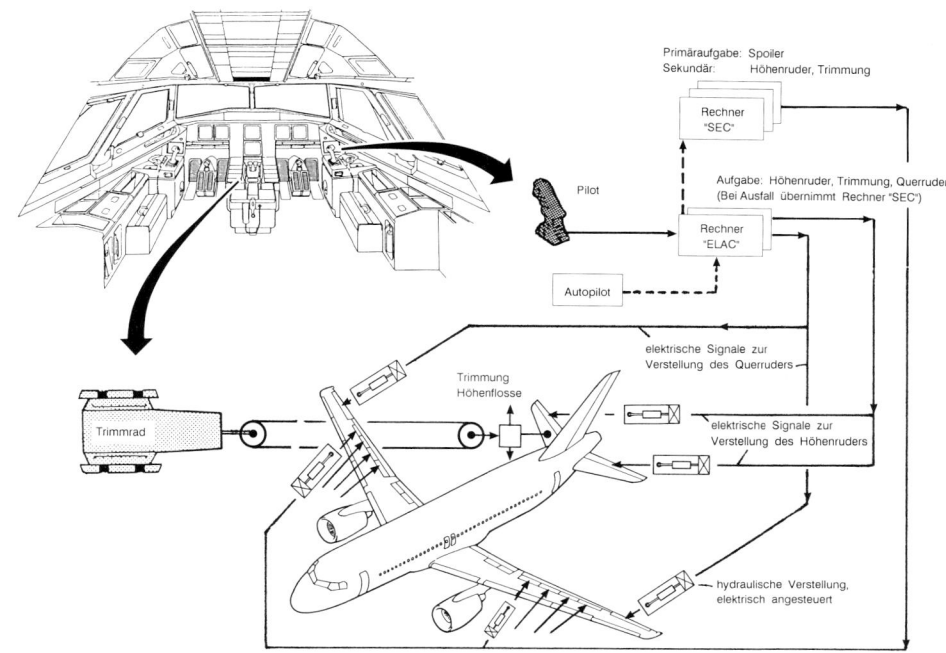

Primäraufgabe: Spoiler
Sekundär: Höhenruder, Trimmung

Rechner "SEC"

Aufgabe: Höhenruder, Trimmung, Querruder
(Bei Ausfall übernimmt Rechner "SEC")

Rechner "ELAC"

Pilot

Autopilot

elektrische Signale zur
Verstellung des Querruders

Trimmung
Höhenflosse

Trimmrad

elektrische Signale zur
Verstellung des Höhenruders

hydraulische Verstellung,
elektrisch angesteuert

8-3 Elektrische Flugsteuerung (Airbus A320)

Sec-Rechner den 80000-Mikroprozessor von Intel. Jeder Computer besitzt zwei Kanäle: ein Kanal sendet Befehle zum Verstellen der Steuerflächen, der zweite Kanal kontrolliert das Ergebnis. Stimmen Befehl und Ergebnis nicht überein, schaltet der Rechner ab. Jeder Computer hat die Fähigkeit zur Selbstüberwachung und meldet Störungen seines Zustandes, der Stromversorgung oder der Eingangssignale an das Cockpit.

Die Funktionsvielfalt der Rechner ist immens. Das Flugzeug kann nach Steuergesetzen geflogen werden, die den gesamten Flugbereich optimieren und die Flug-Eigenschaften verbessern. Durch Computer wird verhindert, daß das Flugzeug zu schnell oder zu langsam fliegt; der überzogene Flugzustand ist unmöglich, die Zelle kann nicht überdehnt werden; die Triebwerke liefern in jeder Flugphase den richtigen Schub bei günstigstem Verbrauch.

Das elektrische Flugsteuersystem vereinfacht zugleich das Zusammenspiel mit der automatischen Selbststeueranlage (Autopilot), die bei Streckenflügen die Routinearbeiten des Piloten übernimmt. Die Aufgabe des Piloten besteht weit-

gehend in der Überwachung des Systems »Flugzeug«. Allerdings: eine zu weitgehende Übertragung von wichtigen Funktionen an einen Computer birgt auch ein gewisses Risiko und ist in der Fachwelt nicht unumstritten.

9
Flugleistung

Jede Fluggesellschaft steht eines Tages vor der Entscheidung, veraltetes Gerät auszumustern und durch neue Flugzeuge zu ersetzen. Für erfolgreiche Fluggesellschaften kann sich auch die Frage stellen, mit welchen Flugzeugtypen ein bestehender Flottenpark am besten zu erweitern ist. Es sind daher einerseits die Fluggesellschaften, die der Industrie gegenüber ihren Bedarf äußern und diese auffordern, für ein spezielles Streckennetz einen geeigneten Flugzeugtyp zu entwickeln. Andererseits ist es die Flugzeugindustrie, die auf der ständigen Suche nach Marktchancen von sich aus neue Flugzeugmuster vorschlägt und diese den Luftverkehrsgesellschaften anbietet. Was immer der Grund für das Entstehen eines neuen Flugzeugtyps sein mag, so haben doch alle Entwürfe stets das Ziel, eine aus Passagieren oder Fracht bestehende »Nutzlast« über eine vorgegebene Strecke zu befördern.

Aber nicht nur das. Ein Luftverkehrsunternehmen muß mit dem neuen Fluggerät auch Gewinn erwirtschaften, will es nicht Gefahr laufen, vom Markt verdrängt zu werden. Die Beförderung muß daher kostengünstig sein. Die Voraussetzung dafür, ob ein geplantes Flugzeug kostengünstig betrieben werden kann, hängt in entscheidendem Maße von seiner Flugleistung (performance) ab. Jeder Flugzeughersteller besitzt eine eigene Fachabteilung, die sich ausschließlich mit der Flugleistungsermittlung befaßt. Ihre Ergebnisse dienen dem Hersteller in der Anfangsphase eines Projektes dazu (wenn das Flugzeug erst auf dem Papier existiert), die Leistungsfähigkeit des geplanten Flugzeugs zu beurteilen, notwendige Verbesserungen zu veranlassen und Garantien gegenüber zukünftigen Betreibern abzugeben, damit diese ihre Wirtschaftlichkeitsberechnungen anstellen können. Was der Flugzeug-Hersteller den Fluggesellschaften letztlich anbietet, ist Flugleistung. Erweisen sich die Versprechungen als zu optimistisch und erfüllt das Flugzeug später die Erwartungen hinsichtlich seiner Leistungsfähigkeit nicht, können Konventionalstrafen in Millionenhöhe fällig werden. Denn in der Regel erfolgen die ersten Bestellungen Jahre vor dem Erstflug, und eine Fluggesellschaft legt sich bei Kaufpreisen von 50 bis 150 Millionen Dollar pro Flugzeug finanziell langfristig fest.

Eine weitere entscheidende Aufgabe, die die Flugleistungsabteilung eines Herstellers erfüllt, hängt mit der behördlichen Zulassung eines neuen Flugzeugmusters zusammen. Um für den Luftverkehr zugelassen zu werden, muß jedes Flugzeug festgelegte Vorschriften erfüllen, die während der Flug-Erprobung nachzuweisen sind. Die Flugleistungsabteilung prüft, ob die ausgewerteten Flugversuchsdaten mit den Vorhersagen übereinstimmen und zugleich die Vorschriften erfüllen. Dies geschieht mit eigens hierfür erstellten Rechenprogrammen, die die Zulassungsvorschriften enthalten und den jeweiligen Entwicklungsstand des zu prüfenden Flugzeugs berücksichtigen. Erst wenn der Nachweis erbracht ist, daß Rechenmodell und Flugversuch übereinstimmen, geben die Zulassungsbehörden ihr »ok«. Die solchermaßen behördlich abgesegneten Daten finden sodann ihren Niederschlag im Flughandbuch (Flight Manual), das als offiziell bestätigtes Dokument Aufschluß über die Flugleistung gibt. Hiervon abgeleitet wird das Betriebshandbuch (Flight Crew Operating Manual, FCOM), das die Besatzungen in der täglichen Praxis an Bord benötigen, beispielsweise um erforderliche Startstrecken zu ermitteln.

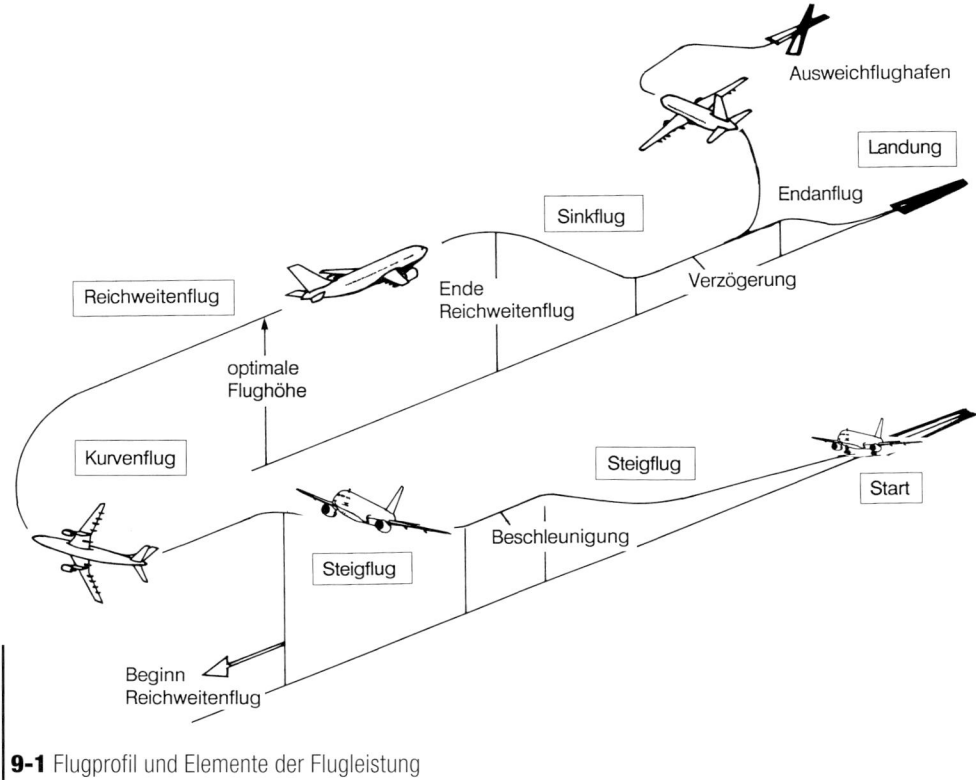

9-1 Flugprofil und Elemente der Flugleistung

9.1 Elemente der Flugleistung

Sämtliche während des Entwurfsprozesses durchgeführten Untersuchungen – theoretische Rechnungen oder Windkanalversuche – sollen letztlich die Frage beantworten: Was kann das zukünftige Flugzeug? Wie gut sind seine Leistungen im Vergleich zu anderen konkurrierenden Mustern? Lassen sich die gestellten Forderungen erfüllen?

Als Antwort erwartet man zahlenmäßige Angaben etwa folgender Größen:
–   Reichweite bei vorgegebener Passagierzahl oder Nutzlast
–   Höchstgeschwindigkeit
–   Kraftstoffverbrauch
–   Startstrecke, abhängig vom Abfluggewicht
–   erforderliche Landebahnlänge
–   Steiggeschwindigkeit, Steigzeit
–   Verhalten bei Triebwerkausfall

Mit diesen Angaben läßt sich sodann ein vollständiger Flug – vom Start bis zur Landung – hinsichtlich zurückgelegter Flugstrecke, benötigter Flugzeit und verbrauchtem Kraftstoff nachbilden. Wir wollen uns einen solchen typischen Flug näher ansehen (**Abb. 9-1**).

Jeder Flug setzt sich aus einzelnen, klar abgrenzbaren Elementen zusammen. Das beginnt schon an der Abfertigungsrampe, wo das aufgetankte und mit Passagieren und Fracht beladene Flugzeug auf seine Rollfreigabe wartet. Nach der Rollfreigabe werden die Triebwerke angelassen, das Flugzeug rollt zum Startpunkt. Dort angekommen, ist der Rollkraftstoff aufgebraucht (beim Airbus A310 etwa 900 kg Masse). Das Flugzeug darf nun höchstens so schwer sein wie das maximal zulässige Startgewicht.

Nach erfolgter Startfreigabe werden die Triebwerke hochgefahren, das Flugzeug beschleunigt auf die erforderliche Startgeschwindigkeit, hebt ab und beginnt seinen Steigflug. Der Steigflug setzt sich üblicherweise aus zwei Segmenten zusam-

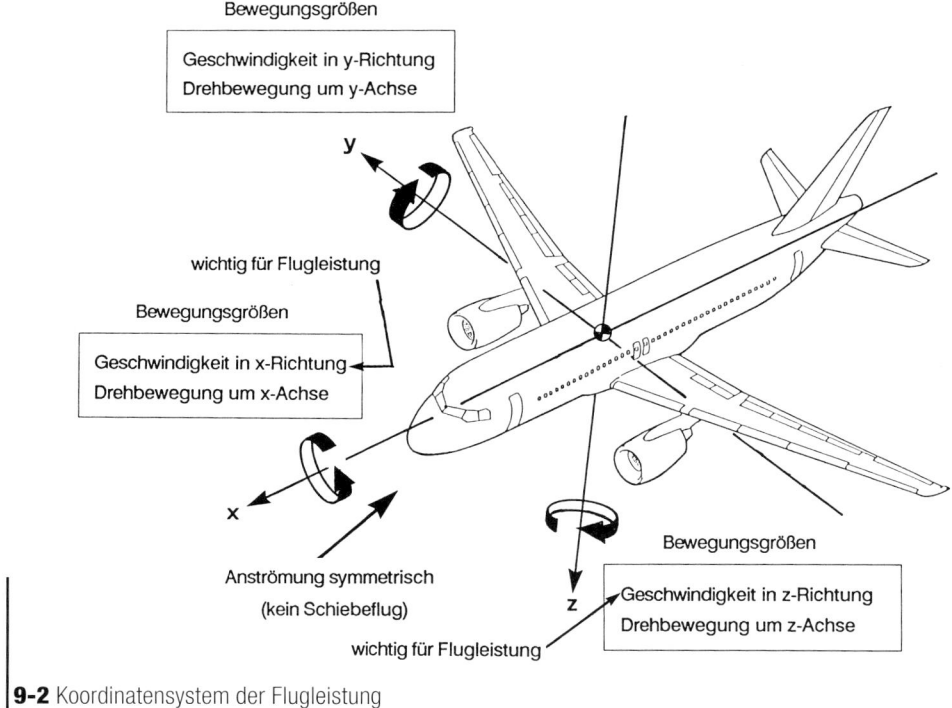

9-2 Koordinatensystem der Flugleistung

men, mit einer dazwischenliegenden Beschleunigungsstrecke, die ohne Steigen erfolgt.

Mit dem Erreichen der Reiseflughöhe beginnt der *Reichweitenflug* (Reiseflug, engl.: cruise). Dieser Zustand entspricht dem *Auslegungspunkt* (design point) des Flugzeugs und ist gekennzeichnet durch eine optimale Flug-Machzahl und Flughöhe sowie günstigsten Kraftstoffverbrauch. Die Dauer des Reiseflugs richtet sich nach der Flugstrecke, wobei zwischen Kurz-, Mittel- und Langstrecke unterschieden wird.

Das Ende des Reisefluges (oftmals 100 bis 200 Kilometer vor dem Zielflughafen) beginnt mit dem Verlassen der Reiseflughöhe und dem Einleiten des *Sinkflugs* (descent). Um hierbei die zulässige Höchstgeschwindigkeit nicht zu überschreiten, werden die Triebwerke gedrosselt und die Luftbremsen – falls erforderlich – ausgefahren; die Reiseflug-Machzahl wird zunächst beibehalten. Danach erfolgt der weitere Abstieg als Verzögerungsflug unter Abbau von Höhe und Geschwindigkeit.

Sodann erfolgt der *Endanflug* (final approach). Hierbei werden die Klappen gesetzt, die Fahrt wird verringert und mit dem Triebwerkschub korrigiert.

Den Abschluß des Fluges bildet die *Landung* mit Abfangen, Ausschweben und Abbremsen sowie Rollen bis zum Stillstand.

In dieser gedrängten Auflistung sind uns die wesentlichen Elemente der Flugleistung begegnet:

– Start
– Steigflug
– Reichweitenflug (= Reiseflug)
– Sinkflug
– Landung

Darüber hinaus enthält jeder Flug auch Kurvenabschnitte.

Grundsätzlich wird bei der Ermittlung der Flugleistung der Hochgeschwindigkeitsflug vom Niedergeschwindigkeitsflug unterschieden. Zum *Hochgeschwindigkeitsflug* gehören Reiseflug, Steigflug und Sinkflug (Gleitflug), zum *Niedergeschwindigkeitsflug* Start und Landung. Die unterschiedlichen Geschwindigkeitsbereiche bedingen unterschiedliche Flugzeug-Konfigurationen (gekennzeichnet durch Klappenstellung, Schub, Fahrwerk ein- oder ausgefahren).

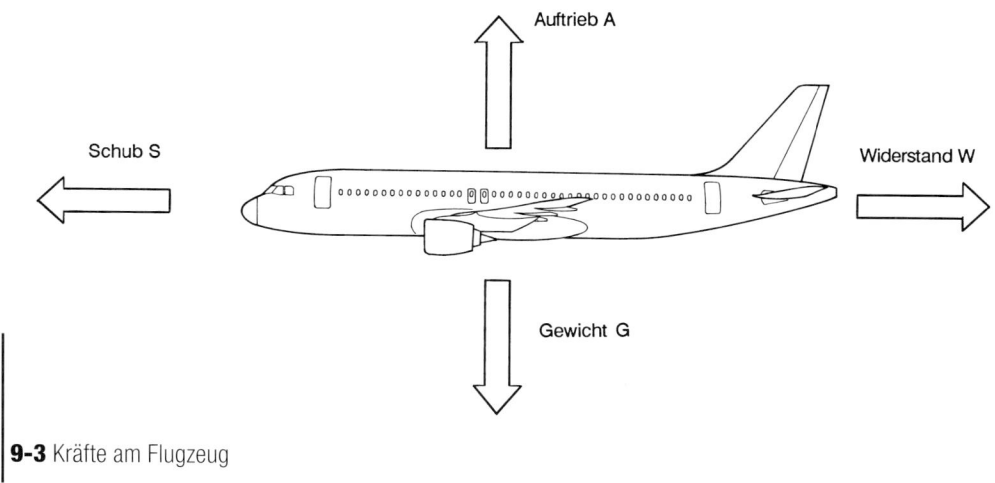

9-3 Kräfte am Flugzeug

9.2 Kräfte am Flugzeug

Die Bestimmung der Flugleistung erfolgt über die am Flugzeug wirkenden Kräfte. Für die Flugleistung sind folgende Kräfte maßgeblich:

– aerodynamische Kräfte (Auftrieb, Widerstand)
– Kräfte des *Antriebssystems* (Schub)
– *Massenkräfte*, die durch die physikalische Masse des Flugzeugs bedingt sind (Werkstoffe des Flugzeugbaus, Kraftstoff, Fracht etc.) und die als Gewichtskräfte wirken (wegen der Erdanziehung) oder als Beschleunigungskräfte (bei Kurvenflug, Abfangen, Verzögern, Beschleunigen).

Insgesamt werden zur Bestimmung der Flugleistung vier Kraftgrößen benötigt: *Auftrieb, Widerstand, Schub, Gewicht.*
Ausgangspunkt für die Ermittlung der Flugleistung ist (genau wie bei der Flugmechanik, s. Kap. 5) die Überlegung, daß sämtliche am Flugzeug angreifenden Kräfte im *Gleichgewicht* sein müssen. Anders als in der Flugmechanik wird für die Flugleistungsrechnung Gleichgewicht auch für das Nickmoment M angenommen: das Flugzeug ist gemäß Voraussetzung getrimmt. Dadurch reduziert sich das Gleichungssystem auf die Beschreibung der Flugzeugbewegung in der Symmetrie-Ebene (x-und z-Ebene, **Abb. 5-4**).

Entsprechend den gemachten Voraussetzungen für das Koordinatensystem wird die x-Achse wiederum so gelegt, daß sie in Flugrichtung (gegen die Anströmung) zeigt; die z-Achse steht senkrecht zur Flugrichtung und zeigt nach unten (**Abb. 9-2**). Es wird weiter angenommen, daß alle Kräfte im *Flugzeugschwerpunkt* angreifen (Ausnahme: Bremsphase).
Die Neigung der Flugbahn mit der Horizontalen (Erdoberfläche) wird als γ (Gamma), der Winkel zwischen der Flugbahn und der Flugzeug-Längsachse als Anstellwinkel α (Alfa) bezeichnet. Gleichgewicht der Kräfte beim unbeschleunigten Flug (keine Massenkräfte) und bei symmetrischer Anströmung (kein Schiebeflug) bedeutet, daß die Summe aller Kräfte K_x in Flugrichtung (x-Achse) und aller Kräfte K_z senkrecht zur Flugrichtung (z-Achse) jeweils Null sein muß (**Abb. 9-3**):

$$\Sigma K_x = F - W - G \sin \gamma = 0$$
$$\Sigma K_z = A - G \cos \gamma = 0$$

(G Flugzeuggewicht, W Widerstand, A Auftrieb, F Schub, γ Neigung der Flugbahn)

Die Lösungen dieser (zunächst einfach aussehenden) Gleichungen ergeben wichtige Kenngrößen der Flugleistung für den unbeschleunigten (=stationären) Horizontalflug, z.B. Maximalgeschwindigkeit, Flugdauer und Reichweite.

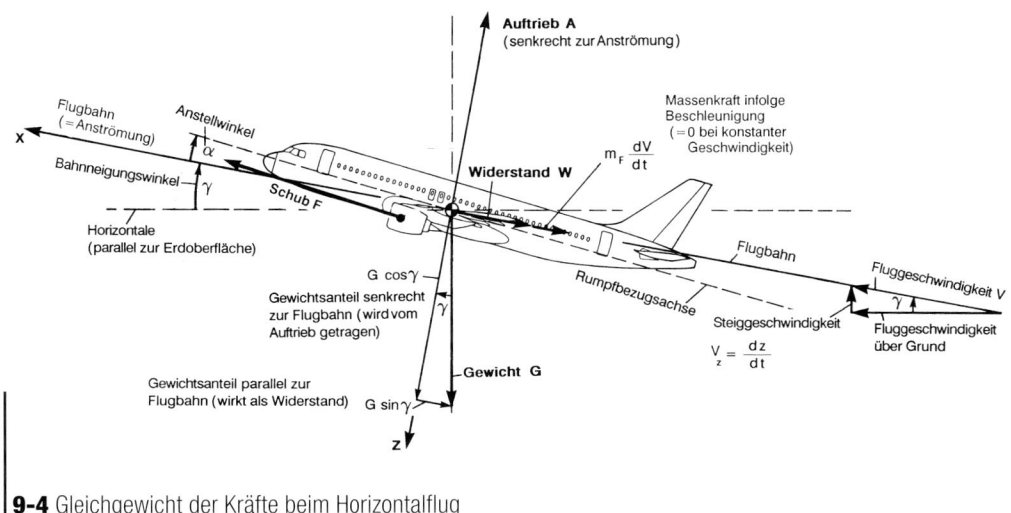

9-4 Gleichgewicht der Kräfte beim Horizontalflug

9.3 Unbeschleunigter Horizontalflug

Den wesentlichen Teil des Fluges verbringt ein Flugzeug damit, daß es nach Erreichen der Reiseflughöhe horizontal und mit gleichbleibender Geschwindigkeit geradeaus fliegt. Dieser Zustand entspricht dem Auslegungszustand, hierbei ist die Wirtschaftlichkeit des Flugzeugs am größten. Beim Horizontalflug verläuft die Flugbahn parallel zur Erdoberfläche, d.h. der Bahnneigungswinkel γ beträgt Null Grad (sin γ = 0 ; cos γ =1). Die beiden Gleichungen der Flugleistung reduzieren sich damit weiter auf die einfache Aussage (**Abb. 9-4**)[*]:

Schub = Widerstand (F = W)
Auftrieb=Gewicht (A = G)

Mit ihrer Hilfe ist es möglich, beispielsweise den erforderlichen Schub zur Aufrechterhaltung des Horizontalfluges zu ermitteln.

---

[*] Mitarbeiter der Flugleistung werden mitunter genüßlich darauf hingewiesen, ihre Disziplin besitze nur zwei Gleichungen, während die Flugmechanik immerhin drei Gleichungen habe, nämlich auch noch die Bedingung: Summe aller Nickmomente gleich Null , $\Sigma M=0$.

9.3.1 Erforderlicher Schub

Wir stellen uns vor, ein Flugzeug bewege sich auf einer zugewiesenen konstanten Flughöhe mit einer vom Piloten gewählten Fluggeschwindigkeit. Um die Geschwindigkeit zu halten, müssen die Triebwerke gerade so viel Schub liefern wie das Flugzeug Widerstand erzeugt.

Der erforderliche Schub (*thrust required*) ergibt sich mit Hilfe der Definition für den Widerstand:

Widerstand W = Widerstandsbeiwert
C_W*Staudruck q* Flügelfläche S
W = C_Wq S
Widerstand des Flugzeugs =
erforderlicher Schub: W=F_{erf} =C_W q S

Eine ähnliche Überlegung läßt sich für den Auftrieb durchführen (Auftrieb = Gewicht), wodurch eine Beziehung zum Flugzeuggewicht G hergestellt wird:

Flugzeuggewicht G =A =C_A q S

Das Verhältnis »Auftrieb geteilt durch Widerstand« ist die *Gleitzahl*:

$$\text{Gleitzahl} = \frac{C_A}{C_W} = \frac{G}{F_{erf}}$$

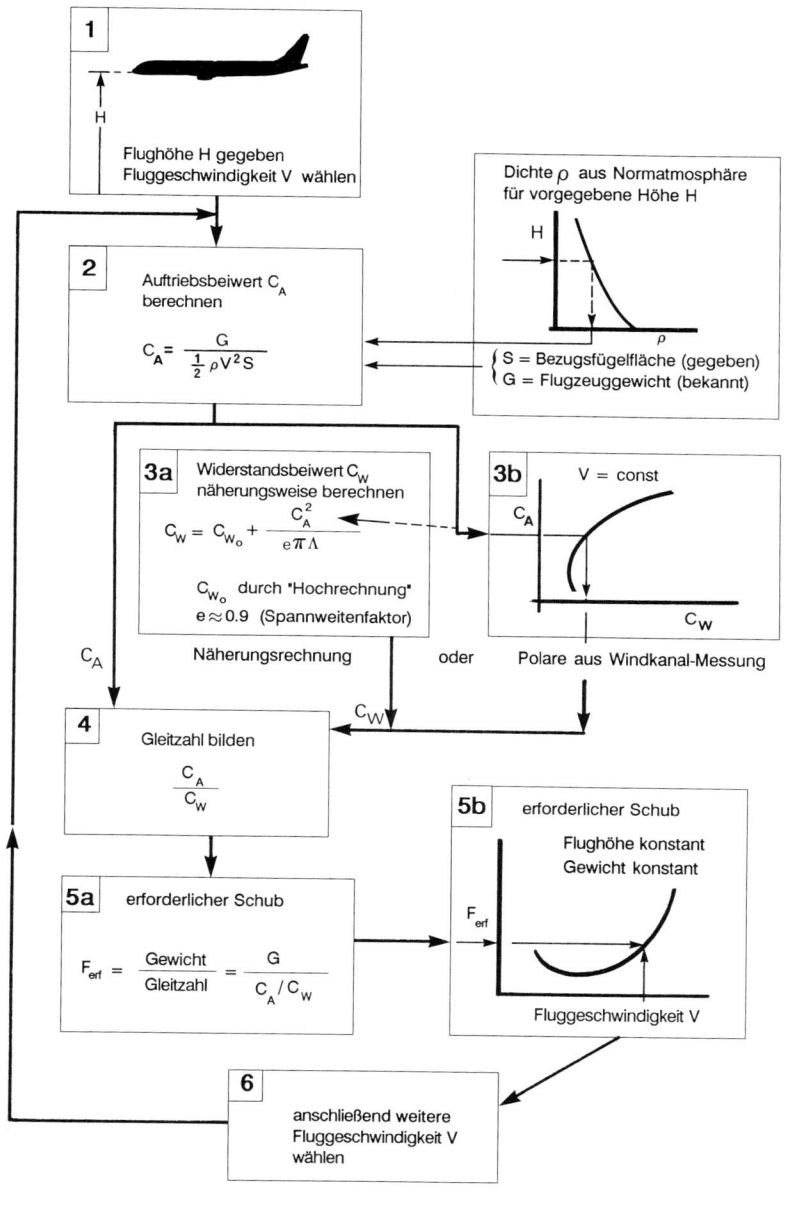

9-5 Bestimmung des erforderlichen Schubes

erforderlicher Schub $F_{erf} =$
$$= \frac{\text{Flugzeuggewicht } G}{\text{Gleitzahl } C_A / C_W}$$

Durch einfaches Umstellen erkennt man sofort, daß sich der erforderliche Schub (= Flugzeugwiderstand) für den unbeschleunigten Horizontalflug mit Hilfe von Gleitzahl und Flugzeuggewicht bestimmen läßt:

Kennt man die Flugzeugpolare, d.h. die Aerodynamik des Flugzeugs in Form der Widerstandsbeiwerte C_W als Funktion der Auftriebsbeiwerte

C_A, so läßt sich für jede Flughöhe und Fluggeschwindigkeit der erforderliche Schub bestimmen wie folgt (**Abb. 9-5**):

1. Für eine vorgegebene Flughöhe H und ein vorgegebenes Flugzeuggewicht G wird eine Fluggeschwindigkeit V gewählt und dann der Auftriebsbeiwert C_A berechnet (**Abb. 9-5**, 2) Die Luftdichte ρ (Rho) wird der Norm-Atmosphäre für die gegebene Höhe H entnommen.

2. Mit diesem Auftriebsbeiwert wird aus den Flugzeugpolaren der zugehörige Widerstandsbeiwert C_W ermittelt, entweder durch Näherungsrechnung mit entsprechenden Annahmen oder aus Meßdaten des Windkanals (**Abb. 9-5**, 3a und 3b).

3. Nach Bildung der Gleitzahl C_A/C_W (**Abb. 9-5**, 4) folgt der erforderliche Schub als Verhältnis von Flugzeuggewicht zu Gleitzahl für die vorgewählte Fluggeschwindigkeit (**Abb. 9-5**, 5a).

Wird der Vorgang für eine Reihe verschiedener Fluggeschwindigkeiten wiederholt, ergibt sich ein typischer Kurvenzug des erforderlichen Schubes für jede Fluggeschwindigkeit (**Abb. 9-5**, 5b; es ist aber zu berücksichtigen, daß für jede Flug-Machzahl eine andere Polare gilt).

Ein Beispiel, das etwa dem Airbus A310 entspricht:

Flughöhe H = 36089 ft = 11000 m;
Flugzeuggewicht G=1250kN= (127.4 t);
Fluggeschwindigkeit V = 900 km/h = 250 m/s (angenommen);
Luftdichte (= 0.3627 kg/m³ aus Norm-Atmosphäre (s. Anhang);
Flügelfläche S = 219 m²

$$\text{Auftriebsbeiwert } C_A = \frac{G}{0.5\rho V^2 S} =$$

$$\frac{1250000}{0.5*0.3627*250^2*219} \frac{N}{\frac{kg}{m^3}*\frac{m^2}{s^2}*m^2} * \frac{m\,kg}{N*s^2} = 0.504$$

Widerstandsbeiwert C_W = 0.030 aus Polare
Gleitzahl C_A/C_W = 0.504/0.030= 16.8

$$\text{erforderlicher Schub Ferf} = \frac{1250\,kN}{16.8} = 74.4\,kN$$

(Gesamtschub beider Triebwerke)

Aus den Triebwerkdaten der Firma General Electric geht hervor, daß das Triebwerk CF6-80 in 11 km Höhe und 900 km/h Geschwindigkeit maximal 12 000 lb = 54.4 kN liefern könnte, d.h. der Schub beider Triebwerke (=108.8 kN) ist ausreichend, denn 74.4 kN werden nur benötigt.

Die Kurve des erforderlichen Schubes ergibt sich durch beliebige, aber sinnvolle Wahl verschiedener Fluggeschwindigkeiten V. Für jeden dieser so berechneten Punkte ist zwar die Auftriebskraft gleich groß (weil das Flugzeuggewicht als konstant angenommen wurde und Auftriebskraft = Gewicht gilt); der Auftriebsbeiwert ist jedoch veränderlich. Dies wird aus der Definition des Auftriebs deutlich:

$$A = 0.5\,\rho V^2 S C_A = G$$

(ρ = Luftdichte, V = Fluggeschwindigkeit, S = Flügelfläche, C_A = Auftriebsbeiwert, G = Gewicht)

Wird die Fluggeschwindigkeit V kleiner, muß bei gleichem Flugzeuggewicht G der Auftriebsbeiwert C_A zwangsläufig ansteigen (denn G ist konstant). Wegen der Zuordnung des Auftriebsbeiwertes zum Anstellwinkel bedeutet dies zugleich eine Zunahme des Anstellwinkels (Abb. 9-6, Punkte 1,2).

Eine Besonderheit der Kurve des erforderlichen Schubes ist ihr kleinster Wert (Minimum, Abb. 9-6, Punkt 3). Fliegt das Flugzeug unter den in diesem Punkt herrschenden Bedingungen, ist der Widerstand am geringsten (da erforderlicher Schub gleich Flugzeugwiderstand). Hierbei verbrauchen die Triebwerke die geringste Kraftstoffmenge pro Zeit, das Flugzeug kann die längste Zeit in der Luft bleiben. Allerdings wird hierbei nicht die längste Strecke erflogen, die mit der vorhandenen Kraftstoffmenge möglich wäre. Die größte Reichweite wird erzielt, wenn das Flugzeug unter den Bedingungen desjenigen Kurvenpunktes fliegt, der durch die Tangente vom Ursprung an die Kurve des erforderlichen Schubes gegeben ist (Abb. 9-6, Punkt 4).

9.3.2 Verfügbarer Schub

Die Kurve des erforderlichen Schubes entspricht dem aerodynamischen Widerstand mit der Ne-

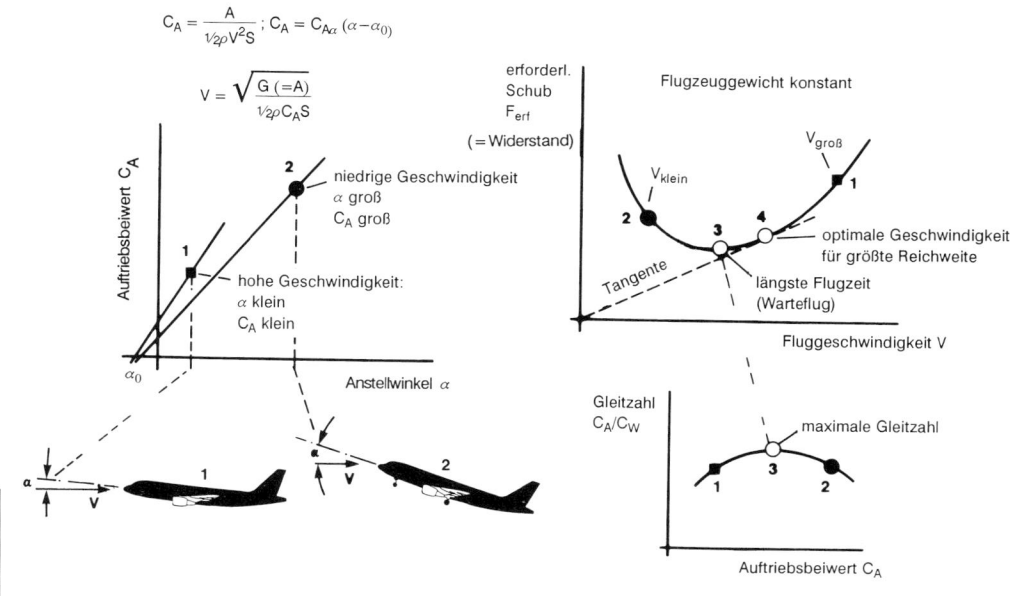

9-6 Aerodynamik und erforderlicher Schub

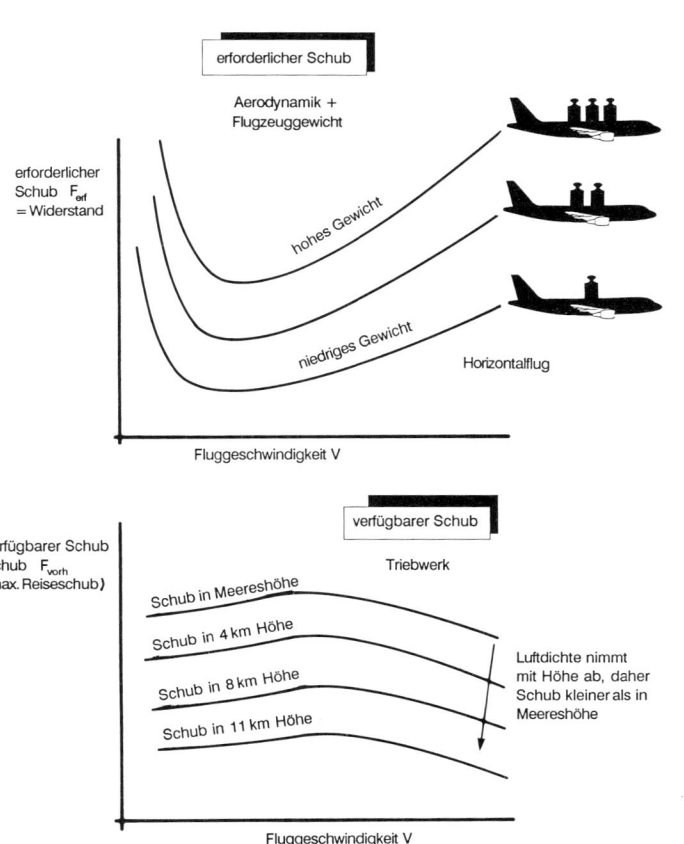

9-7 Erforderlicher und verfügbarer Schub im Vergleich

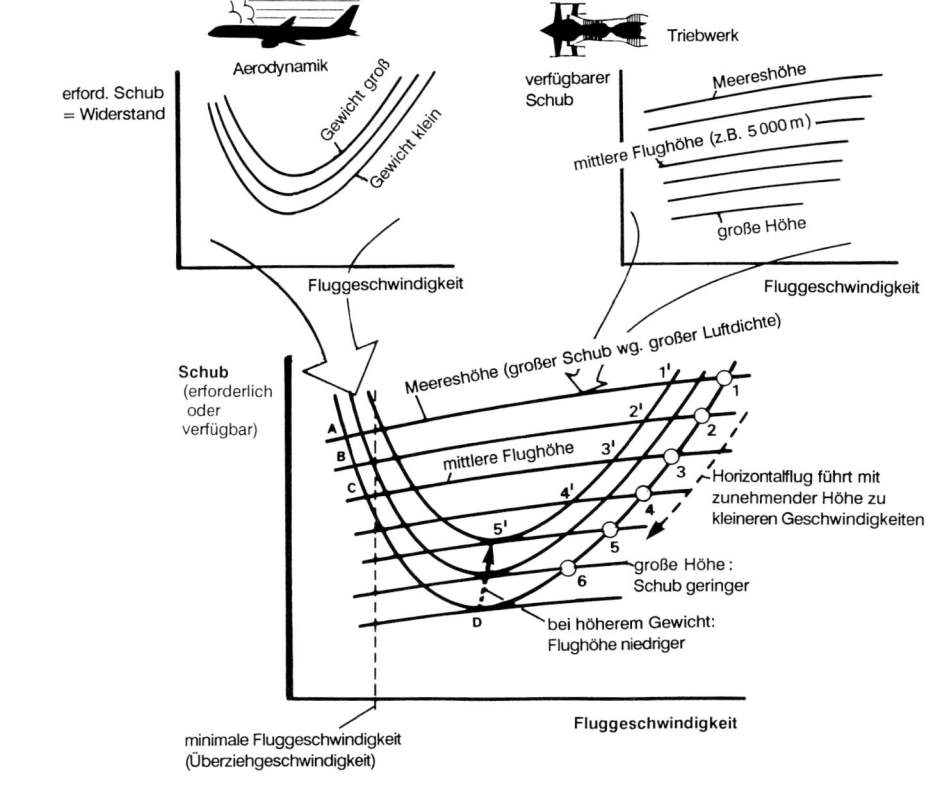

Aerodynamik

erford. Schub = Widerstand

Gewicht groß

Gewicht klein

Fluggeschwindigkeit

Triebwerk

verfügbarer Schub

Meereshöhe

mittlere Flughöhe (z.B. 5 000 m)

große Höhe

Fluggeschwindigkeit

Schub (erforderlich oder verfügbar)

Meereshöhe (großer Schub wg. großer Luftdichte)

mittlere Flughöhe

Horizontalflug führt mit zunehmender Höhe zu kleineren Geschwindigkeiten

große Höhe: Schub geringer

bei höherem Gewicht: Flughöhe niedriger

minimale Fluggeschwindigkeit (Überziehgeschwindigkeit)

Fluggeschwindigkeit

9-8 Flugleistungsspektrum im Horizontalflug

benbedingung, daß entlang dieser Kurve das Flugzeuggewicht eine konstante Größe ist. Der Kurvenverlauf wird ermittelt aus Daten der Aerodynamik (Polare) und dem Gewicht des Flugzeugs.

Wählt man verschiedene Flugzeuggewichte, ergeben sich neue Kurven mit ähnlichem Verlauf, wobei auf jeder Kurve das Flugzeuggewicht einen anderen, aber ebenfalls konstanten Wert aufweist (**Abb. 9-7**, oben). Die Kurven beschreiben für alle vorkommenden Flugzeuggewichte den Schub, der erforderlich ist und der von den Triebwerken mindestens erzeugt werden muß, damit stationärer Horizontalflug möglich ist.

Dem *erforderlichen* Schub der Aerodynamik steht der *verfügbare* Schub der Triebwerke gegenüber (**Abb. 9-7**, unten). Der Triebwerkhersteller liefert den Triebwerk-Nettoschub als eine Kurvenschar für verschiedene Triebwerk-Lastzustände (Leerlauf, maximaler Reiseschub, maximaler Dau-

erschub). Für jede Flughöhe gilt eine gesonderte Kurve (Im gezeigten Beispiel ist als Lastzustand des Triebwerks der maximale Dauer-Reiseschub angegeben; die Zahlenwerte sind qualitativ zu verstehen). Der größte Schub wird in Meereshöhe erreicht, weil die Luftdichte in Bodennähe am größten ist und der Schub direkt von der Menge der durchgesetzten Luft abhängt. Entsprechend der Abnahme der Luftdichte mit der Höhe verringert sich der Luftdurchsatz und damit auch der Schub, je höher das Flugzeug fliegt. In der Diagramm-Darstellung liegt daher die Schubkurve für die Meereshöhe oben, die Schubkurven für größere Höhen liegen darunter.

Während die Kurven des erforderlichen Schubes (=Widerstandskurven) Betriebs- oder Fahrlinien darstellen, von denen das Flugzeug im Horizontalflug nicht abweichen kann, bilden die Kurven des verfügbaren Schubes jeweils Obergrenzen, die aus Betriebsgründen nicht überschritten

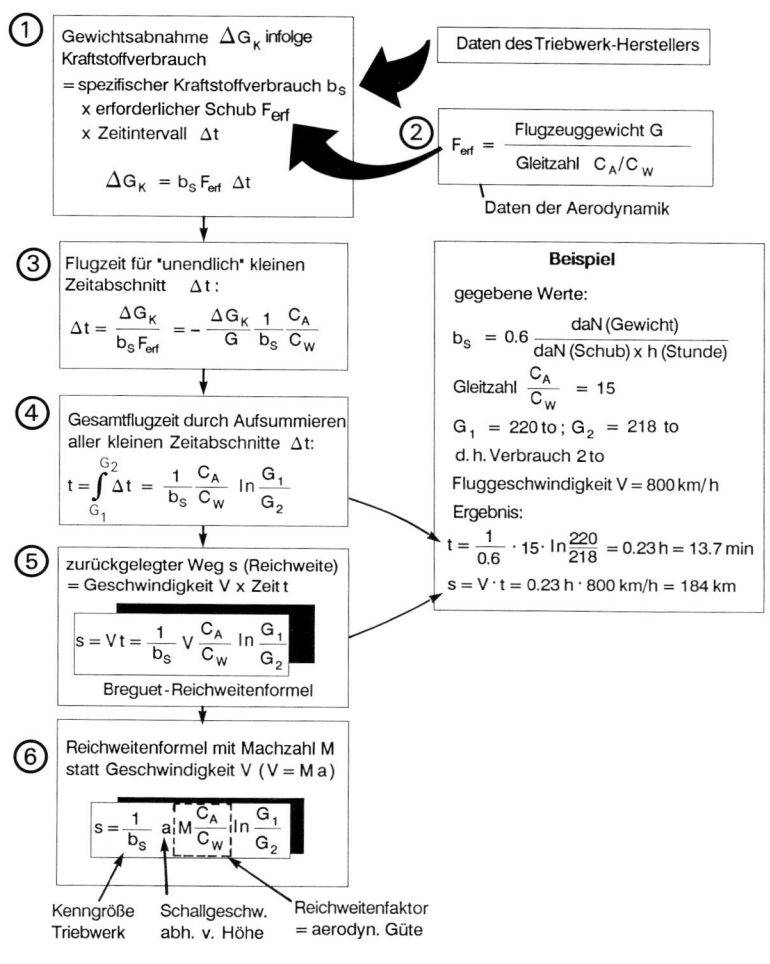

9-9 Bestimmung von Flugzeit und Reichweite (Breguet-Formel)

werden dürfen. Sie können aber sehr wohl unterschritten werden, etwa durch Rücknahme des Leistungshebels, so daß bei derselben Fluggeschwindigkeit auch ein geringerer Schub wirksam sein kann. Um den Horizontalflug beizubehalten, muß der Leistungshebel gegebenenfalls so weit zurückgenommen werden, bis der vom Triebwerk gelieferte (verfügbare) Schub gerade so groß ist wie der vom Flugzeug verlangte (erforderliche) Schub zur Überwindung des Luftwiderstandes.

Die Kurven des verfügbaren und des erforderlichen Schubes lassen sich durch Überlagern zu einem gemeinsamen Diagramm zusammenfassen (**Abb. 9-8**). Eine solche Darstellung ermöglicht für

die Flugleistung wichtige Erkenntnisse:

Wegen des parabelförmigen Charakters der Widerstandskurven und des nur schwach gekrümmten Verlaufs der Schubkurven können zwei Schnittpunkte existieren, bei denen Horizontalflug möglich ist: je ein Punkt bei hoher und bei niedriger Geschwindigkeit. Jeder Schnittpunkt erfüllt für eine Höhe und ein Flugzeuggewicht die Bedingung »Schub = Widerstand« und damit die Voraussetzung des stationären Geradeausfluges.

Trotz des parabelförmigen Verlaufs der Widerstandskurven existieren vielfach Schnittpunkte nur bei hohen Geschwindigkeiten, weil bei niedrigen Geschwindigkeiten die Auftriebsgrenze unterschritten wird und Schnittpunkte physikalisch unsinnig sind (Überziehgeschwindigkeit, **Abb. 9-8**, A, B, C).

Folgt das Flugzeug der Widerstandskurve in Richtung zunehmender Fluggeschwindigkeit, trifft es im Schnittpunkt beider Kurven auf die Bedingung des stationären Flugzustandes, bei dem die Vortriebskraft mit dem Widerstand im Gleichgewicht ist. Eine weitere Geschwindigkeitssteigerung ist nicht möglich, weil der Widerstand größer ist als der Schub (**Abb. 9-8**, Punkte 1 bis 6).

In den Geschwindigkeitsbereichen zwischen den beiden Schnittpunkten ist der Schub größer als der Widerstand; die Gleichgewichtsbedingung »Schub = Widerstand« ist nicht erfüllt. Die volle verfügbare Schubleistung kann zur Beschleunigung oder zum Steigen verwendet werden. Um unbeschleunigt horizontal zu fliegen, muß der Schub durch Drosselung der Triebwerke verringert werden.

9.3.3 Flugdauer und Reichweite

Wenn ein Flugzeug eine Wegstrecke zurücklegt, geschieht dies dadurch, daß Kraftstoff verbrannt und Vortriebsarbeit geleistet wird. Auf dem zurückgelegten Weg wird das Flugzeug um das Gewicht des verbrauchten Kraftstoffs leichter. Dies ist der Grundgedanke, um Aussagen über die Reichweite eines Flugzeugs abzuleiten.

Das Gewicht des verbrauchten Kraftstoffs ergibt sich aus drei Größen (**Abb. 9-9**):
- spezifischer Kraftstoffverbrauch der Triebwerke, Symbol b_S, Dimension daN (Kraftstoffgewicht)/(daN (Schub)*h(Stunde))
- erforderlicher Schub zur Überwindung des Flugzeugwiderstandes, Symbol F_{erf}, Dimension daN
- abgelaufene Zeit, in welcher Schub erzeugt wird, Symbol Δt, Dimension s (**Abb. 9-9**, 1)

Der Flugzeugwiderstand ist im stationären Horizontalflug eindeutig dem Flugzeuggewicht G und

der Gleitzahl C_A/C_W zugeordnet (**Abb. 9-9**,2 sowie Abschnitt 9.3.2). Der spezifische Kraftstoffverbrauch kann unter Reiseflugbedingungen als konstante Größe angenommen werden. Da der erforderliche Schub gleich dem aerodynamischen Flugzeugwiderstand ist, läßt sich das Gewicht des verbrauchten Kraftstoffs mit dem Flugzeuggewicht und der Aerodynamik des Flugzeugs – d.h. mit der Gleitzahl – verbinden. (Diese Überlegung möge zunächst nur für einen sehr kleinen Zeitabschnitt Δt gelten). Innerhalb der Gesamtflugzeit wird während dieses Zeitabschnittes eine »sehr kleine« Kraftstoffmenge ΔG_K verbraucht (**Abb. 9-9**, 3).[*] Die Gesamtflugzeit, in der sich das Flugzeuggewicht infolge Kraftstoffverbrauch vom Anfangswert G_1 auf den Endwert G_2 verringert, ergibt sich durch Aufsummieren (mathematisch: Integrieren) aller »sehr kleinen« Zeitintervalle (**Abb. 9-9**,4 sowie Zahlenbeispiel). Daraus folgt der zurückgelegte Weg (= Reichweite) durch Multiplizieren mit der Fluggeschwindigkeit V (denn Weg gleich Geschwindigkeit mal Zeit).

Dies ist die berühmte *Reichweitenformel* von *Breguet* (**Abb. 9-9**, 5)[**]. Sie zeichnet sich durch leichte Anwendbarkeit aus (beispielsweise mit einem Taschenrechner) und ist ausreichend genau für überschlägige Rechnungen. Die Formel gilt allerdings nur für den Reiseflug, nicht für Steig- und Sinkflug, die auf der Kurz- und Mittelstrecke einen erheblichen Teil der Flugstrecke ausmachen können.

Durch die Einführung der Machzahl M anstelle der Fluggeschwindigkeit V in die Breguet-Formel wird die Kompressibilität der Luft berücksichtigt (Kompressibilität = Dichte-Änderung durch hohe Geschwindigkeit, s. Kap. 4). Dies ist sinnvoll, weil die Fluggeschwindigkeiten heutiger Verkehrsflugzeuge mit etwa Mach 0.8 so hoch sind, daß die Kompressibilität der Luft eine Rolle spielt. Die rechnerische Umformung ist einfach, da die Fluggeschwindigkeit V als Produkt aus Machzahl M und Schallgeschwindigkeit a (gemäß der Definition der Machzahl) aufgefaßt werden kann (**Abb. 9-9**, 6).

---

[*] Der Umgang mit »sehr kleinen« Größen ist eine mathematische Notwendigkeit, um die eigentlich interessierende Gesamtflugzeit und daraus die Reichweite zu bestimmen.

[**] Die Formel ist benannt nach dem französischen Luftfahrtpionier Louis Breguet (1880-1955).

In dieser Form besagt die Reichweitenformel, daß ein strahlgetriebenes Flugzeug zwischen zwei beliebigen Gewichtszuständen G_1 und G_2 dann die größte Reichweite erzielt, wenn der sog. *Reichweitenfaktor* $M^* C_A/C_W$ ein Maximum ist. Hierbei wurde vorausgesetzt, daß der spezifische Kraftstoffverbrauch b_S konstant ist, was für den Reiseflug näherungsweise zutrifft.

9.4 Steigflug

Für zwei Flugbereiche ist der Steigflug von Bedeutung:
1. unmittelbar nach dem Abheben, wenn das Flugzeug unter Startbedingungen in der Nähe des Bodens fliegt (Fahrwerk und Klappen ausgefahren);
2. ausgehend von einer erreichten Höhe, wenn das Flugzeug unter den Bedingungen des Reiseflugs auf eine zugewiesene Reiseflug-Höhe steigt (Fahrwerk und Klappen eingefahren).

Die Steigleistung beschreibt im ersten Fall die Fähigkeit eines Flugzeugs, festgelegte Hindernishöhen zu überfliegen und vorgeschriebene Steigwinkel einzuhalten. Ziel dieser Phase ist es, das Flugzeug sicher von der Nähe des Bodens wegzuführen. Hierfür gelten besondere Vorschriften. Dieser Teil des Steigfluges erfolgt bei niedrigen Fluggeschwindigkeiten und wird der Startphase zugeordnet (s. Kap. 9.5).

Der eigentliche Steigflug beginnt ab einer Höhe von 450m (1500 ft), nachdem Fahrwerk und Klappen eingefahren sind. Die Steigleistung wird ausgedrückt durch Steiggeschwindigkeiten, Steigzeiten, Dienstgipfelhöhen sowie durch die Festlegung von optimalen Steigflugverfahren.

Die zahlenmäßige Herleitung der Steigflug-Eigenschaften erfolgt wiederum über die Kräfte am Flugzeug. Für die nachfolgende Betrachtung sind diejenigen Kräfte von Bedeutung, die entlang der Bahnrichtung wirken (**Abb. 9-3**):
− der Triebwerkschub (F)
− der aerodynamische Widerstand (W)
− die Komponente des Flugzeuggewichts parallel zur Flugbahn (G sin γ)
− die von der Flugzeugmasse m_F hervorge-

rufenen Massenkräfte beim Beschleunigen oder Verzögern (nach dem Newton-Gesetz »Kraft = Masse m_F mal Beschleunigung dV/dt; tritt nur bei Änderungen der Geschwindigkeit auf)

Diese Kräfte müssen im Gleichgewicht stehen, d.h. in ihrer Summe den Wert Null ergeben: F - W - G sin γ - m_F dV/dt =0

Hierzu einige Erläuterungen: Die Größe m_F ist die Flugzeugmasse; multipliziert mit der Erdbeschleunigung g=9.81 m/s^2 ergibt sich das Flugzeuggewicht G. V ist die Fluggeschwindigkeit entlang der geneigten Flugbahn (True Air Speed). Mit der Größe dV/dt (mathematisch: Differentialquotient) bezeichnet man Geschwindigkeitsänderungen dV (dV = V_2 - V_1) pro Zeitabschnitt dt (dt = t_2 - t_1), d.h. Beschleunigungen. Die Neigung der Flugbahn (x-Achse) gegenüber dem Erdhorizont ist der Bahnneigungswinkel γ (Gamma). Erfolgt der Flug unbeschleunigt (dV/dt = 0) und ohne Steigen (γ = 0), erhält man wieder die Gleichung für den unbeschleunigten horizontalen Geradeausflug, F - W = 0, d.h. Schub gleich Widerstand. Der Ausdruck dV/dt, d.h. die Änderung der Fluggeschwindigkeit in der Zeit (= Beschleunigung), enthält das Steigverfahren, mit dem der Pilot (bzw. dessen Bordcomputer) den Steigflug durchführt. Im rechnerisch einfachsten Fall könnte der Steigflug mit konstanter (wahrer) Fluggeschwindigkeit erfolgen (d.h. keine Beschleunigung, dV/dt = 0, V_{TAS}= const). Dieses Verfahren ist zwar möglich, in der Praxis aber ungebräuchlich. Die verbreiteten Steigverfahren in der Praxis sind (**Abb. 9-10**):
− Steigen mit konstantem Staudruck
− Steigen mit konstanter Flug-Machzahl

Steigen mit konstantem Staudruck

Hierbei wird das Flugzeug kontinuierlich beschleunigt, wobei der Staudruck q= ½ρV^2 konstant bleibt. Dies ist gleichbedeutend mit konstanter kalibrierter Fluggeschwindigkeit V_{CAS} (näherungsweise gleich V_{EAS}). Wegen des gleichbleibenden Staudrucks sichert dieses Verfahren ausreichende Luftversorgung für die Triebwerke und daher optimalen Schub. Die Beschleunigung darf höchstens bis zum Erreichen der maximal zulässigen Machzahl erfolgen.

Steigen mit konstanter Machzahl

Nach Erreichen der maximal zulässigen Machzahl erfolgt weiteres Steigen bei konstanter Machzahl (Diese darf nicht überschritten werden, weil sonst gefährliche Strömungszustände am Flügel auftreten können – s. Kap.4, Aerodynamik). Das Flugzeug wird trotz konstanter Machzahl langsamer.

Ursache hierfür ist die Abnahme der Lufttemperatur mit der Höhe, die zu einer Verringerung der Schallgeschwindigkeit führt. Daher muß auch die Fluggeschwindigkeit durch Rücknahme des Gashebels verringert werden, damit die Machzahl M als Verhältnis von Fluggeschwindigkeit V zu Schallgeschwindigkeit a konstant bleibt (M = V/a,

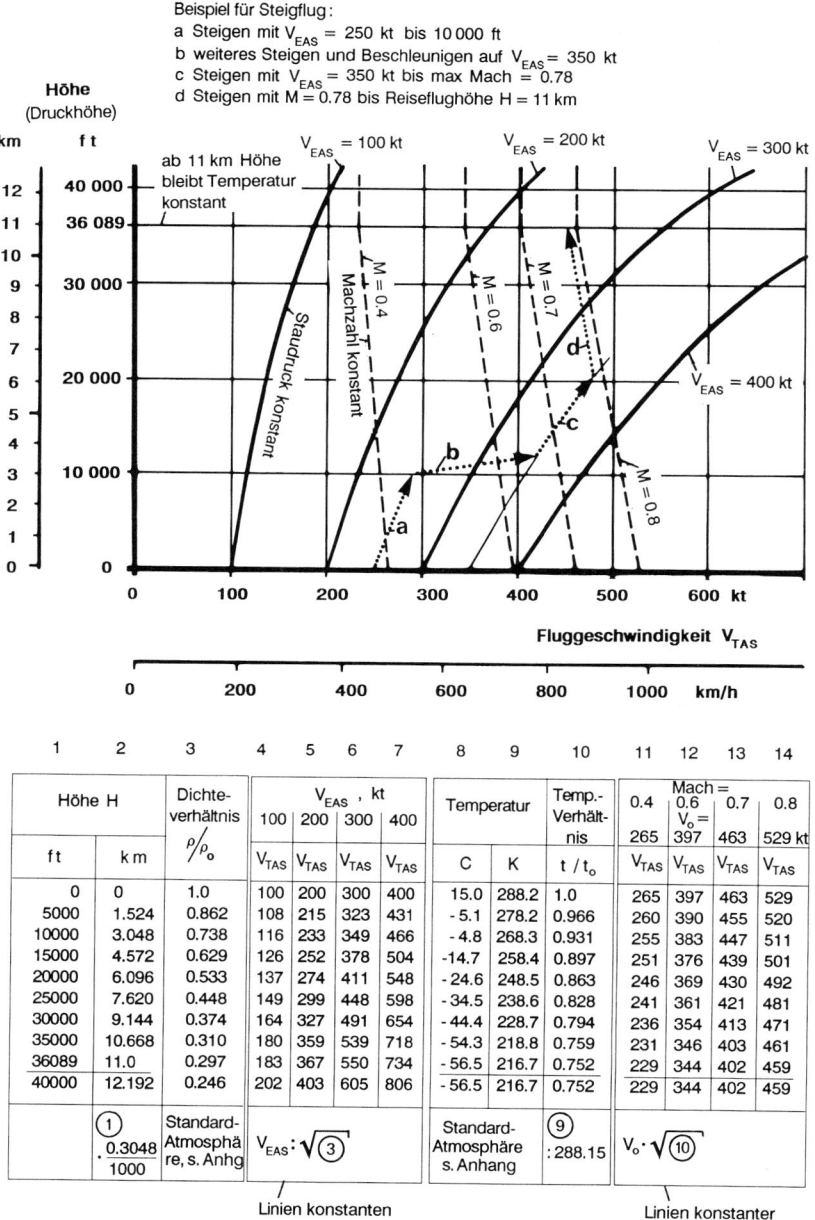

Beispiel für Steigflug:
a Steigen mit V_{EAS} = 250 kt bis 10 000 ft
b weiteres Steigen und Beschleunigen auf V_{EAS} = 350 kt
c Steigen mit V_{EAS} = 350 kt bis max Mach = 0.78
d Steigen mit M = 0.78 bis Reiseflughöhe H = 11 km

						Mach =			
Höhe H		Dichte-verhältnis ρ/ρ_o	V_{EAS} , kt				Temperatur		Temp.-Verhält-nis	0.4	0.6 $V_o=$	0.7	0.8
			100	200	300	400				265	397	463	529 kt
ft	km		V_{TAS}	V_{TAS}	V_{TAS}	V_{TAS}	C	K	t/t_o	V_{TAS}	V_{TAS}	V_{TAS}	V_{TAS}
0	0	1.0	100	200	300	400	15.0	288.2	1.0	265	397	463	529
5000	1.524	0.862	108	215	323	431	- 5.1	278.2	0.966	260	390	455	520
10000	3.048	0.738	116	233	349	466	- 4.8	268.3	0.931	255	383	447	511
15000	4.572	0.629	126	252	378	504	-14.7	258.4	0.897	251	376	439	501
20000	6.096	0.533	137	274	411	548	-24.6	248.5	0.863	246	369	430	492
25000	7.620	0.448	149	299	448	598	-34.5	238.6	0.828	241	361	421	481
30000	9.144	0.374	164	327	491	654	-44.4	228.7	0.794	236	354	413	471
35000	10.668	0.310	180	359	539	718	- 54.3	218.8	0.759	231	346	403	461
36089	11.0	0.297	183	367	550	734	-56.5	216.7	0.752	229	344	402	459
40000	12.192	0.246	202	403	605	806	-56.5	216.7	0.752	229	344	402	459

| (1) $\frac{0.3048}{1000}$ | Standard-Atmosphäre, s. Anhg | $V_{EAS}\cdot\sqrt{(3)}$ Linien konstanten | Standard-Atmosphäre s. Anhang | (9) : 288.15 | $V_o\cdot\sqrt{(10)}$ Linien konstanter |

9-10 Linien konstanten Staudrucks und konstanter Machzahl

M = const, a wird kleiner, also muß auch V kleiner werden, so daß V/a = M konstant).

Steigverfahren sind nicht immer frei wählbar, sondern müssen sich den Bedingungen des Luftverkehrs anpassen. So kann die Luftverkehrsleitung verlangen, daß der Steigflug unterhalb 10.000 ft (3000 m) mit einer (äquivalenten) Fluggeschwindigkeit von 250 kt geflogen werden darf und erst oberhalb 10000 ft mit der wirtschaftlichen Geschwindigkeit von 350 kt. Beispielsweise könnte ein Steigverfahren folgendermaßen aussehen (**Abb. 9-10**):

– Steigen mit V_{EAS} = 250 kt bis 10.000 ft (a)
– anschließend Beschleunigen auf V_{EAS} = 350 kt und weiteres Steigen (b)
– Steigen mit V_{EAS} = 350 kt bis zum Erreichen der maximalen Machzahl M_{max}=0.78 (c)
– Steigen mit M_{max} = 0.78 bis zum Erreichen der Reiseflughöhe von 11 km (d)

Mit der Einführung moderner Bord-Rechenanlagen sind Steigflugverfahren möglich geworden, die die Leistungsfähigkeit der klassischen Steigverfahren übertreffen. Diese Rechner sind als »Performance-Management«-Systeme bekannt: sie umfassen neben dem eigentlichen Flugleistungsrechner dessen Verknüpfung mit der Triebwerkregelung und der Flugsteuerung (Autopilot). Damit lassen sich optimale Flugbahnen erzielen, bei denen der Pilot lediglich eine Überwachungsfunktion besitzt.

9.5 Sinkflug

Nach Verlassen der Reiseflughöhe geht das Flugzeug in den Sinkflug (descent) über und beginnt seinen Anflug auf den Zielflughafen. Der Sinkflug erfolgt trotz gedrosselter Triebwerke mit unveränderter Geschwindigkeit, weil der Vorrat an potentieller Energie den fehlenden Schub ersetzt. Die hohen Gleitzahlen bewirken die Überwindung großer Strecken, so daß der Anflug bereits 100 bis 200 km vor dem Zielflughafen beginnt. Einige Zahlen zur Verdeutlichung: ein Flugzeug von 50 Tonnen Gewicht (etwa Typ Airbus A320) erreicht beim Abstieg aus 11 Kilometern nach 15 Minuten eine Höhe von 450 Metern (von wo der eigentliche Lan-

deanflug beginnt), legt dabei 170 Kilometer Wegstrecke zurück, verbraucht aber nur 180 Kilogramm Kraftstoff (da Triebwerke gedrosselt).

Mit Rücksicht auf die Passagiere darf beim Abstieg die Druckzunahme in der Kabine nicht zu schnell erfolgen. Als Richtwert gilt eine Druck-Änderung entsprechend einer Sinkrate von höchstens 300 ft/min (1.5 m/s). Eine Ausnahme bildet der *Notabstieg* (emergency descent), bei dem lediglich zu beachten ist, daß die zulässige Höchstgeschwindigkeit V_{MO}/M_{MO} (MO= maximum operating) nicht überschritten wird.

Der Sinkflug ist seinem Charakter nach mit dem Steigflug vergleichbar. Für den Steigflug gilt, daß der verfügbare Schub größer ist als der erforderliche Schub (= Flugzeugwiderstand). Umgekehrt folgt daraus: wenn der verfügbare Schub (durch Drosseln der Triebwerke) kleiner ist als der Flugzeugwiderstand, muß das Flugzeug verzögern oder einen Sinkflug ausführen.

Die Ermittlung der Flugleistung beim Sinkflug erfolgt wiederum über die Kräfte, die am Flugzeug wirken. Aus dem Gleichgewicht der Kräfte sowohl in Richtung der Flugbahn als auch senkrecht zu ihr ergibt sich eine Beziehung für den Abstieg, aus der die zurückgelegte Strecke berechnet werden kann.

9.6 Start

Der Start stellt die schwierigste Phase eines Fluges dar:

– die Triebwerke, bis zum Heranfahren an den Startpunkt im Leerlauf, müssen in Sekunden auf Maximalleistung hochgefahren werden;
– das Fahrwerk, mit der Last des schweren Flugzeugs und der Geschwindigkeit eines Rennwagens, überträgt die Unebenheiten der Startbahn und die Lenkbewegungen des Bugrades an die Passagierkabine;
– der Flügel, anfangs nur Tank und Träger der schweren Triebwerke, übernimmt am Ende der Rollstrecke innerhalb einer Sekunde das Gewicht des Flugzeugs, das bislang vom Fahrwerk getragen wurde;
– das Seitenleitwerk, zu Beginn des Starts ohne Funktion, übernimmt mit wachsender Fahrt

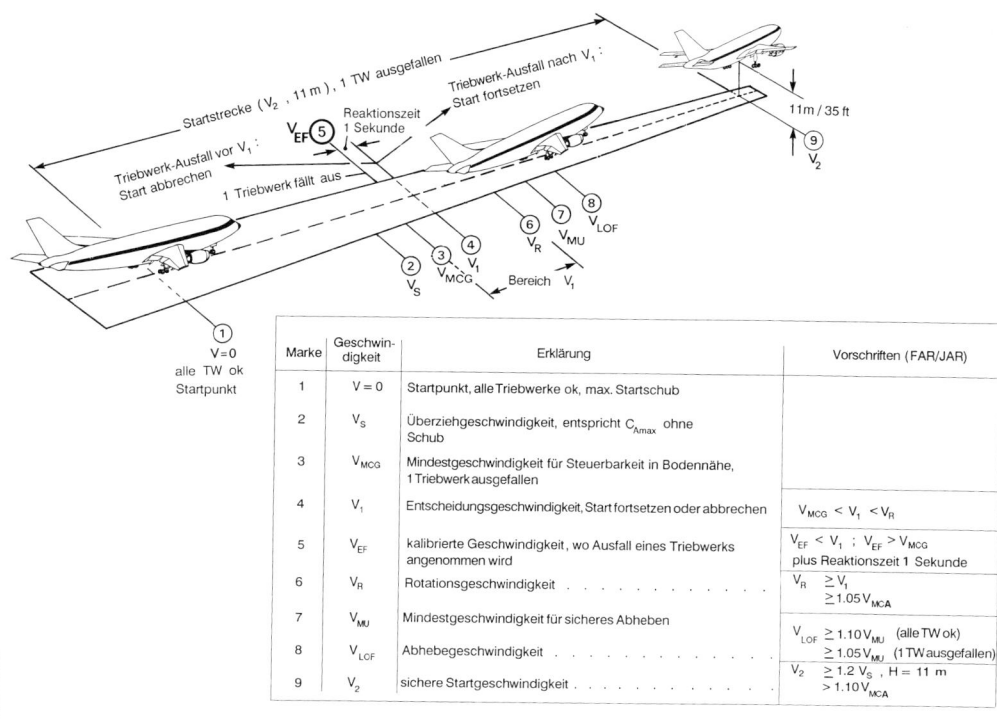

9-11 Geschwindigkeitsmarken beim Start

die Richtungskontrolle, die bisher das mechanisch gesteuerte Bugfahrwerk leistete.

Hinzu kommt der Zwang für die Besatzung, daß ab einem bestimmten Punkt ein Zurück unmöglich ist und der Start zwingend durchgeführt werden muß, denn das Ende der Betonpiste rast mit über 250 km/h auf das Flugzeug zu.

Beim Start ist das Flugzeug an der Obergrenze seiner Leistung, aber an der Untergrenze seiner Flugfähigkeit. Viel Spielraum für fehlerhafte Entscheidungen existiert nicht. Bei aller Routine und Erfahrung auf Seiten der Besatzung und der technischen Reife des Fluggeräts besteht in diesen Randbereichen des Einsatzspektrums eine größere Gefährdung als bei allen übrigen Flugabschnitten. Immer wieder hört man von Unfällen beim Start. Zur Gewährleistung größtmöglicher Sicherheit sind daher alle für den Start wichtigen Geschwindigkeiten und Strecken verbindlich festgelegt; sie müssen für die Zulassung nachgewiesen werden.

Zum internationalen Maßstab für die Zulassung eines Flugzeugs ist die US- amerikanische Zulassungsvorschrift FAR (Federal Air Regulation) geworden. In ihrem Teil 25 sind die Vorschriften für die Zulassung von Verkehrsflugzeugen festgelegt. In Europa erfolgt die Zulassung nach JAR-Norm, die die FAR im Wortlaut einschließt und ergänzt (JAR=Joint Airworthiness Requirement). Für Verkehrsflugzeuge gilt JAR 25 analog zu FAR 25.

9.6.1 Startablauf und Geschwindigkeiten

Die Startphase beginnt am Anfang der Rollbahn (*Startpunkt*) und endet, nachdem Klappen und Fahrwerk vollständig eingefahren sind. Am Ende der Startphase, die definitionsgemäß mindestens bis in eine Höhe von 450 m (1500 ft) über der Startfläche führt, befindet sich das Flugzeug in der Reiseflug-Konfiguration.

Besonders kritisch ist der anfängliche Teil des Starts vom Startpunkt auf der Bahn bis zu einem Punkt, wo das Flugzeug eine willkürlich festgelegte »Hindernis«-Höhe von 35 Fuß (11m) überfliegt. Hierfür zeigt der Start folgenden Ablauf (**Abb. 9-11**):

Das auf die Startposition zurollende Flugzeug wird üblicherweise vollständig abgebremst. Sodann werden die Triebwerke auf maximale Startleistung hochgefahren. Nach dem Lösen der Bremsen nimmt das Flugzeug rasch Fahrt auf. Ein Flugzeug von 100 Tonnen Gewicht erreicht nach etwa 200 m und 12 Sekunden eine Rollgeschwindigkeit von 100 km/h, nach 30 Sekunden und 900 m eine Geschwindigkeit von 200 km/h und nach 40 Sekunden und 1500 m die erforderliche Abhebegeschwindigkeit von 260 km/h. Nach 50 Sekunden wird das Ende einer 2200 m-Startbahn überflogen.

Geschwindigkeiten und Strecken sind beim Start von lebenswichtiger Bedeutung. Aus diesem Grunde existieren für die Bodenrollphase und die anschließende Flugphase verbindliche Startgeschwindigkeiten und Startstrecken.

Voraussetzung für den aerodynamisch getragenen Flug ist das Erreichen einer Mindestgeschwindigkeit, auf die das Flugzeug am Boden beschleunigt werden muß. Hierbei werden verschiedene Geschwindigkeitsmarken durchfahren. Die erste wichtige Geschwindigkeitsmarke ist die *Überziehgeschwindigkeit* V_S (stalling speed). Diese Geschwindigkeit ist für die Aerodynamik des Flugzeugs von maßgeblicher Bedeutung und wird erreicht, nachdem ein Flugzeug bereits etwa 220 km/h schnell ist und 1 Kilometer Rollbahn aufgebraucht hat (abhängig von Typ und Gewicht). Bei der Überziehgeschwindigkeit wäre ein Flugzeug »gerade so eben« in der Lage, sich in der Luft zu halten. Eine derart niedrige Geschwindigkeit ist jedoch lebensgefährlich und wird nur während der Flug-Erprobung und auch dann nur in großer Höhe erflogen, um die Grenzen des Flugbereichs abzustecken. Unterhalb V_S ist ein Flugzeug nicht flugfähig. Aerodynamisch entspricht die Überziehgeschwindigkeit dem maximal möglichen Auftrieb, gekennzeichnet durch den höchsten Punkt der Auftriebskurve (C_A - α-Kurve, s. Kap.4, Aerodynamik).

Nach Überschreiten der Überziehgeschwindigkeit folgt die *Mindestgeschwindigkeit für Steuerbarkeit* am Boden V_{MCG} (minimum control speed on the ground, JAR/FAR 25.149 e, **Abb. 9-**

11). Bei dieser Geschwindigkeit muß ein Flugzeug bei Ausfall eines Triebwerks allein mit den aerodynamischen Steuerflächen, d.h. mit dem Seitenruder, nicht jedoch mit der Bugrad-Steuerung, auf der Startbahn gehalten werden können und darf dabei höchstens um 9 Meter (30 ft) seitlich versetzen. Beim Nachweisflug wird die Bugrad-Steuerung ausgeschaltet. Die Geschwindigkeit V_{MCG} wurde eingeführt, um ausreichende Wirksamkeit des Seitenruders bei Triebwerkausfall sicherzustellen. Bei Geschwindigkeiten kleiner als V_{MCG} sind die Steuerflächen nicht wirksam genug. Es besteht daher die Gefahr, daß das Flugzeug bei einem Triebwerkausfall außer Kontrolle gerät und zur Seite ausbricht.

Die nächste Geschwindigkeitsmarke ist die *Entscheidungsgeschwindigkeit* V_1, die wichtigste Geschwindigkeit für den Start überhaupt (take-off decision speed, JAR/FAR 25.107). Die Entscheidungsgeschwindigkeit gibt dem Flugzeugführer die letzte Möglichkeit, den Start im Falle eines Triebwerkausfalls abzubrechen. Danach muß der Start zwingend fortgesetzt werden, weil das Flugzeug auf der noch verbleibenden Piste nicht mit Sicherheit zum Stillstand gebracht werden kann. Vor jedem Flug wird die Entscheidungsgeschwindigkeit unter Berücksichtigung der Zuladung (Passagiere, Fracht) und der meteorologischen Bedingungen errechnet. Während der Startphase wird das Erreichen der Geschwindigkeit V_1 vom Copiloten laut ausgerufen, so daß der Flugzeugführer entscheiden kann zwischen Startfortsetzen oder Startabbruch.

Die Entscheidungsgeschwindigkeit V_1 liegt innerhalb einer Bandbreite möglicher Geschwindigkeiten. Die untere Grenze für V_1 ist die Mindestgeschwindigkeit für Steuerbarkeit am Boden V_{MCG} plus einer Geschwindigkeitszunahme bis zu dem Zeitpunkt, wo der Pilot einen Triebwerkausfall erkannt hat und entsprechend reagiert haben sollte (etwa eine Sekunde). Die obere Grenze für die Entscheidungsgeschwindigkeit und zugleich die nächste Geschwindigkeitsmarke ist die *Rotationsgeschwindigkeit* V_R (take-off rotation speed, JAR/FAR 25.107 e). Bei der Rotationsgeschwindigkeit wird das Flugzeug durch Betätigen des Höhenruders angekippt. Aerodynamisch wird hierbei der Anstellwinkel des Flügels vergrößert und Auftrieb erzeugt. Die Rotationsgeschwindigkeit darf genau so groß sein wie die Entscheidungsgeschwindigkeit V_1; sie muß aber mindestens 5% höher liegen als V_{MCA}, damit bei unvorhergesehenem Abheben infolge einer Windbö ausreichende Steuerbarkeit gegeben ist.

Die Geschwindigkeit V_{MCA} (im Unterschied zu V_{MCG}) ist die Mindestgeschwindigkeit für Steuerbarkeit bei Ausfall eines Triebwerks, nachdem das Flugzeug abgehoben hat und sich bereits in der Luft befindet (minimum control speed air, JAR/FAR 25.149b). Das Flugzeug muß trotz Ausfall des »kritischen« Triebwerks (bei 4-mot ein äußeres Triebwerk, bei 2-mot das neuere mit höherem Schub) noch angemessen steuerbar sein. Das bedeutet, die durch den Triebwerkausfall verursachten Störmomente (unsymmetrischer Schub) müssen aussteuerbar sein, wobei bestimmte Mindestlagen einzuhalten sind (z. B. Schiebewinkel kleiner als 10 Grad). Zusätzlich wird noch eine Steuerreserve für eingeschränkte Manöver gefordert.

In der angekippten Lage beschleunigt das Flugzeug weiter bis zum Erreichen der Geschwindigkeit V_{MU} (minimum unstick speed, JAR/FAR 25.107d), bei der das Flugzeug selbst bei Ausfall eines Triebwerks sicher vom Boden abheben und den Start fortsetzen kann (engl.: unstick = abheben). Physikalisch wäre das Flugzeug zwar hierzu in der Lage, hätte aber keine Steigreserven, weil Auftrieb und Gewicht gleich groß sind (A = G), der Steigwinkel γ (Gamma) wäre Null. V_{MU} ist vom Flugzeughersteller für alle Schub-Gewichts-Verhältnisse, die zugelassen werden sollen, ohne und mit Triebwerkausfall nachzuweisen. Die Nachweisflüge während der Flug-Erprobung sind besonders spektakulär, weil das Heck wegen der fehlenden Steigfähigkeit über eine längere Strecke am Boden entlangschleift (**Abb. 9-12**). Zum Schutz des Hecks wurde bis vor kurzem ein Eichenholzklotz verwendet, der wegen der Reibungshitze nicht selten in Brand geriet.

Das tatsächliche Abheben findet bei der *Abhebegeschwindigkeit* V_{LOF} statt (lift-off speed, FAR 25.107 e,f). V_{LOF} folgt dicht auf V_R und liegt mindestens 10% über V_{MU}, wenn alle Triebwerke normal funktionieren (was die Regel ist), oder 5% über V_{MU}, wenn ein Triebwerk ausfällt (**Abb. 9-11**). Auch diese Leistung muß gegenüber der Zulassungsbehörde nachgewiesen werden. V_{LOF}

ohne Triebwerkausfall muß kleiner sein als die maximal zulässige Reifengeschwindigkeit.

Nach dem *Abheben* (lift-off) beschleunigt das Flugzeug nur noch geringfügig weiter (Zuwachs etwa 2 kt = 3.6 km/h) und erreicht die *sichere Startgeschwindigkeit* V_2 (take-off climb speed, JAR/FAR 25.107 c; **Abb. 9-11**). Einerseits entfällt nunmehr der Rollwiderstand des Fahrwerks, andererseits erhöht sich der aerodynamische Widerstand infolge Auftriebserzeugung und abnehmendem Bodeneffekt. Die sichere Startgeschwindigkeit V_2 gilt stets unter Annahme eines ausgefallenen Triebwerks (ungünstigster Fall) und muß

a) in einer willkürlich festgelegten Höhe von 11 m (35 ft) durchflogen werden,
b) mindestens 20% größer sein als die Überziehgeschwindigkeit $V_S \geqslant V_2$ (1.2 V_S),
c) mindestens 10% größer sein als $V_{MCA} \geqslant V_2$ (1.1 V_{MCA}).

Mit diesen beiden Randbedingungen (1.2 V_S und 1.1 V_{MCA}) wird die Untergrenze für V_2 (= V_{2min}) festgelegt (s. Kap. 5.5.8); die Obergrenze ist 1.4 V_S.

9-12 Nachweis der Mindestgeschwindigkeit V_{MU} für sicheres Abheben (Airbus A340)

Für den Nachweis von V_{MCA} muß der ungünstigste Trimmzustand gewählt werden, d.h. Schwerpunkt in seiner vordersten Lage, weil dann das Höhenleitwerk für den Momentenausgleich die größten Kräfte liefern muß (s. Kap. 5, Flugmechanik).

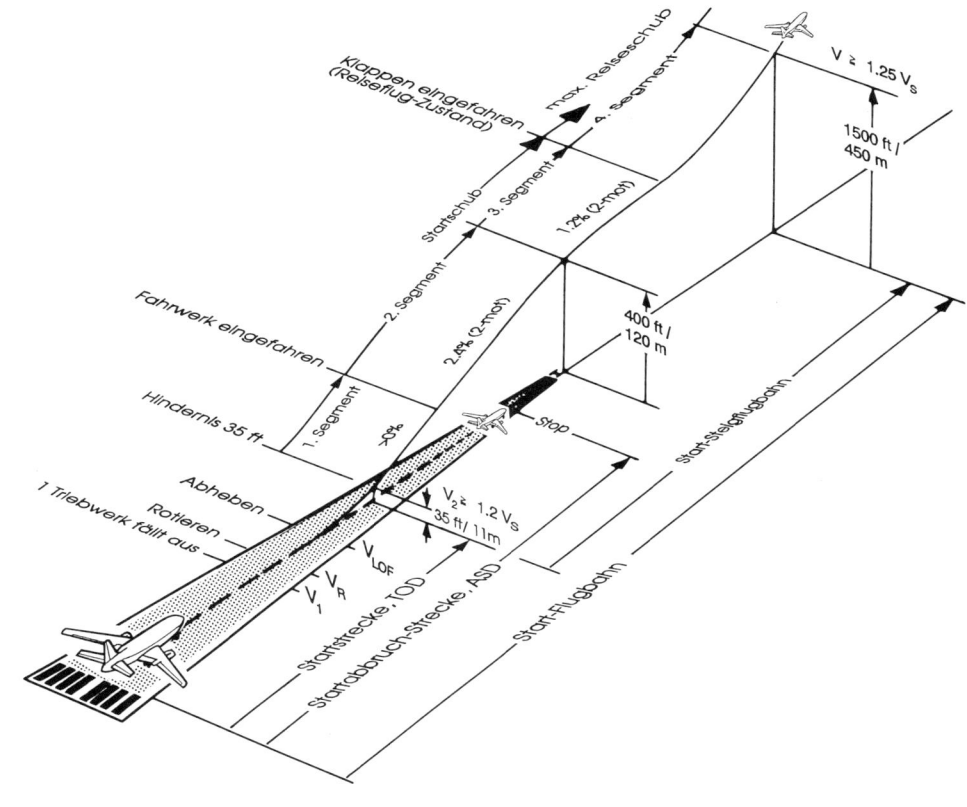

9-13 Strecken beim Start

Die Startgeschwindigkeiten sind so aufeinander abgestimmt, daß auf die Rotationsgeschwindigkeit V_R automatisch die Abhebegeschwindigkeit V_{LOF} folgt, daß V_{LOF} die Bedingungen bezüglich V_{MU} erfüllt, und daß die sichere Startgeschwindigkeit V_2 erreicht wird, bevor das Flugzeug in einer Höhe von 11 m ist.

Maßgeblich für den täglichen Flugbetrieb sind die Geschwindigkeiten V_1, V_R und V_2, wobei die Entscheidungsgeschwindigkeit V_1 die wichtigste ist.

Nach den Vorschriften einige Zahlen aus der Praxis, um eine Vorstellung über die Größenordnung der auftretenden Geschwindigkeiten zu vermitteln. Als Beispiel wird ein Flugzeug vom Typ Airbus A320 gewählt, Startmasse 58000 kg. Als Hochauftriebshilfen sollen nur Nasenklappen eingesetzt werden. Für diese Konfiguration gelten folgende Geschwindigkeiten[*]:

$$V_1 = 135 \text{ kt (250 km/h)}$$
$$V_R = 144 \text{ kt (267 km/h)}$$
$$V_2 = 147 \text{ kt (272 km/h)}$$

Die Zahlen machen deutlich, wie nahe die kritischen Geschwindigkeiten beieinander liegen.

9.6.2 Strecken beim Start

Grundsätzlich müssen bei der Zulassung eines neuen Flugzeugtyps die Startleistungen nachgewiesen werden bis zu einer Höhe von 450 m (1500 ft) über der Startbahn. Die dabei zurückgelegte Strecke ist die *Startflugbahn* (take-off path), die

---

[*] Geschwindigkeiten werden in der Luftfahrt in Knoten (Abkürzung kt) angegeben (1 kt = 1 nautische Meile pro Stunde = 1.852 km/h). Umrechnung von Knoten in km/h mit dem Faktor 1.852

sich zusammensetzt aus der *Startstrecke* (take-off distance) und der *Start-Steigflugbahn* (take-off flight path, **Abb. 9-13**).

Für die Startstrecke existieren strenge Vorschriften. Der Flugzeughersteller muß nachweisen, daß das von ihm konstruierte Flugzeug innerhalb der angegebenen Betriebsgrenzen die Leistungsforderungen hinsichtlich der Startstrecke erfüllt, und zwar

– für jedes Abfluggewicht (hohes Gewicht verlängert die Startstrecke);
– für jede Platzhöhe (hochgelegene Flugplätze haben niedrigen Luftdruck, daher sinken Schub und Auftrieb);
– für jede Umgebungstemperatur (auf heißen Plätzen ist der Schub geringer, daher längere Startstrecken).

Bei der Steigflugbahn kommt es weniger auf die Länge der Strecken als auf die Einhaltung vorgeschriebener Steigwinkel an (s. Kap. 9.6.3).

9.6.2.1 Startstrecke (JAR/FAR 25.113)

Die Startstrecke (take-off distance, TOD) umfaßt nach Definition der FAR die Bodenrollstrecke zwischen Startpunkt (*brake release point*) und Abheben sowie die Steigflugstrecke bis zum Erreichen einer Flughöhe von 11 m (35 ft; **Abb. 9-11** und **9-13**).

Ermittelt wird die Startstrecke auf zweifache Weise:

a) die Flughöhe von 11 m wird mit der sicheren Startgeschwindigkeit V_2 überflogen, nachdem bei der Entscheidungsgeschwindigkeit V_1 Triebwerkausfall angenommen wurde (durch absichtliches Stillegen eines Triebwerks beim Nachweisflug),
b) die Flughöhe von 11 m wird wiederum mit V_2 überflogen, diesmal ohne Triebwerkausfall, jedoch wird zu dieser Strecke ein Sicherheitszuschlag von 15% addiert (sog. faktorisierte Strecke, Faktor 1.15).

Die größere der unter a) und b) ermittelten Weglängen ist die verbindliche Startstrecke für die gewählte Flugzeug-Konfiguration (Dies ist ein wichtiges Verkaufsargument, da eine Luftver-kehrsgesellschaft wissen will, ob das angebotene Muster in ihr Streckennetz paßt und von ihren Flughäfen problemlos starten kann).

9.6.2.2 Startabbruchstrecke (JAR/FAR 25.109)

Die Startabbruchstrecke (*accelerate-stop distance*, ASD) soll den Nachweis erbringen, daß das Flugzeug nach Erreichen der Entscheidungsgeschwindigkeit V_1 innerhalb der verbleibenden Bahnlänge sicher zum Stillstand gebracht werden kann. Die Startabbruchstrecke wird nach zwei Methoden ermittelt, einmal mit und einmal ohne Triebwerkausfall. Die längere der beiden Strecken ist die verbindliche Startabbruchstrecke.

Methode I (mit Triebwerkausfall/ bei Neuzulassungen ersetzt durch Methode II)

Das Flugzeug wird aus dem Stand mit dem Schub aller Triebwerke beschleunigt, bis bei der Geschwindigkeit V_{EF} (EF=engine failure) ein Triebwerk ausfällt (durch absichtliches Stillegen eines Triebwerks beim Nachweisflug bzw. durch entsprechende Annahme in der Rechnung). Mit einem ausgefallenen Triebwerk beschleunigt das Flugzeug unter der Schubwirkung der noch intakten Triebwerke ca. 1 Sekunde weiter bis zur Entscheidungsgeschwindigkeit V_1 (**Abb. 9-14**). Nach nochmals zwei Sekunden wird das Flugzeug abgebremst und zum vollständigen Stillstand gebracht, wobei nur Radbremsen und Spoiler verwendet werden dürfen.

Methode II (ohne Triebwerkausfall/ »Amendment 42«)

Das Flugzeug wird aus dem Stand mit dem Schub aller Triebwerke beschleunigt bis zur Entscheidungsgeschwindigkeit V_1 und anschließend noch weitere zwei Sekunden. Danach wird der Schub weggenommen und das Flugzeug mit Radbremsen und Spoilern zum vollständigen Stillstand gebracht (**Abb. 9-14**). Bei dieser Methode müssen die Bremsen gegen den Leerlaufschub aller Triebwerke arbeiten, wodurch die Bremsstrecke länger wird.

Vor der Einführung des »Amendment 42« (amendment= zusätzliche Vorschrift) in die FAR erfolgte die Bestimmung der Startabbruchstrecke

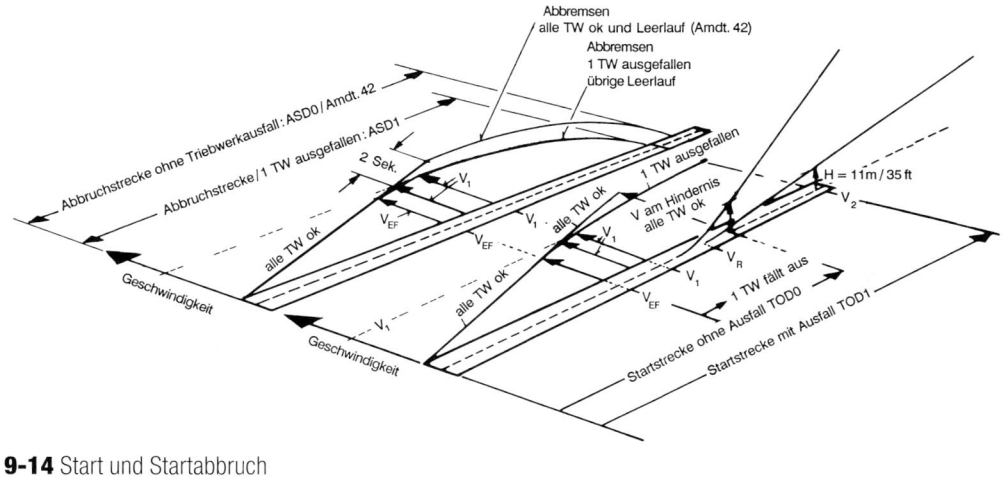

9-14 Start und Startabbruch

nur nach Methode I unter Berücksichtigung eines ausgefallenen Triebwerks. Inzwischen sind die Triebwerke so sicher geworden, daß ein Ausfall relativ unwahrscheinlich ist; viel häufiger ist dagegen eine fehlerhafte Anzeige im Cockpit auf Grund eines Fehlers in der Elektronik, ohne daß ein Triebwerk defekt sein muß. Diesem Umstand wurde durch die Einführung des »Amendment 42« Rechnung getragen. Bei Airbus wurde erstmals die A320 nach »Amendment 42« zugelassen. Von sofort an gilt diese Vorschrift für alle neuen Verkehrsflugzeugtypen, nicht jedoch für sog. »Derivate« wie Boeing 747-400, 737, McDonnel-Douglas MD-11.

9.6.2.3 Optimierte Startstrecke bei Triebwerkausfall (BFL)

In Kapitel 9.6.1 wurde gezeigt, daß die Entscheidungsgeschwindigkeit V_1 in einem Bereich liegen kann zwischen der Mindestgeschwindigkeit für Steuerbarkeit am Boden V_{MCG} (plus 1 Sekunde) und der Rotationsgeschwindigkeit V_R ; innerhalb dieses Bereiches ist V_1 frei wählbar. Wir wollen nun überlegen, wie sich die Startstrecke mit Triebwerkausfall (TOD1) und die Startabbruchstrecke ohne Triebwerkausfall (ASD0) verhalten, wenn verschiedene Werte für V_1 gewählt werden. Wichtigstes Kriterium für den Startfall (TOD) ist die Aerodynamik des Flugzeugs, während für den Startabbruch (ASD) auch die Wirksamkeit der Radbremsen bedeutsam ist.

Wird eine niedrige Entscheidungsgeschwindigkeit V_1 gewählt, so ist auch die Startabbruchstrecke klein, weil der Bremsweg kurz ist (**Abb. 9-15**, Punkt 1); die Startstrecke ist dagegen groß, weil das Flugzeug mit einem ausgefallenen Triebwerk länger bis zur Abhebegeschwindigkeit beschleunigt werden muß (**Abb. 9-15**, Punkt 2). Wird eine hohe Entscheidungsgeschwindigkeit V_1 gewählt, ist die Startabbruchstrecke wegen des längeren Bremsweges groß (**Abb. 9-15**, Punkt 3), die Startstrecke aber klein, weil sich das Flugzeug bereits kurz vor der Abhebegeschwindigkeit befindet (**Abb. 9-15**, Punkt 4). In beiden Fällen sind Startstrecke und Startabbruchstrecke unterschiedlich lang. Die Vorschriften verlangen, daß für die Bestimmung der Startstrecke folgende Fälle nachzuweisen sind:

– Startstrecke mit Triebwerkausfall (TOD1);
– Abbruchstrecke ohne Triebwerkausfall (ASD0);
– Startstrecke ohne Triebwerkausfall plus Zuschlag 15% (TOD0 * 1.15).

Diejenige Strecke mit der größten Länge gilt als verbindlich festgelegte Startstrecke. Da eine Startstrecke so kurz wie möglich sein sollte (weil eine Fluggesellschaft hierauf ihre Kaufentscheidung gründen kann), liegt dann eine optimale Strecke vor, wenn V_1 so gewählt wird, daß die Startstrecke *mit* Triebwerkausfall genau so groß ist wie die Abbruchstrecke *ohne* Triebwerkausfall (TOD1 = ASD0). Diese optimale Strecke läßt sich

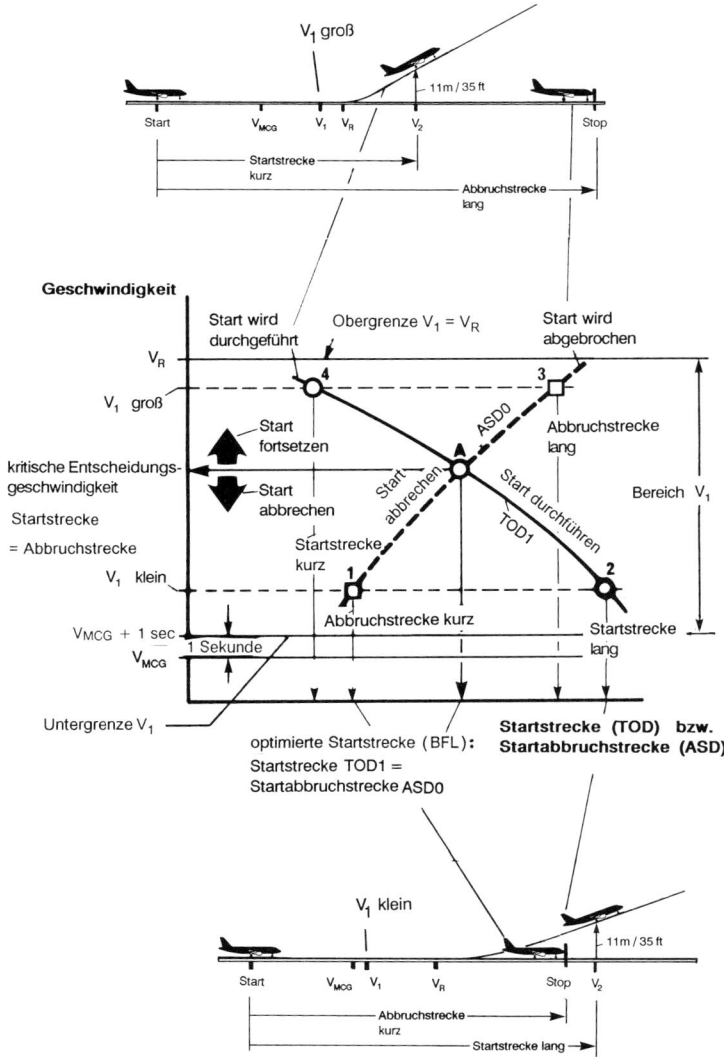

9-15 Optimierte Startstrecke bei Triebwerk-Ausfall (BFL)

finden, wenn im Diagramm die entsprechenden Strecken miteinander verbunden werden (1 mit 3, 2 mit 4; **Abb.9-15**). Der Schnittpunkt beider Kurven definiert eine *Entscheidungsgeschwindigkeit* (critical decision speed), die zu der gesuchten optimalen Startstrecke führt (**Abb. 9-15**, Punkt A). Diese Strecke ist auch im deutschen Sprachraum unter ihrer englischen Bezeichnung »*balanced field length*« (BFL) bekannt.

Schließlich muß die gefundene Startstrecke TOD1 = ASD0 noch verglichen werden mit der »Allmotorenstrecke mal 1.15«, d.h. mit der Start-

strecke ohne Triebwerkausfall (TOD0), versehen mit einem Sicherheitszuschlag von 15 % (s. Kap. 9.6.2.1). Die längere dieser so erhaltenen Strecken ist dann endgültig die verbindliche Startstrecke für die untersuchte Konfiguration.

9.6.3 Startsegmente und Steigforderungen

In den vorhergehenden Abschnitten wurde der Startvorgang bis zur Hindernishöhe von 11 m (35 ft) betrachtet. Damit ist die Startphase aber nicht beendet. Es schließt sich ein Steigflug-Abschnitt

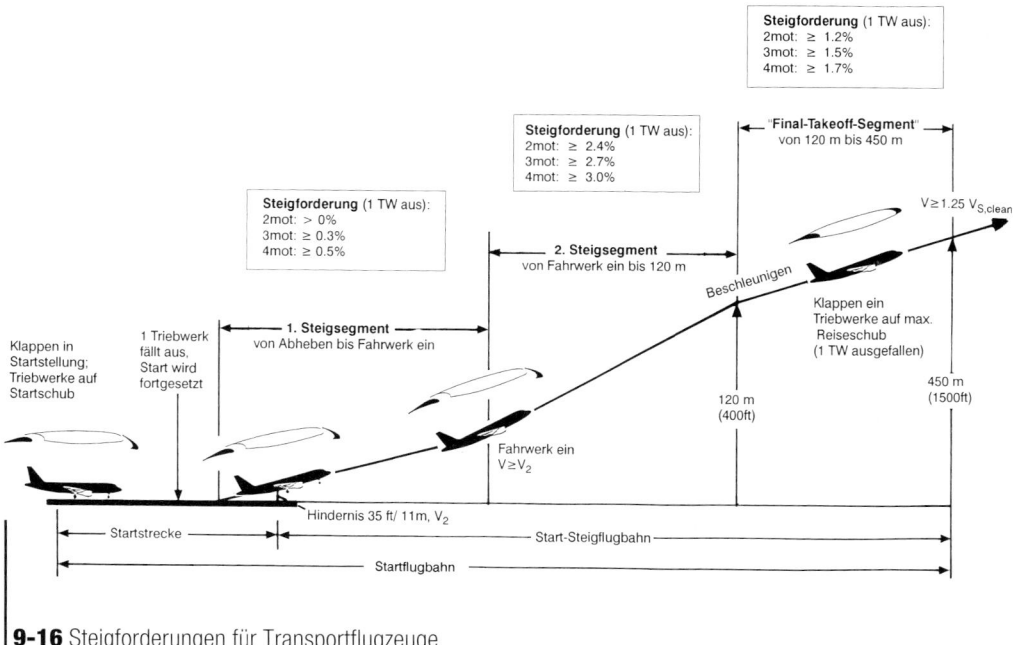

9-16 Steigforderungen für Transportflugzeuge

an, der das Flugzeug auf die (willkürlich festgelegte) Höhe von 1500 ft (450 m) bringt. Man bezeichnet die ab 11 m Höhe beginnende und in 450 m endende Flugphase als *Start-Steigflugbahn* (takeoff flight path, **Abb. 9-13**). Auch für die Steigphase schreiben die Lufttüchtigkeitsforderungen für jedes Flugzeugmuster Mindestleistungen vor, die insbesondere bei Ausfall eines Triebwerks erfüllt werden müssen.

Der Steigflug wird in drei typische Segmente unterteilt, wobei jedes Segment durch eine charakteristische Flugzeug-Konfiguration gekennzeichnet ist (Klappenstellung, Triebwerkschub, Fahrwerkstellung)[*]. Für jedes Segment wird der Ausfall eines Triebwerks angenommen (**Abb. 9-16**).

Das *1. Segment* definiert die Startleistungen unmittelbar nach dem Abheben, mit folgenden Merkmalen:

---

[*] In der Literatur wird die Start-Steigflugbahn häufig in 4 Segmente unterteilt, wobei das 3. Segment als Beschleunigungssegment bezeichnet wird. Die Zulassungsvorschriften und die Praxis gehen jedoch nur von drei Segmenten aus.

– 1 Triebwerk ausgefallen
– Fahrwerk ausgefahren, Fahrwerktüren geöffnet (ungünstigster Fall)
– Klappen in Startstellung
– verbleibende Triebwerke mit maximalem Startschub (max take-off) bei V_{LOF}
– Fluggeschwindigkeit $V_2 = 1.2 - 1.4 \, V_S$
– Steiggradient positiv (>0)

Bei der Ermittlung der Startleistung bleibt die günstige Auswirkung des Bodeneffekts unberücksichtigt, obwohl der tatsächliche Start unter Bodeneinfluß erfolgt. Hierin kommt wieder das Prinzip der Flugleistungsrechnung zum Ausdruck, stets die ungünstigsten Annahmen zu treffen und damit rechnerisch auf der sicheren Seite zu liegen.

Das *2. Segment* gilt vom Zeitpunkt des vollständig eingezogenen Fahrwerks und reicht bis in eine Flughöhe von 120 m (400 ft). Kennzeichen des zweiten Segments:
– 1 Triebwerk ausgefallen
– Fahrwerk eingefahren, Fahrwerktüren geschlossen
– Klappen in Startstellung
– verbleibende Triebwerke mit maximalem Startschub (max take-off) bei V_2

- Fluggeschwindigkeit V_2 = 1.2 - 1.4 V_S
- Steiggradient 2.4% bei 2-mot, 3.0% bei 4-mot
- kein Bodeneffekt .

Die Steigforderungen des zweiten Segments wirken sich unmittelbar auf das zulässige Abfluggewicht aus und stellen deshalb eine große Herausforderung an den Flugzeug-Entwurf dar.

Den Abschluß des Startvorgangs bildet das »*final take-off*«-Segment, das unter folgenden Annahmen gerechnet wird (JAR/FAR 25.121c):
- 1 Triebwerk ausgefallen
- Fahrwerk eingefahren
- Klappen eingefahren (»clean«)
- verbleibende Triebwerke mit maximalem Dauerschub (max. continuous in 1500 ft)
- Fluggeschwindigkeit V_2 =1.25 V_S bis 1.65 V_S (bezogen auf »clean«)
- Steiggradient 1.2% bei 2-mot, 1.7% bei 4-mot.

Die Start-Steigflugbahn umfaßt alle drei (bzw. vier) Segmente. Besonders gravierend für den Flugzeughersteller sind die Steigforderungen für das 2. Segment, die in JAR/FAR 25.121 niedergelegt sind (*second segment climb requirements*). Diese besagen, daß Mindeststeigwinkel einzuhalten sind und gleichzeitig die sichere Startgeschwindigkeit V_2 nicht unterschritten werden darf.

Als minimale Steiggradienten sind für das zweite Segment zwingend vorgeschrieben (**Abb. 9-16**):
- 2.4% bei zweistrahligen Flugzeugen (Airbus A310, A320, A330, Boeing 737, 757, 767, 777, McDonnel-Douglas MD-80);
- 2.7% bei dreistrahligen Flugzeugen (DC-10, MD-11, L-1011);
- 3.0% bei vierstrahligen Flugzeugen (B747, A340).

Insbesondere bei zweistrahligen Flugzeugen kann der Verlust von 50% des Schubes schwerwiegende Folgen haben, wenn beispielsweise das Klappensystem zuviel Widerstand erzeugt und das Flugzeug entweder den Steigwinkel oder die Geschwindigkeit nicht halten kann. Die Erfüllung der Leistungsforderungen kann möglicherweise die vollständige Überarbeitung des Klappensy-

stems nach sich ziehen – mit Folgekosten in Millionenhöhe. Andererseits wird erkennbar, daß ein zweistrahliges Flugzeug bezüglich des Schubes überdimensioniert ist, denn es muß den Ausfall des halben Schubes verkraften können. Im Reiseflug sind die Triebwerke daher nicht voll ausgelastet, was um so unwirtschaftlicher ist, je länger die Flugstrecken sind. Der »Zweimotorer« ist daher das typische Flugzeug für die Kurz- und Mittelstrecke. Der zunehmende Einsatz zweistrahliger Flugzeuge auch für die Langstrecke (Airbus A330, Boeing 777) zeigt jedoch, daß eine für den Reiseflug zu hohe installierte Triebwerkleistung durch die günstigeren Gesamtkosten des Zweistrahlers wieder aufgewogen wird, wozu auch die längere Lebensdauer der nicht voll ausgelasteten Triebwerke zählt.

9.6.4 Einflüsse auf das Startverhalten

Vor jedem Flug muß die Besatzung prüfen, ob der Start sicher durchgeführt werden kann. Dies geschieht durch Berechnen derjenigen Größen, die für den Start von kritischer Bedeutung sind:
- die Entscheidungsgeschwindigkeit V_1
- das maximale Startgewicht
- die Startstrecke.

Beeinflußt werden diese Größen im wesentlichen
- *flugzeugseitig* durch das Startgewicht und die Eigenschaften des Flugzeugs,
- *startbahnseitig* durch die verfügbare Länge der Bahn und deren Zustand,
- *wetterseitig* durch die meteorologischen Bedingungen und
- *triebwerkseitig* durch die Eigenschaften des Antriebssystems.

Wir wollen nachfolgend die Bedeutung der einzelnen Faktoren und ihre Zusammenhänge untereinander kennenlernen.

9.6.4.1 Flugzeugseitige Faktoren

Die wesentlichen Größen, mit denen der Flugzeugführer den Start beeinflussen kann, sind die Entscheidungsgeschwindigkeit V_1, die sichere Startgeschwindigkeit V_2 und die Wahl der Klappenstellung.

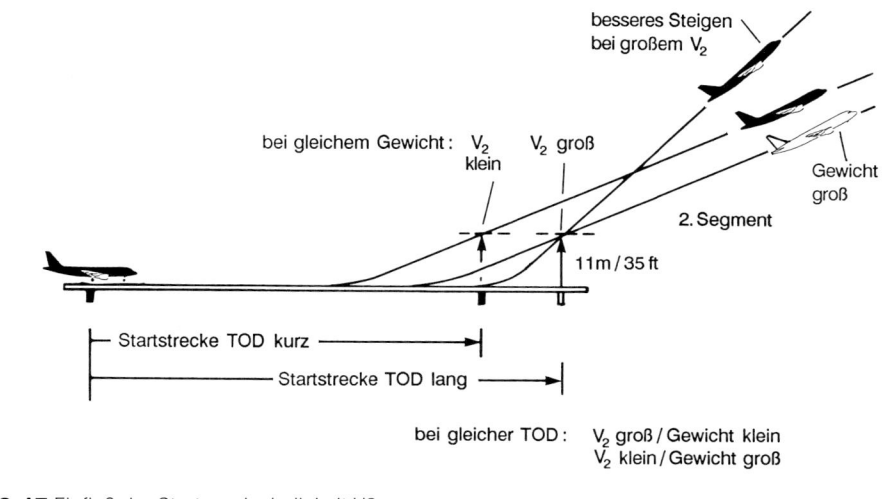

besseres Steigen
bei großem V_2

bei gleichem Gewicht: V_2 klein V_2 groß

Gewicht groß

2. Segment

11m / 35 ft

Startstrecke TOD kurz

Startstrecke TOD lang

bei gleicher TOD: V_2 groß / Gewicht klein
V_2 klein / Gewicht groß

9-17 Einfluß der Startgeschwindigkeit V2

Wir hatten zuvor gesehen, daß die Entscheidungsgeschwindigkeit V_1 innerhalb eines Bereiches liegen kann (s. Kap. 9.6.1). Wählt der Pilot einen niedrigen Wert für V_1, ergibt sich eine lange Startstrecke (TOD), das Flugzeug benötigt mehr Zeit, um bei Ausfall eines Triebwerks die sichere Startgeschwindigkeit V_2 zu erreichen. Die Bremsstrecke (ASD) wird jedoch kurz. Die Wahl von V_1 wird davon abhängen, wie groß die verfügbare Bahnlänge ist, aber auch vom Zustand der Bahn, etwa Schneebelag mit schlechten Bremsmöglichkeiten (**Abb. 9-15**).

Ist die vorhandene Bahn nur kurz, besteht eine startbahnseitige Begrenzung. In diesem Fall erzwingt die Wahl einer niedrigen Entscheidungsgeschwindigkeit V_1 eine Verringerung des Abfluggewichtes, beispielsweise durch Zurücklassen von Fracht. Bei einer hohen Entscheidungsgeschwindigkeit V_1 ist die Startstrecke (TOD) kleiner, weil sich das Flugzeug bereits kurz vor der Abhebegeschwindigkeit befindet; der Bremsweg im Falle des Startabbruchs ist jedoch lang (**Abb. 9-15**).

Eine weitere Beeinflussungsmöglichkeit besitzt der Pilot in der Wahl der Startgeschwindigkeit V_2, die im Bereich zwischen 1.2 V_S und 1.4 V_S liegen kann (V_S = Überziehgeschwindigkeit, s. Kap.4). Stellt das Abfluggewicht keine Begrenzung dar, kann die Startstrecke (TOD) durch Wahl eines niedrigen Wertes für V_2 verkürzt werden (**Abb. 9-17**).

Die Wahl von V_2 beeinflußt zugleich den Steiggradienten im nachfolgenden 2. Segment. Ist V_2 groß, kann ein größerer Steiggradient geflogen werden. Andererseits kann aber auch das Abfluggewicht erhöht und dennoch der vorgeschriebene Steiggradient eingehalten werden (All dies gilt unter der Annahme, daß ein Triebwerk ausgefallen ist, was in der Praxis zwar kaum vorkommt, aus Sicherheitsgründen aber berücksichtigt werden muß).

Die dritte Beeinflussungsmöglichkeit besteht in der Wahl der Klappenstellung. Moderne Verkehrsflugzeuge besitzen häufig drei verschiedene Startstellungen; das sind festgelegte Winkelkombinationen für Nasen- und Hinterkantenklappen. Je stärker die Klappen ausgeschlagen werden, um so höher ist der erzeugte Auftrieb, um so größer aber auch der Widerstand (s. Kap.4, Aerodynamik).

Die Wahl der Klappenstellung beeinflußt die Start-Eigenschaften. So bewirkt ein großer Klappenausschlag zwar eine kurze Startstrecke, führt aber wegen des hohen Widerstandes zu schlechterem Steigen (**Abb. 9-18**). Ein geringer Klappenausschlag verlängert die Startstrecke, besitzt aber eine günstige Gleitzahl und damit bessere Steigeigenschaften im 2. Segment. Andererseits kann bei vorgegebener Startstrecke durch Wahl eines großen Klappenausschlags das Abfluggewicht erhöht werden (durch Mitnahme zusätzlicher

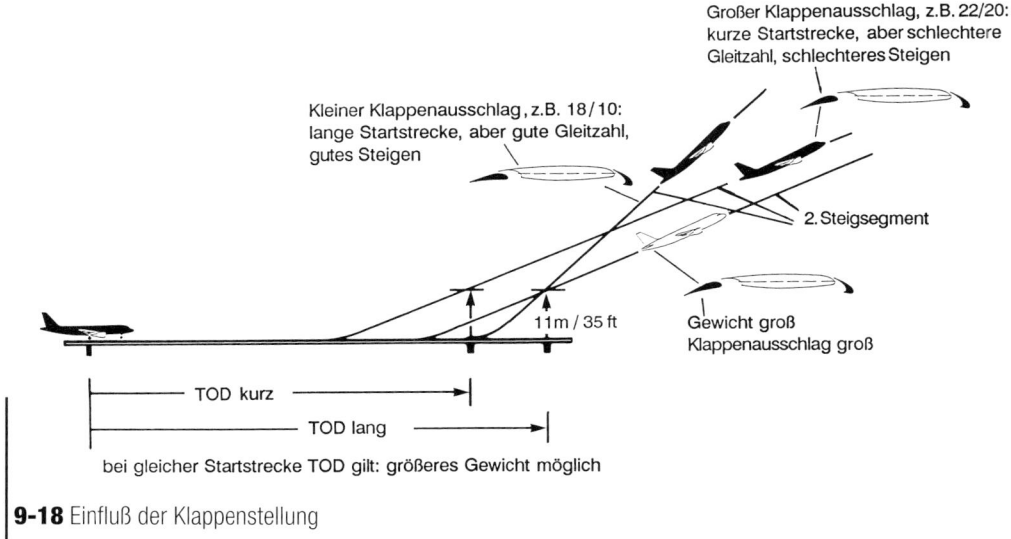

Großer Klappenausschlag, z.B. 22/20: kurze Startstrecke, aber schlechtere Gleitzahl, schlechteres Steigen

Kleiner Klappenausschlag, z.B. 18/10: lange Startstrecke, aber gute Gleitzahl, gutes Steigen

2. Steigsegment

11 m / 35 ft

Gewicht groß Klappenausschlag groß

TOD kurz

TOD lang

bei gleicher Startstrecke TOD gilt: größeres Gewicht möglich

9-18 Einfluß der Klappenstellung

Fracht). In allen Fällen muß auf Erfüllung der Segment-Forderungen geachtet werden.

9.6.4.2 Startbahnseitige Einflüsse

Bislang hatten wir den Start unter dem Gesichtspunkt der Leistungsfähigkeit des Flugzeugs betrachtet. Wir wollen nunmehr kennenlernen, wie sich Startstrecken aus der Sicht des Flughafens darstellen. In diesem Zusammenhang interessieren die Begriffe Startbahn, Stopbahn und Freifläche.

Als *Startbahn* (runway) bezeichnet man eine betonierte Bahn, die in der Lage ist, jedes Flugzeuggewicht innerhalb des normalen Betriebsbereiches zu tragen (**Abb. 9-19**). Mitunter besitzt das betrachtete Rollfeld am Ende eine *Stopbahn* (stopway). Hierbei handelt es sich um eine asphaltierte Bahn, die das Flugzeuggewicht im Notfall (Startabbruch) zwar tragen kann, wegen möglicher Hindernisse für den eigentlichen Flugbetrieb aber nicht zulässig ist (**Abb. 9-19**). Bei der Berechnung der Startabbruchstrecke darf die Stopbahn in die verfügbare Länge einbezogen werden. Darüber hinaus kann eine *Freifläche* (clearway) existieren (**Abb. 9-19**). Dies ist eine Fläche am Ende der Rollbahn, auf der weder Gebäude noch sonstige Hindernisse stehen dürfen (mit Ausnahme der Landebahnbefeuerung). Der Anstieg darf 1.25% nicht überschreiten. Als Bedingung gilt, daß

a) die Startstrecke (TOD) kleiner sein muß als die Summe aus »runway + clearway«

b) die Startabbruchstrecke (ASD) kleiner sein muß als die Summe »runway +stopway« (**Abb. 9-19**).

Für den Start ebenfalls von Bedeutung ist die Neigung der Startbahn und ihr witterungsbedingter Zustand. Startbahnen verlaufen mitunter nicht vollständig horizontal, sondern weisen eine leichte Neigung auf. Diese darf in der Regel zwischen +2% und -2% liegen. Starten auf abschüssiger Bahn führt zu kürzeren, auf ansteigender Bahn zu längeren Startstrecken.

Bislang wurde für die Betrachtungen eine trockene Startbahn angenommen. Für die Flugleistung müssen jedoch auch witterungsbedingte Verschlechterungen berücksichtigt werden, z.B. nasse Bahn, Schneematsch. Dieser Punkt wird in den Betriebshandbüchern für das jeweilige Flugzeug berücksichtigt. Der Zustand der Startbahn ist nicht Gegenstand des Zulassungsverfahrens.

9.6.4.3 Meteorologische Einflüsse

Luftdruck und Lufttemperatur beeinflussen die Leistung der Triebwerke und über den Staudruck auch die Aerodynamik des Flugzeugs. Bei niedriger Temperatur darf das Startgewicht höher sein (wegen der größeren Luftdichte) als bei höherer

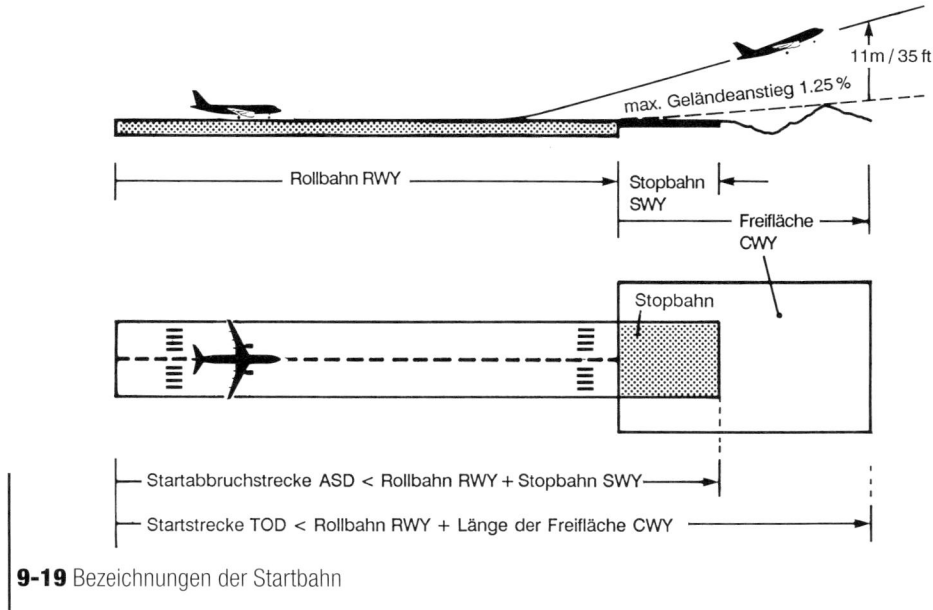

9-19 Bezeichnungen der Startbahn

Temperatur. Dies folgt aus der Definition des Auftriebs:

$$\text{Auftrieb A} = \text{Abfluggewicht G} = 1/2\,\rho V^2_{\text{Start}}\,S\,C_A$$

(ρ = Luftdichte (Rho), S = Flügelfläche, C_A =Auftriebsbeiwert, V = Geschwindigkeit)

Umgekehrt muß bei höherer Temperatur (abnehmende Dichte) die Abfluggeschwindigkeit erhöht werden, was zu längeren Startstrecken führt. Da der Schub mit wachsender Temperatur ebenfalls abnimmt (weil mit abnehmender Dichte der Durchsatz geringer wird), wirken sich die meteorologischen Bedingungen auch über den Triebwerkschub auf die Startleistungen aus. Beide Einflüsse – Aerodynamik und Triebwerkleistung – können beispielsweise dazu führen, daß das Startgewicht eines Mittelstreckenflugzeugs bei gleicher Startbahnlänge (2000 m) um etwa 5 Tonnen verringert werden muß, wenn die Umgebungstemperatur nicht 15 Grad Celsius (ISA), sondern 35 Grad Celsius beträgt (ISA + 20).

Windrichtung und Windstärke spielen für die Berechnung der Startstrecken ebenfalls eine wichtige Rolle. Gegenwind verkürzt, Rückenwind verlängert die Startstrecken. Generell existieren für jeden Flugzeugtyp Grenzwerte für Rücken- und Seitenwind, bei deren Überschreiten der Start untersagt ist (Beispiel A320: maximaler Seitenwind 30 Knoten = 15 m/s; maximaler Rückenwind 10 Knoten = 5 m/s).

9.6.4.4 Eigenschaften des Antriebssystems

Die Triebwerkleistung ist nicht nur abhängig von den meteorologischen Werten Druck und Temperatur der Umgebungsluft, sondern auch von der Leistungsentnahme für Klima-Anlage und Enteisungssystem. Um die volle Triebwerkleistung für den Start verfügbar zu haben (*take-off rating*), müssen Klima-Anlage und Enteisung abgeschaltet werden (Die anderenfalls hierfür benötigte Warmluft wird dem Verdichter entnommen, so daß die abgezweigte Luft für den Schub nicht zur Verfügung steht).

In den meisten Fällen startet das Flugzeug nicht mit seinem Maximalgewicht. Es ist daher möglich und in der Praxis üblich, den Start mit verringertem Schub durchzuführen und so die Triebwerke zu schonen (bei Airbus als »flexible take-off« bezeichnet). Die Vorschriften beim Start müssen aber in jedem Fall ohne Einschränkung erfüllt werden.

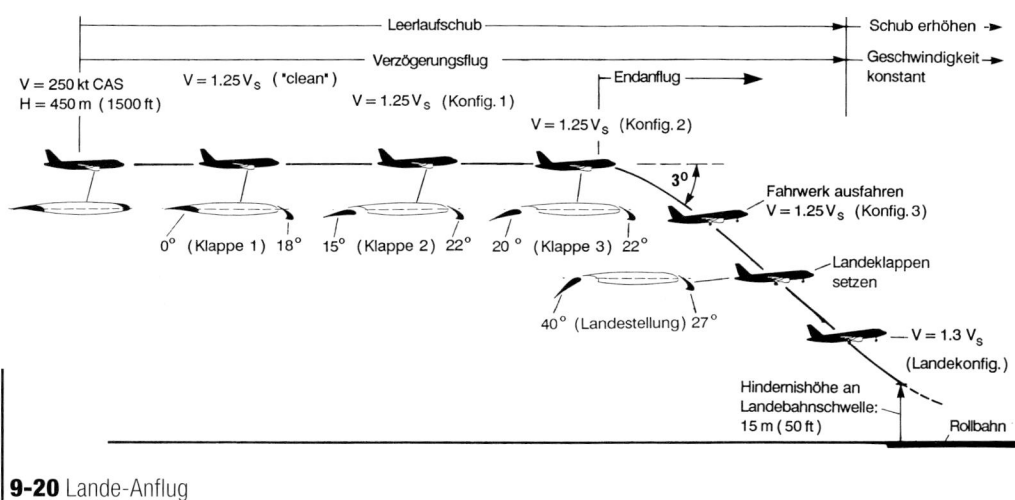

9-20 Lande-Anflug

9.7 Landung

Nach dem Abstieg aus der Reiseflughöhe wird der Landevorgang eingeleitet (**Abb. 9-20**). Im idealisierten Fall (für Annahmen zur Berechnung) befindet sich das Flugzeug in einer konstanten Höhe von 450 m (1500 ft), Klappen und Fahrwerk sind noch eingefahren, die Geschwindigkeit beträgt 250 kt V_{CAS} (460 km/h=130 m/s).

Wegen des geringen Schubes bewirkt der Widerstandsüberschuß eine kontinuierliche Abnahme der Geschwindigkeit. Sobald die Fahrt bis auf den 1.25-fachen Wert der Überziehgeschwindigkeit abgesunken ist (V = 1.25 V_S der Reiseflug-Konfiguration), muß die erste Klappenstellung gefahren werden. (Dies bedeutet beispielsweise beim Airbus A320: Nasenklappen 18°, Hinterkantenklappen 0°, d.h. die erste Startstellung). Dadurch vergrößert sich der Widerstand, das Flugzeug verliert weiter an Fahrt, bis die Geschwindigkeit auf 1.25 V_S der aktuellen Klappenkonfiguration abgefallen ist (**Abb. 9-20**). Dann wiederholt sich der Vorgang mit der zweiten Klappenkonfiguration (Beispiel A320: Slat 22°, Klappe 15°), bis schließlich mit der dritten Klappenstellung der Abstieg eingeleitet wird (A320: Slat 22°, Klappe 20° = 3. Startstellung)

Der *Endanflug* (final approach) wird mit einer Bahnneigung von 3° durchgeführt. Nachdem der Gleitweg stabilisiert ist, wird das Fahrwerk ausgefahren, danach werden die Klappen in Landestellung gebracht (bei A320: Slat 27°, Klappe 40°). Wegen des hohen Widerstandes verzögert das Flugzeug weiter. Da die Hindernishöhe 15 m (50 ft) gemäß Vorschrift mit einer Geschwindigkeit von 1.3 V_S überflogen wird, muß die Einhaltung der Fahrt durch den Schub reguliert werden. Der Endanflug wird mit dem Passieren der *Landebahnschwelle* (threshold) in 15 m Höhe und 1.3 V_S abgeschlossen, die Triebwerke werden auf Flug-Leerlaufdrehzahl [*)] heruntergefahren (**Abb. 9-21**).

Danach erfolgt die eigentliche Landung im Sinne der Flugleistung, bestehend aus *Luftstrecke* (air distance) und *Bodenstrecke* (stop distance). Die Luftstrecke umfaßt den Sinkflug ab Hindernis und den Abfangbogen (**Abb. 9-22**).

Der *Abfangbogen* (flare) soll zu einer akzeptablen Sinkgeschwindigkeit beim Aufsetzen führen, damit die Flugzeugstruktur nicht beschädigt wird (2.4 m/s = 8 ft/s). Hierbei darf die Fahrt nicht unter 1.1V_S fallen. Im Idealfall erfolgt das Aufsetzen des Flugzeugs am Ende des Bogens.

Die dann folgende Bodenrollphase (groundrun) besteht aus »De-Rotieren«, Reaktionsphase und Abbremsen bis zum Stillstand. Beim De-Ro-

---

[*)] Die Flug-Leerlaufdrehzahl (flight idle) wird nach der 8-Sekundenregel festgelegt, d.h. ein Triebwerk muß innerhalb von 8 Sekunden auf Vollast hochgefahren werden können.

9-21 Überfliegen der Landebahnschwelle mit 1.3 V_S

Hindernishöhe 15 m muß mit einer Geschwindigkeit von 1.3 V_S überflogen werden, wobei V_S die Überziehgeschwindigkeit der Landekonfiguration ist. Da die Landestrecke abhängig ist vom Flugzeuggewicht und den atmosphärischen Bedingungen, muß die Landestrecke gemäß Vorschrift JAR/FAR 25.125 nachgewiesen werden für 15 Grad Celsius (ISA), jede Platzhöhe und alle Landegewichte, die für den Flugbetrieb zulässig sein sollen. Der Nachweis muß für eine trockene und ungeneigte Bahn erfolgen; bei nasser Bahn erfolgt ein Zuschlag von 15% auf die Landestrecke. Die Betätigung der Radbremsen muß innerhalb der zulässigen Betriebsgrenzen liegen gemäß den

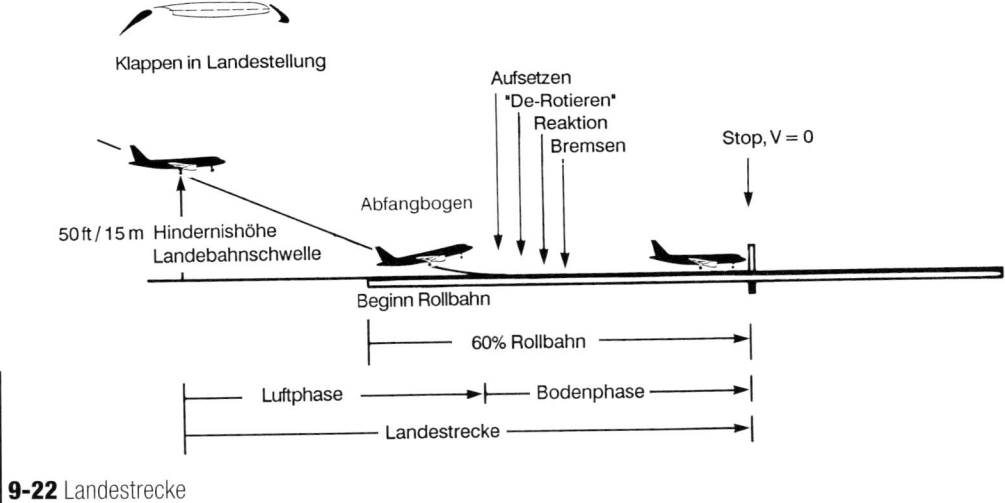

9-22 Landestrecke

tieren wird das Flugzeug durch Absenken des Bugs von der Aufsetzlage (Bugrad angehoben) in die waagerechte Ausroll-Lage gebracht. Die Reaktionsphase reicht bis zum Einsetzen der Bremswirkung durch Radbremsen, Spoiler und Umkehrschub. Den Abschluß bildet die Bremsphase, die bis zu einer akzeptablen Bodenrollgeschwindigkeit oder zum Stillstand auf der Landebahn führt.

9.7.1 Vorschriften und Definitionen

Als *Landestrecke* (landing distance) bezeichnet man den horizontalen Abstand zwischen einem Punkt, der 15 m (50 ft) über der Landefläche liegt, und demjenigen Punkt, in dem das Flugzeug zum vollständigen Stillstand kommt (**Abb. 9-22**). Die

Vorschriften des Bremsenherstellers und darf nicht zu außergewöhnlicher Abnutzung führen. Unter diesen Bedingungen verlangen die Vorschriften, daß die benötigte Landestrecke höchstens 60% der verfügbaren Rollbahn ausmachen darf. Das bedeutet: im Normalfall (d.h. trockene Bahn, keine Neigung, Normtemperatur) verbleibt ein Teil der Rollbahn als Reserve für Abweichungen vom idealen Aufsetzpunkt.

9.7.2 Lande-Steigforderungen

Es mag zunächst paradox klingen, aber auch ein landendes Flugzeug muß bestimmte Steigforderungen erfüllen, um zugelassen zu werden. Diese Fähigkeit wird im täglichen Flugbetrieb dann ver-

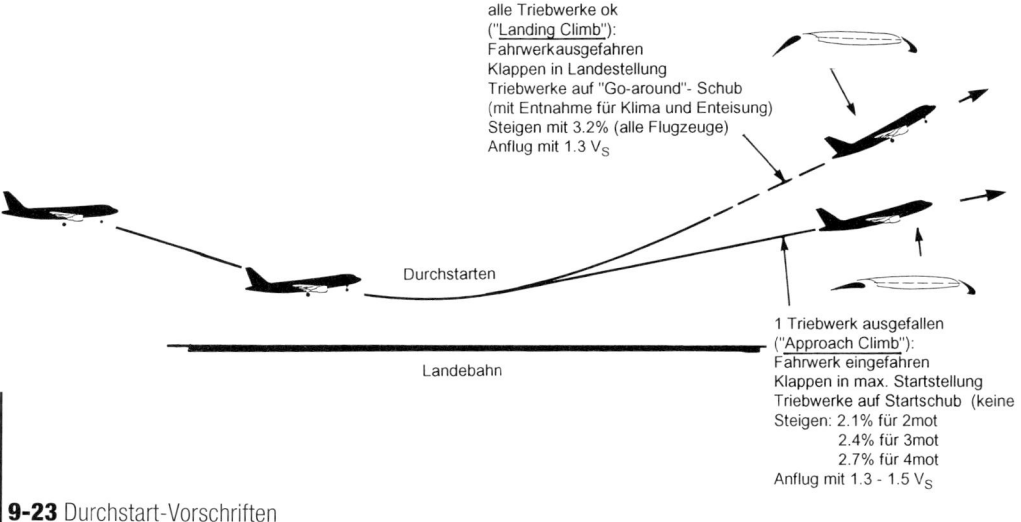

alle Triebwerke ok
("Landing Climb"):
Fahrwerk ausgefahren
Klappen in Landestellung
Triebwerke auf "Go-around"- Schub
(mit Entnahme für Klima und Enteisung)
Steigen mit 3.2% (alle Flugzeuge)
Anflug mit 1.3 V_S

Durchstarten

Landebahn

1 Triebwerk ausgefallen
("Approach Climb"):
Fahrwerk eingefahren
Klappen in max. Startstellung
Triebwerke auf Startschub (keine
Steigen: 2.1% für 2mot
2.4% für 3mot
2.7% für 4mot
Anflug mit 1.3 - 1.5 V_S

9-23 Durchstart-Vorschriften

langt, wenn die Landung abgebrochen wird und durchgestartet werden muß.

Grundsätzlich wird unterschieden zwischen Durchstarten ohne Triebwerkausfall (*landing climb*) und Durchstarten mit einem ausgefallen Triebwerk (*approach climb*). Durchstarten ohne Triebwerkausfall kommt beispielsweise vor, wenn schlechte Sichtbedingungen auf der Piste herrschen; Durchstarten mit einem ausgefallenen Triebwerk ist dagegen selten, muß aber nachgewiesen werden, zumal der Start mit einem ausgefallenen Triebwerk ebenfalls nachweispflichtig ist.

Die Bedingungen beim Durchstarten sehen zwei typische Flugzeug-Konfigurationen und Steigforderungen vor (**Abb. 9-23**):

a) Durchstarten ohne Triebwerkausfall (*landing climb*)
   – Fahrwerk ausgefahren, Fahrwerktüren geschlossen
   – Klappen in Landestellung (maximaler Ausschlag)
   – Triebwerke auf »go-around«-Schub (=Startschub mit Entnahme für Klima und Enteisung)
   – Anfluggeschwindigkeit $V_{CAS} = 1.3\ V_S$ bezogen auf Landekonfiguration)
   – vorgeschriebener Steiggradient mindestens 3.2%

b) Durchstarten mit einem ausgefallenen Triebwerk (*approach climb*)
   – Fahrwerk eingefahren
   – Klappen auf maximale Startstellung (Approach-Konfiguration)
   – Triebwerke (ev. nur eins!) mit Startschub (take-off rating, keine Entnahme)
   – Anfluggeschwindigkeit $V_{CAS} = 1.3$ bis $1.5\ V_S$ (bezogen auf Approach-Konfiguration)
   – vorgeschriebene Steiggradienten 2.1% bei zweistrahligen, 2.4% bei dreistrahligen, 2.7% bei vierstrahligen Flugzeugen.

Die Vorschrift JAR/FAR 25.1001 verlangt, daß jedes Flugzeug in der Lage sein muß, 15 Minuten nach dem Start auf demselben Flughafen wieder zu landen. Falls sich die Steigforderungen beim Durchstarten nicht erfüllen lassen, muß das Flugzeug mit einem *Kraftstoff-Schnellablaß* (fuel jettison) ausgerüstet werden, um das Gewicht in entsprechend kurzer Zeit zu verringern.

Für zweistrahlige Flugzeuge ist die Steigforderung beim »approach climb« (ein Triebwerk ausgefallen) schwieriger zu erfüllen und macht daher eher einen (unerwünschten) Schnellablaß erforderlich, z.B. beim Airbus A300B4 (mit einer Ablaßkapazität von 640 kg/Minute). Bei guter Aerodynamik (wenig Widerstand mit ausgefahrenen Klappen) und hohem Schubüberschuß lassen sich aber auch für zweistrahlige Flugzeuge die Steigforderungen erfüllen. So besitzen die Airbusse A310 und A320 keinen Schnellablaß.

Im Gegensatz dazu sind drei- und vierstrahlige Flugzeuge eher beim »landing climb« (alle Triebwerke »ok«) beschränkt, während der Ausfall eines Triebwerks unkritisch ist. Einen Schnellablaß besitzen daher Boeing 747 (vierstrahlig) und McDonnel Douglas DC-10 (dreistrahlig). Daß vierstrahlige Flugzeuge bei guter aerodynamischer Auslegung auch ohne Schnellablaß zugelassen werden können, zeigt der Airbus A340.

9.7.3 Sonstige Landeforderungen

Außer den Bedingungen, die das landende Flugzeug in der Flugphase erfüllen muß, existieren auch Grenzwerte für die Bodenrollphase. So gilt für das maximal zulässige Landegewicht (neben den genannten Steigforderungen beim Durchstarten), daß zur Vermeidung einer Überbeanspruchung des Fahrwerks Obergrenzen nicht überschritten werden dürfen. Diese sind in den Flughandbüchern festgelegt. Moderne Fahrwerke sind diesbezüglich unempfindlich und können mit jedem Startgewicht gelandet werden.

Ebenso gelten Obergrenzen für die Reifengeschwindigkeiten. Bei Flugzeugen können Beschränkungen bei der Landung dann erforderlich werden, wenn die Rollbahn in großer geographischer Höhe liegt und die Differenz zwischen dem niedrigen Umgebungsdruck und dem Reifen-Innendruck für das Landegewicht zu groß ist.

10

Belastung der Struktur

Das Gewicht des Flugzeugs ist eine entscheidende Größe im Flugzeugbau. Außer der Raumfahrt existiert kein anderes Gebiet, bei dem die Notwendigkeit eines geringen Strukturgewichtes so ausgeprägt ist wie hier. Dies ist einer von vielen Gründen, warum der Flugzeugbau seit jeher das klassische Anwendungsgebiet für den Leichtbau ist und mit seinen Erkenntnissen und Erfahrungen auf andere Gebiete – wie etwa den Kraftfahrzeugbau – ausstrahlt.

Niedriges Gewicht ist Voraussetzung für die Wirtschaftlichkeit eines Flugzeugs. Ein wesentlicher Beitrag wird durch optimale Nutzung der eingesetzten Werkstoffe erzielt. Damit ein Flugzeug trotz seiner Leichtbau-Konstruktion die geforderte Lebensdauer erreicht, müssen die Grenzen seiner Belastbarkeit bekannt sein.

10.1 Festigkeit der Flugzeugzelle

Voraussetzung für das Ertragen einer Belastung ist die Festigkeit der Struktur. Die Forderungen nach ausreichender Festigkeit lassen sich in drei Schwerpunkte untergliedern:
- statische Festigkeit
- Lebensdauer-Festigkeit
- aeroelastische Festigkeit

10.1.1 Statische Festigkeit

Die Forderung nach statischer Festigkeit bezieht sich auf die ruhende (statische) Belastung; wechselnde Beanspruchungen spielen hierbei keine Rolle. Die entscheidende Größe für die statische Festigkeit ist das maximal zulässige Lastvielfache,

das während des Fluges auftreten darf, ohne die Struktur zu beschädigen (limit load).

Verkehrsflugzeuge werden so dimensioniert, daß die Zelle einen maximalen Lastfaktor von 2.5 ohne Schaden aushält (JAR/FAR 25.337). Beim Reiseflug wird mit einem Lastfaktor von 1.0 geflogen (Auftrieb = Gewicht), aber durch Böen oder Flugmanöver (Kurvenflug, Abfangen) können höhere Lastfaktoren auftreten. Nach Entfernen der maximalen Last muß die Zelle ihre ursprüngliche Form wieder annehmen, es dürfen keine dauernden Verformungen zurückbleiben.

10-1 Belastung des Flügels (Airbus A320, Versuchsanstalt CEAT, Toulouse)

Der maximale Lastfaktor von 2.5 stellt nicht die Obergrenze der Zellenbelastbarkeit dar. In Ausnahmefällen, beispielsweise durch falsche Bedienung oder beim Abfangen aus einem Rettungssturz, können höhere Belastungen auftreten. Dadurch ist eine Überdehnung möglich, die in der Primärstruktur eine bleibende Verformung zurück-

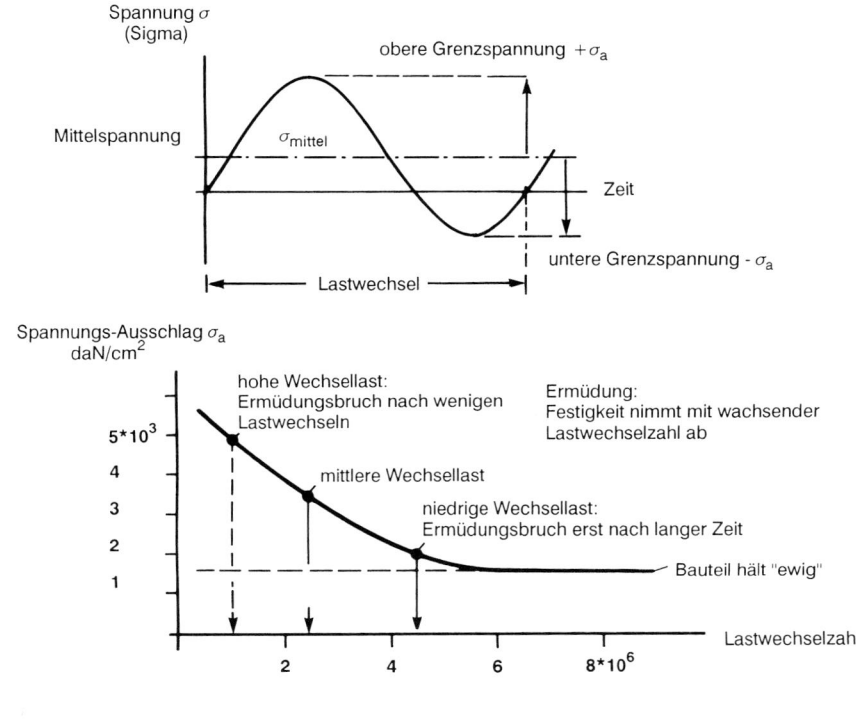

10-2 Wechselbeanspruchung eines Werkstoffs (Wöhlerkurve)

lassen kann. Um auch diese seltenen Fälle abzudecken, wird für die Bemessung der Bauteile auf den maximal zulässigen Lastfaktor von 2.5 ein Sicherheitszuschlag von 50% gefordert (d.h. Faktor 1.5, factor of safety). Die Zelle muß imstande sein, diese Höchstlast mindestens 3 Sekunden lang zu ertragen, bevor sie zu Bruch gehen darf (ultimate load, JAR/FAR 25.305). Das bedeutet: im Verkehrsflugzeugbau wird die Zelle mit wenigstens 3.75 facher Sicherheit dimensioniert (maximales Lastvielfache 2.5 mal Sicherheitsfaktor 1.5 = 3.75). Oftmals liegt der tatsächliche Sicherheitsfaktor wesentlich höher.

Zum Nachweis, daß die Struktur alle im Flug auftretenden Belastungen sicher aushält, werden umfangreiche Untersuchungen am Boden durchgeführt. Besonders eindrucksvoll sind Versuche zur Durchbiegung des Flügels bis zum Bruch (**Abb. 10-1**). Die kritischen Lasten im Fluge werden während der Flug-Erprobung untersucht, z.B die Lasten am Fahrwerk, an den Klappen, am Höhenleitwerk.

10.1.2 Lebensdauer

Die verschiedenen Teile der Zelle dürfen innerhalb der vorgesehenen Lebensdauer weder zu Bruch gehen noch ihre Form bleibend ändern, falls sie größeren statischen Belastungen ausgesetzt sind. Aber auch geringere Belastungen sind gefährlich, wenn sie sehr häufig auftreten und das Material ermüden. Finden die Belastungen zusätzlich bei hohen Temperaturen statt, etwa in Triebwerken, dann sind genaue Kenntnisse der Werkstoff-Eigenschaften besonders wichtig.

10.1.2.1 Ermüdung des Werkstoffs

Ursächlich für die Ermüdung eines Werkstoffs sind wechselnde Belastungen. Um herauszufinden, welche Wechselbeanspruchung das Material aushält, werden definierte Probestäbe einer Wechselbeanspruchung (fatigue load) ausgesetzt. Nach einer bestimmten Zeitdauer –Tage oder Wochen – bilden sich an kritischen Stellen des Probestabes (beispielsweise an eigens angebrachten Bohrlöchern) feine Anrisse, die allmählich länger werden und schließlich zum Ermüdungsbruch führen.

Eine Aussage über die Lebensdauer vermittelt das Dauerfestigkeits-Schaubild, das die zeitliche Auswirkung einer Wechselbelastung beschreibt (Wöhler-Kurve, engl. fatigue-strength diagram, S-n curve; **Abb. 10-2**). Generell zeigt sich, daß die Festigkeit mit der Anzahl der Lastwechsel abnimmt: der Werkstoff ermüdet. Bei geringer Belastung kommt es nicht zum Ermüdungsbruch, das Bauteil hält »ewig«. Eine beliebig oft ertragene wechselnde Beanspruchung (z.B. 30 Millionen mal, d.h.30*10^6) wird als *Dauerfestigkeit* (fatigue-strength) bezeichnet. Umgekehrt bewirken hohe wechselnde Beanspruchungen eine enorme Verkürzung der Lebensdauer.

Für jede Flugzeug-Kategorie existiert ein charakteristisches *Lastspektrum*, das ein Flugzeug während seiner Dienstzeit durchschnittlich zu ertragen hat. Das Lastspektrum beschreibt den Lastpegel und die Häufigkeit (Frequenz), mit der die Lasten auftreten. Während bei einem Kampfflugzeug vorwiegend Manöverlasten bestimmt sind, treten bei einem Verkehrsflugzeug *Böen-* und *Manöverlasten* als Wechselbeanspruchungauf.

Ermüdungsschäden entstehen durch langzeitiges Anhäufen von Wechsellasten. Die Auswirkung dieser Lasten auf das Flugzeug muß bekannt sein, damit die vorgesehene Lebensdauer erreicht wird und die Struktur nicht durch Ermüdung vorzeitig versagt. Zu diesem Zweck wird eine Flugzeugzelle im Original über einen längeren Zeitraum am Boden »geflogen«. Hierbei wird die sog. *Bruchzelle* einer realistischen Wechselbelastung ausgesetzt, die dem Lastspektrum im täglichen Flugbetrieb entspricht. Die Aufbringung der Lasten, die während der gesamten Lebensdauer des Flugzeugs zu erwarten sind, wird über Computer gesteuert. Die Lebensdauer einer hochbeanspruchten Flugzeugzelle wird beeinflußt durch
– Konstruktion und Fertigung
– Wartung und Inspektion
– Bedienung im Liniendienst.

Bei der Konstruktion und Fertigung müssen Spannungsspitzen frühzeitig erkannt werden, weil durch konzentriert auftretende Spannungen der Werkstoff im Bauteil vorzeitig ermüdet. Bei der Wartung und Inspektion muß entsprechend den Anweisungen des Herstellers verfahren werden; Unfälle sind immer wieder auf Nichtbeachtung der Anweisungen zurückzuführen. Bei der Bedienung des Flugzeugs muß dafür Sorge getragen werden, daß die Beanspruchungen nicht härter sind als vom Hersteller vorgesehen. Beispielsweise kann durch Vermeiden harter Landungen wesentlich zur Verlängerung der Lebensdauer beigetragen werden.

10.1.2.2 Zeitbelastung

Bei ruhender Dauerbelastung und hoher Temperatur neigen Metalle zum *Kriechen* (creep). Hierbei handelt es sich um eine zeitabhängige plastische Verformung, die schließlich zum Bruch führt. Eine Dauerstandfestigkeit kann es daher nicht geben. In Langzeitversuchen wird jedoch die *Zeitstandfestigkeit* ermittelt, die definiert ist als diejenige Beanspruchung, die innerhalb einer vorgegebenen Zeit ohne Bruch ertragen wird. Ein weiterer Material-Kennwert aus Langzeitversuchen ist die *Zeitdehngrenze* als diejenige Beanspruchung, die nach einer bestimmten Zeit (z.B. 10.000 Stunden) ein bestimmtes Maß bleibender Dehnung hervorruft (s. hierzu DIN 50117).

Hohe mechanische Belastungen und Temperaturen sind typisch für den Turbinenabschnitt der Triebwerke, deren Wirkungsgrad maßgeblich durch eine hohe Turbinen-Eintrittstemperatur bestimmt wird (s. Kap.6). Zur Einhaltung der Lebensdauer dürfen Höchstleistungen daher nur kurzzeitig abverlangt werden (z.B. maximaler Startschub höchstens 5 Minuten).

10.1.3 Aero-elastische Einflüsse

Unter *Aero-Elastizität* versteht man die Wechselwirkung zwischen aerodynamischen Kräften, die von der Strömung verursacht werden, und dem elastischen Antwortverhalten der Zelle, insbesondere des Flügels. Hierbei spielen auch Trägheitskräfte eine Rolle, die in der Masse der Flugzeugstruktur begründet sind.

Ursächlich für aero-elastisches Verhalten ist die *Flexibilität* der Zelle als Folge ihrer Leichtbau-

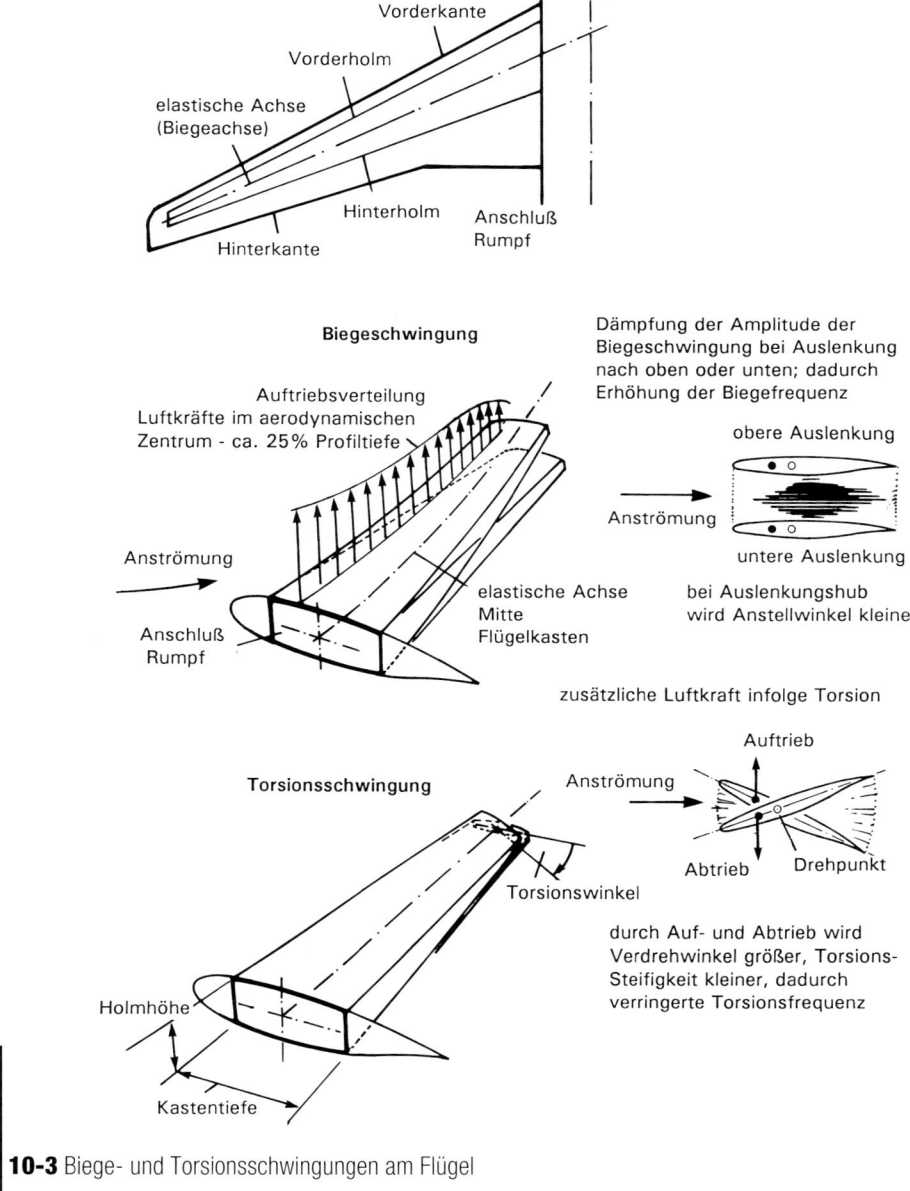

10-3 Biege- und Torsionsschwingungen am Flügel

weise. Eine flexible Flugzeugzelle schluckt gewissermaßen die Unebenheiten einer Luftstraße ähnlich wie das elastische Fahrwerk eines Kraftfahrzeugs. Ein gut abgestimmtes Fahrwerk eines Autos erzielt seine beste Wirkung, wenn Geschwindigkeit und Straßenzustand bestimmte Grenzwerte nicht überschreiten. Das gilt im übertragenen Sinn auch für das Flugzeug.

Im Normalfall ist die Flexibilität der Flugzeugzelle eine akzeptierte Eigenschaft, die zur Wirtschaftlichkeit des Flugzeugs beiträgt (durch niedriges Zellengewicht) und den Passagier-Komfort erhöht (durch gute Dämpfungsfähigkeit). Im Ausnahmefall können jedoch aero-elastische Probleme entstehen, wenn durch bestimmte Arten elastischer Verformung zusätzliche aerodynamische

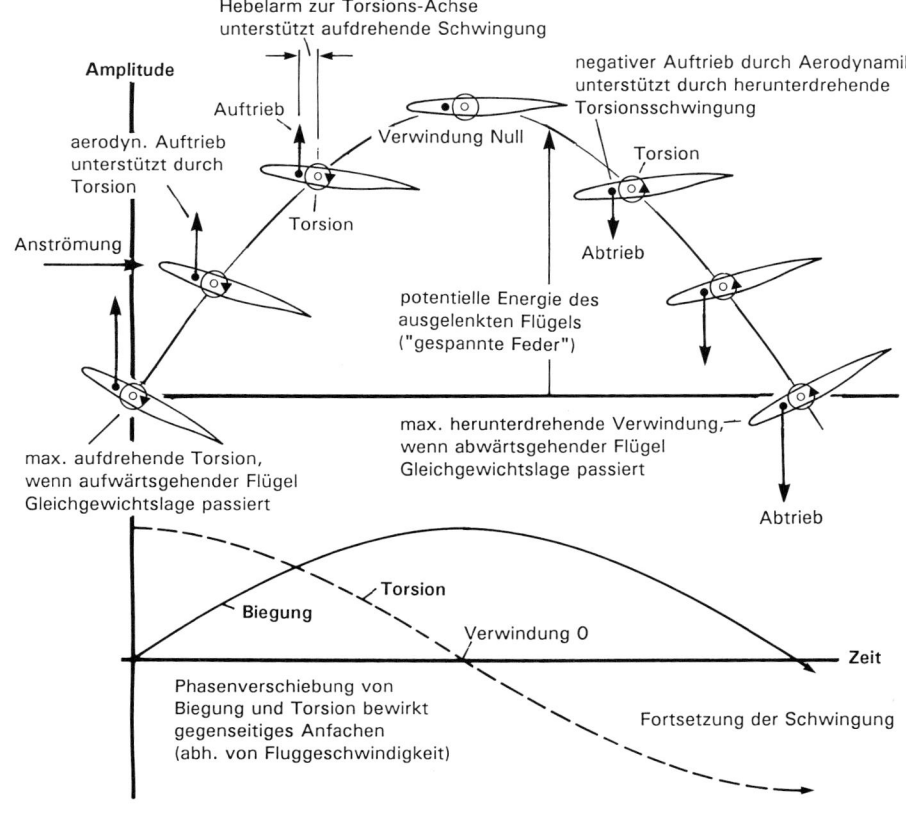

Hebelarm zur Torsions-Achse
unterstützt aufdrehende Schwingung

negativer Auftrieb durch Aerodynamik
unterstützt durch herunterdrehende
Torsionsschwingung

Amplitude

Auftrieb

Verwindung Null

aerodyn. Auftrieb
unterstützt durch
Torsion

Torsion

Torsion

Anströmung

Abtrieb

potentielle Energie des
ausgelenkten Flügels
("gespannte Feder")

max. aufdrehende Torsion,
wenn aufwärtsgehender Flügel
Gleichgewichtslage passiert

max. herunterdrehende Verwindung,
wenn abwärtsgehender Flügel
Gleichgewichtslage passiert

Abtrieb

Torsion

Biegung

Verwindung 0

Zeit

Phasenverschiebung von
Biegung und Torsion bewirkt
gegenseitiges Anfachen
(abh. von Fluggeschwindigkeit)

Fortsetzung der Schwingung

10-4 Flattern als wechselseitiges Anfachen von
zwei Schwingungsformen

Kräfte hervorgerufen werden, die ihrerseits die Verformungen des Flügels verstärken. Klassische Beispiele sind Schwingungen der Struktur, die als *Flattern* (flutter) und *Schütteln* (buffeting) bekannt sind. Die Zulassungsvorschriften verlangen den Nachweis, daß das Flugzeug allen auftretenden Schwingungsformen standhält. Der Nachweis ist durch Rechnung oder Standschwingversuche zu erbringen (JAR 25.251).

10.1.3.1 Flattern

Ein Flügel beginnt zu schwingen, wenn er durch eine Kraft dazu angeregt wird. Die Schwingungen können in zwei Formen auftreten, als Biegeschwingung und als *Torsionsschwingung* (Drehung, **Abb.10-3**).Typisches Merkmal jeder Schwingungsform ist die *Eigenfrequenz* (natural frequency). Darunter hat man Schwingungen zu verste-

hen, die der Flügel bei einem einmaligen äußeren Anstoß von sich aus »freiwillig« fortsetzt (wenngleich abklingend). Erfolgt die Anregung nicht als einmaliges Ereignis, sondern periodisch mit der Eigenfrequenz, d.h. in Resonanz, können die Schwingungs-Ausschläge (Amplituden) so stark anwachsen, daß der Flügel zu Bruch geht. Dies ist das gefürchtete Flattern.

Flattern tritt auf, wenn Biegeschwingung und Torsionsschwingung gleiche Frequenz haben und sich gegenseitig anfachen. Um das zu vermeiden, müssen die Eigenfrequenzen beider Schwingungsformen (Biegung und Torsion) so weit auseinander gelegt werden, daß im normalen Geschwindigkeitsbereich des Flugzeugs keine Kopplung eintreten kann.

Mit wachsender Fluggeschwindigkeit ändert sich das Schwingungs-Verhalten in der Weise, daß sich die Frequenzen der Biege- und Torsionsschwingungen allmählich annähern und schließlich gleich sind: der Flügel flattert. Die Energie zu Aufrechterhaltung der Schwingung wird der Strömung entnommen.

Wird ein Flügel am Boden künstlich zu Schwingungen angeregt, liegen die beiden Eigenfrequenzen ausreichend weit voneinander entfernt. Mit zunehmender Fluggeschwindigkeit bewirkt die Strömung jedoch eine Änderung im Steifigkeits- und Dämpfungsverhalten des Flügels:

– die Biegesteifigkeit erhöht sich, weil die Auslenkungen des schwingenden Flügels von der Strömung gedämpft werden, wobei die Schwingungsfrequenz ansteigt;

– andererseits wird die Torsionssteifigkeit abgebaut, weil die aerodynamischen Lasten vor der Drehachse angreifen und den Verdrehwinkel erhöhen; wegen der größeren Auslenkungen wird die Torsionsfrequenz herabgesetzt.

Weil an einem Flügel aerodynamisches Zentrum, Biege-Achse und Massezentrum nicht übereinstimmen, kommt es zwischen den aerodynamischen, elastischen und Trägheitskräften zu Kopplungs-Effekten, die mit wachsender Fluggeschwindigkeit zunehmen. Für den normalen Flugbereich muß sichergestellt sein, daß alle Schwingungsformen gedämpft verlaufen und sich nicht gegenseitig anfachen. Es existiert jedoch meist eine Fluggeschwindigkeit, bei der die Dämpfung schließlich verschwindet und die Schwingungen nicht mehr abklingen. Diese Geschwindigkeit ist die *kritische Flattergeschwindigkeit* (critical flutterspeed). Es bedarf dann nur noch einer geringen Zunahme der Geschwindigkeit, um die Amplituden bis zum Bruch des Flügels anwachsen zu lassen. Voraussetzung für das gegenseitige Anfachen der Dreh- und Biegeschwingungen ist ein Phasen-Unterschied zwischen beiden Schwingungsformen derart, daß die aufwärtsgehende Biegeschwingung durch eine aufdrehende Torsionsschwingung und die abwärtsgehende Schwingungsbewegung durch eine herunterdrehende Torsionsschwingung gestützt wird (**Abb. 10-4**).

Maßgeblich für die Eigenfrequenzen des Flügels sind *Biegesteifigkeit* (bending stiffness) und *Verdrehsteifigkeit* (torsional stiffness), die konstruktiv bedingt sind und unmittelbar das Gewicht beeinflussen. Als Abhilfe gegen Flattern bietet sich daher eine lokale Erhöhung der Steifigkeit an (durch Verstärken bestimmter Flügelbereiche) oder die Anbringung von Zusatzgewichten vor der Torsionsachse. Diese Maßnahmen sind wenig elegant, da das Ziel einer wirkungsvollen Leichtbau-Konstruktion unterlaufen wird und die zusätzlich mitgeführte Masse die Nutzlast verringert. Triebwerke in Unterflügel-Anordnungen sind als Flatterdämpfer gut geeignet, insbesondere wenn die Triebwerke zum Flügel einen geringen Abstand haben. Hierdurch kann aber der aerodynamische Widerstand in unerwünschtem Maße ansteigen. Mitunter werden Außentanks an den Flügelspitzen vorgeschlagen (bei großen Verkehrsflugzeugen jedoch unüblich).

Beispielsweise traten bei einem Flugzeug neuerer Bauart zeitweilig Flatterprobleme auf, nachdem der Flügeltank leergeflogen war und im Außenflügel plötzlich Masse fehlte. Als Abhilfe wurde beschlossen, daß bis zur Behebung dieses Mangels 2 Tonnen Kraftstoff im Flügel verbleiben mußten, die im Reiseflug nicht genutzt werden konnten und zu Lasten der Reichweite gingen.

Flattern ist ein komplexer Schwingungsvorgang, bei dem zwei oder mehrere Schwingungsformen miteinander koppeln und die Gefahr des Flügelbruchs besteht. Bei Geschwindigkeiten unterhalb der kritischen Flattergeschwindigkeit werden die auftretenden Schwingungen gedämpft, während sie bei Geschwindigkeiten darüber angefacht werden. Die Zulassungsvorschriften verlangen, daß die kritische Flattergeschwindigkeit oberhalb des zulässigen Geschwindigkeitsbereichs liegen muß (20% über der Endgeschwindigkeit V_D, s. Kap. 10.2.3). Der Nachweis für ausreichende Flattersicherheit ist anhand von Schwingungsrechnungen oder durch Standschwingungsversuche zu erbringen (JAR 25.629).

10.1.3.2 Ruder-Umkehr

Die Steuerung des Flugzeugs geschieht durch Ruderflächen, die im hinteren Bereich des Profils angeordnet sind. Dieses Steuerungsprinzip gilt für alle aerodynamischen Flächen (Flügel, Höhenleitwerk, Seitenleitwerk, **Abb. 5-31**). Die durch Ruderausschlag hervorgerufene Kraft greift stets hinter der Torsions-Achse des Bauteils an. Infolge der

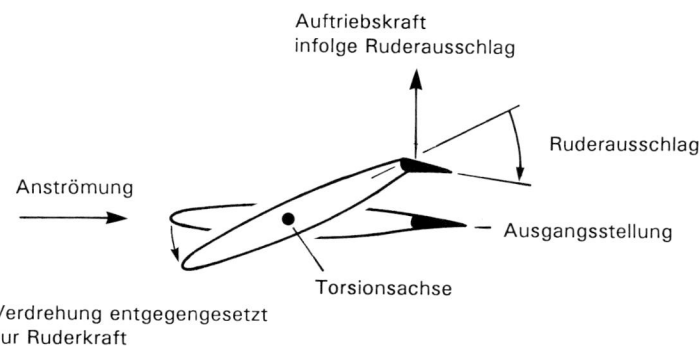

10-5 Ruder-Umkehr durch aero-elastische Verwindung

Flexibilität wird die Profilnase entgegengesetzt zur Richtung der Ruderkraft verdreht (**Abb. 10-5**).

Speziell bei einem Flügel bedeutet Ruderausschlag nach unten eine lokale Erhöhung des Auftriebs. Die durch Flexibilität verursachte Verwindung wirkt aerodynamisch kopflastig und sucht den Auftrieb zu verringern. Im normalen Geschwindigkeitsbereich ist der Auftriebsgewinn durch Ruderausschlag stets größer als der Auftriebsverlust infolge der aero-elastischen Verwindung. Mit zunehmender Geschwindigkeit wird die Verwindung größer, so daß auch der Verlust des Auftriebs in gleicher Weise zunimmt; der Auftrieb infolge Ruderausschlag bleibt jedoch unverändert. Schließlich wird eine Fluggeschwindigkeit erreicht, bei der sich Gewinn und Verlust die Waage halten: das Ruder ist unwirksam. Von nun an setzt *Ruder-Umkehr* (control reversal) ein, der Verlust an Auftrieb infolge Verwindung übersteigt den Auftrieb durch Ruderausschlag.

Bei gepfeilten Tragflügeln, die für Verkehrsflugzeuge typisch sind, wird die Gefahr der Ruder-Umkehr durch die Biegung des Flügels zusätzlich begünstigt, weil der Pfeilungs-Effekt bereits von sich aus kopflastige Verwindung hervorruft (s. Kap. 4.1.2). Die kritische Geschwindigkeit für Ruder-Umkehr muß in solchen Fällen durch Erhöhung der Biege- und Torsionssteifigkeit heraufgesetzt werden, was Gewicht kostet.

Das Problem der Ruder-Umkehr stellt sich insbesondere beim Querruder, dessen Wirksamkeit mit wachsender Fluggeschwindigkeit abnimmt. Durch Einbau eines Querruders speziell für den Hochgeschwindigkeitsflug kann dieser Gefahr

begegnet werden. Hochgeschwindigkeits-Querruder werden etwa in Mitte der Halbspannweite angeordnet, wo die Torsionssteifigkeit des Flügels größer ist (s. Tab. 4.1). Nachteilig bei solchen Lösungen ist die Klappen-Unterbrechung an der Hinterkante und die Einbuße an Auftriebspotential für den Langsamflug. Vielfach wird die Querruderwirkung (Rollsteuerung) im Hochgeschwindigkeitsflug durch einseitigen Spoiler-Ausschlag erzeugt, so daß ein Querruder für den Schnellflug entbehrlich ist, beispielsweise beim Airbus A320.

10.2 Grenzen des Flugbereichs

Die in Leichtbauweise ausgeführte Flugzeugzelle ist konstruktiv nicht befähigt, alle denkbaren Belastungen zu ertragen. Der Hersteller legt daher fest, welche Belastungen ein Flugzeug unbeschadet aushält. Die Grenzen des zulässigen Flugbereichs werden durch Lastfaktoren und Fluggeschwindigkeiten beschrieben; sie müssen bei der Zulassung nachgewiesen werden.

10.2.1 Beanspruchung der Zelle

Die Flugzeugzelle ist vielfältigen Belastungen ausgesetzt, die sich während des Betriebs zwangsläufig einstellen, sowohl in der Luft als auch am Boden.

Im Fluge treten folgende Kräfte auf:

1. *Luftkräfte*, verursacht durch Flugmanöver (Kurvenflug, Abfangen), Böen, Ruderaus-

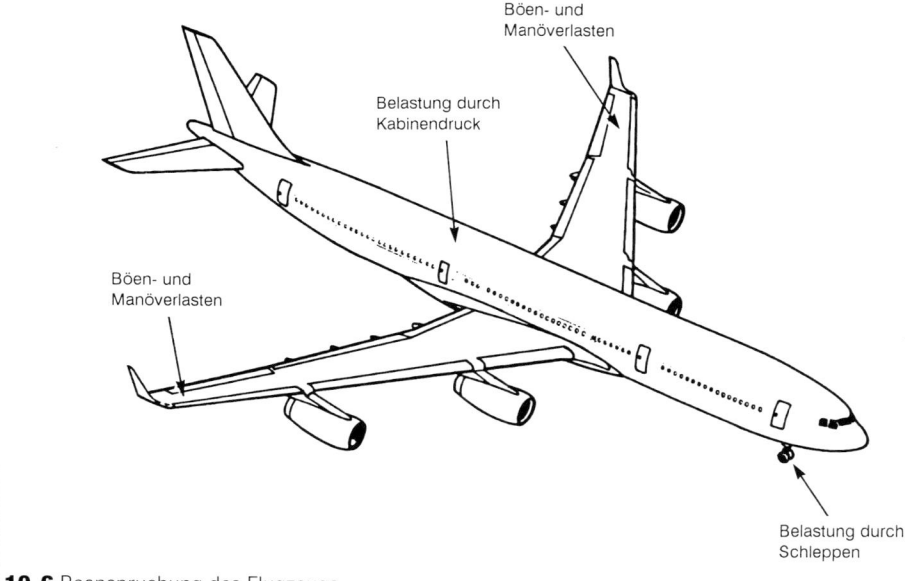

Böen- und
Manöverlasten

Belastung durch
Kabinendruck

Böen- und
Manöverlasten

Belastung durch
Schleppen

10-6 Beanspruchung des Flugzeugs

schläge, Schütteln (Buffeting), Interferenzen (wechselseitige Beeinflussungen, etwa Flügel/Rumpf);

2. *Trägheitskräfte*, verursacht durch Beschleunigungen (Flugmanöver, Start, Landung), Schwingungen einzelner Bauteile, Flattern;

3. Triebwerklasten, verursacht durch Schubkräfte, Änderungen der Drehzahl, Kreiselkräfte, Schwingungen.

Am Boden wird die Zelle beansprucht durch Kräfte bei der Landung (Landestoß, Abbremsen), Unebenheiten und Stoßfugen der Bahn, Zugkräfte beim Schleppbetrieb, Aufbocken bei Wartungsarbeiten.

Nicht alle dieser Kräfte wirken überall oder gleichzeitig am Flugzeug. Vielmehr treten an bestimmten Stellen typische Kräfte auf, die an einem Bauteil extreme Belastungen hervorrufen können, beispielsweise Böenlasten am Flügel, Zugkräfte am Bugfahrwerk, Klappenlasten an den Anschlußkonstruktionen (**Abb. 10-6**).Für diese kritischen Lasten müssen die beanpruchten Bauteileausreichend bemessen werden, so daß die Beanspruchungen gefahrlos ertragen werden können.

10.2.2 Manöverlasten

Bei der Festlegung der Flugbereichsgrenzen unterscheidet man zwischen *Manöverlasten* und *Böenlasten*. Manöverlasten treten beim Manöverflug auf, wenn das Höhenruder betätigt wird. Typische Manöver sind Abfangen, Kurvenflug, Parabelflug. Für den stationären Horizontalflug verlangt das Gleichgewicht der Kräfte, daß sich Auftrieb und Gewicht die Waage halten. Beim Abfangen oder Kurvenflug ist das Gleichgewicht gestört, es findet eine Beschleunigung in Richtung der Bahnänderung statt. Wegen der Masse des Flugzeugs wird eine Zentrifugalkraft hervorgerufen, die der Beschleunigung entgegenwirkt (**Abb. 5-10**). Zur Erzeugung des neuen Kräftegleichgewichts bei beschleunigtem Flug muß der Auftrieb um den sog. *Lastfaktor* (load factor) erhöht werden (Lastvielfaches, Symbol n).

Der Lastfaktor n ist definiert als Verhältnis von Auftrieb zuGewicht:

$$\text{Lastfaktor } n = \frac{\text{Autrieb } A}{\text{Gewicht } G}$$

Der weitaus größte Teil einer Flugmission ist durch den Horizontalflug gekennzeichnet, so daß wegen »Auftrieb = Gewicht« der Lastfaktor n = 1 ist. Mitunter wird der Lastfaktor n als Vielfaches der Erdbeschleunigung angegeben (d.h. n = 1g statt n = 1), und der Horizontalflug wird als 1g-Flug bezeichnet.

Wenn im Horizontalflug das Höhenruder plötzlich voll gezogen wird, erhöht sich der Anstellwinkel: augenblicklich wird Maximalauftrieb erreicht (**Abb. 10-7**). Die höchste Auftriebskraft ergibt sich gemäß Definitionsgleichung für den Auftriebsbeiwert, wenn die Geschwindigkeit V anstelle der Überziehgeschwindigkeit V_S eingesetzt wird, weil die Geschwindigkeit während der kurzen Zeit unverändert bleibt:

$$A_{max} = C_{Amax} * 0.5 \rho V^2 S$$

A_{max} = maximale Auftiebskraft, C_{Amax} = maximaler Auftriebsbeiwert, ρ = Luftdichte (Rho), V = Fluggeschwindigkeit, S = Flügelfläche

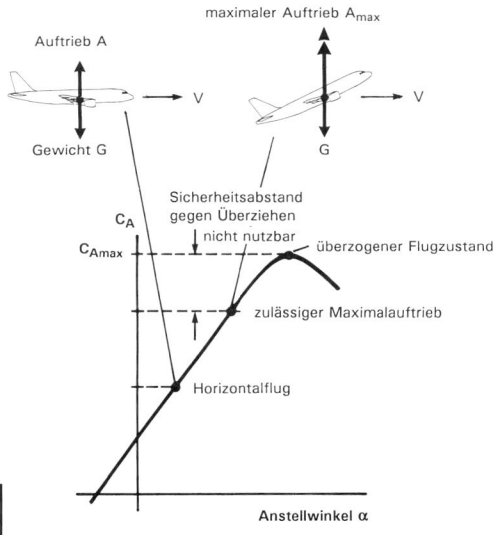

Manöverbelastung durch plötzliches Ziehen des Höhenruders

Obwohl der Auftrieb das Gewicht übersteigt und die Fluggeschwindigkeit groß genug ist, befindet sich das Flugzeug beim maximalen Abfangen mit der Geschwindigkeit V hart am überzogenen Flugzustand (**Abb. 10-7**, Auftriebskurve). Üblicherweise verbindet man mit dem überzogenen Flugzustand die niedrigste Fluggeschwindigkeit, bei der sich das Flugzeug in der Luft halten kann (Überziehgeschwindigkeit V_S). Hierbei ist ein Manöver nicht mehr möglich, der Flügel ist aerodynamisch ausgereizt. In diesem Zustand ist nur der Horizontalflug durchführbar, es gilt Auftrieb gleich Gewicht:

$$A = G = C_{Amax} * 0.5 \rho V_S^2 S$$

Das Verhältnis der Auftriebskräfte für beide Fälle des überzogenen Flugzustandes definiert den aerodynamisch bedingten maximalen Lastfaktor n_{max}:

$$n_{max} = \frac{A_{max}}{G} = \frac{V^2}{V_S^2}$$

Demnach steigt der (aerodynamisch mögliche) maximale Lastfaktor mit dem Quadrat der Geschwindigkeit. Beim Fliegen mit der minimalen Fluggeschwindigkeit V_S (d.h. V = V_S) kann der Lastfaktor den Wert 1 nicht überschreiten, ein Flugmanöver ist undurchführbar. Abfangen bei doppelter Überziehgeschwindigkeit erzeugt aber schon einen Lastfaktor von 4 (wegen V = 2V_S). Das ist erheblich mehr als für ein Verkehrsflugzeug zulässig (nämlich 2.5) und bedeutet höchste Bruchgefahr für die Zelle. Wegen der quadratischen Abhängigkeit des Lastfaktors darf die Geschwindigkeit beim Abfangen das 1.6-fache der Überziehgeschwindigkeit nicht überschreiten. Die Geschwindigkeit für den Manöverflug folgt dem Gesetz

$$V = \sqrt{n} * V_S \quad \text{mit} \quad \sqrt{n_{max}} = \sqrt{2.5} = 1.6$$

Der Hersteller legt eine Höchstgeschwindigkeit V_A fest, bei der mit voll gezogenem Höhenruder noch Manöver geflogen werden dürfen, ohne daß der maximal zulässige Lastfaktor n = 2.5 überschritten wird. Das Höhenruder muß so dimensioniert sein, daß es den vollen Ausschlag bei der Geschwindigkeit V_A festigkeitsmäßig aushält. Dies muß bei der Zulassung nachgewiesen werden (FAR/JAR 25.331c). Man bezeichnet eine Ge-

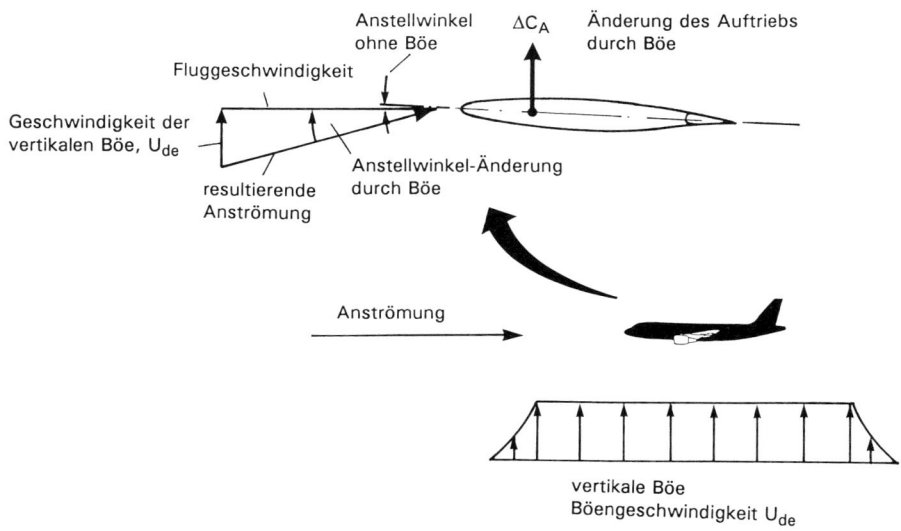

Anstellwinkel ohne Böe
Δc_A Änderung des Auftriebs durch Böe

Fluggeschwindigkeit

Geschwindigkeit der vertikalen Böe, U_{de}

Anstellwinkel-Änderung durch Böe

resultierende Anströmung

Anströmung

vertikale Böe
Böengeschwindigkeit U_{de}

10-8 Auswirkung einer vertikalen Böe

schwindigkeit, bei der eine bestimmte Festigkeit der Zelle vorgeschrieben wird, als *Bemessungsgeschwindigkeit* (design speed). Sie bildet die Grundlage für Bau und Dimensionierung (= Bemessung) einer entsprechend tragfähigen Zellenkonstruktion. Im Zusammenhang mit der Böenbelastung werden wir weitere Bemessungsgeschwindigkeiten kennenlernen.

Beispiel: für den Airbus A320-200 mit 72 t Gewicht beträgt die Überziehgeschwindigkeit mit eingefahrenen Klappen (»clean stall«) V_{S1} = 80 m/s (288 km/h, 155.6 kt). Die Bemessungsgeschwindigkeit für Manöver beträgt

$$V_A = \sqrt{2.5} * V_{S1} = 126.5\,\mathrm{m/s}$$

(455 km/h, 246 kt) in Meereshöhe.

10.2.3 Böenlasten

Böen sind Luftturbulenzen in der Erdatmosphäre. Sie sind am stärksten in Bodennähe, wo sie entweder durch eine unregelmäßige Erdoberfläche (Gebirgszüge, Küstenlinien, Landschaftsbewuchs) oder durch Wetter-Erscheinungen (Gewitter, Frontsysteme) verursacht werden. Von Ausnahmen abgesehen, treten Böen in größeren Flughöhen nicht oder nur abgeschwächt auf.

Als vertikale Böe (vertical gust) bezeichnet man eine aufsteigende oder fallende Luftsäule, die gegenüber ihrer Umgebung eine beträchtliche vertikale Geschwindigkeit besitzt. Ein Flugzeug, das in diese Böe einfliegt, erfährt eine plötzliche Belastung durch Änderung des Anstellwinkels (**Abb. 10-8**). Statistische Daten belegen, daß die stärksten Böen eine Intensität von 66 ft/s (feet per second; 20m/s, 72 km/h) aufweisen. Für den Nachweis der Belastung durch Böen verlangen die Vorschriften daher, daß in Höhen bis 6 km Vertikalgeschwindigkeiten von maximal 20 m/s (66 ft/s bis 20.000 ft) in Rechnung zu stellen sind, die bis auf 7.5 m/s in 15 km Höhe (25 ft/s in 50.000 ft) abnehmen dürfen.

In den Zulassungs-Vorschriften sind drei Böen festgelegt mit Geschwindigkeiten von 66, 50 und 25 ft/s (20, 15, 7.5 m/s), denen drei Fluggeschwindigkeiten V_B, V_C und V_D zugeordnet sind. Bei jeder Geschwindigkeit muß das Flugzeug die zugehörige Böe bis zu einer Flughöhe von 6 km voll ertragen, darüber hinaus in abgeschwächter Form (FAR/JAR 25.341). Die Zelle muß konstruktiv so bemessen werden, daß unter Böenlast die geforderten Festigkeiten bei den jeweiligen Geschwindigkeiten erbracht werden. Man bezeichnet die Geschwindigkeiten V_B, V_C, V_D als *Bemessungsgeschwindigkeiten* (design speeds, Definition Kap. 10.2.4 V-n Diagramm).

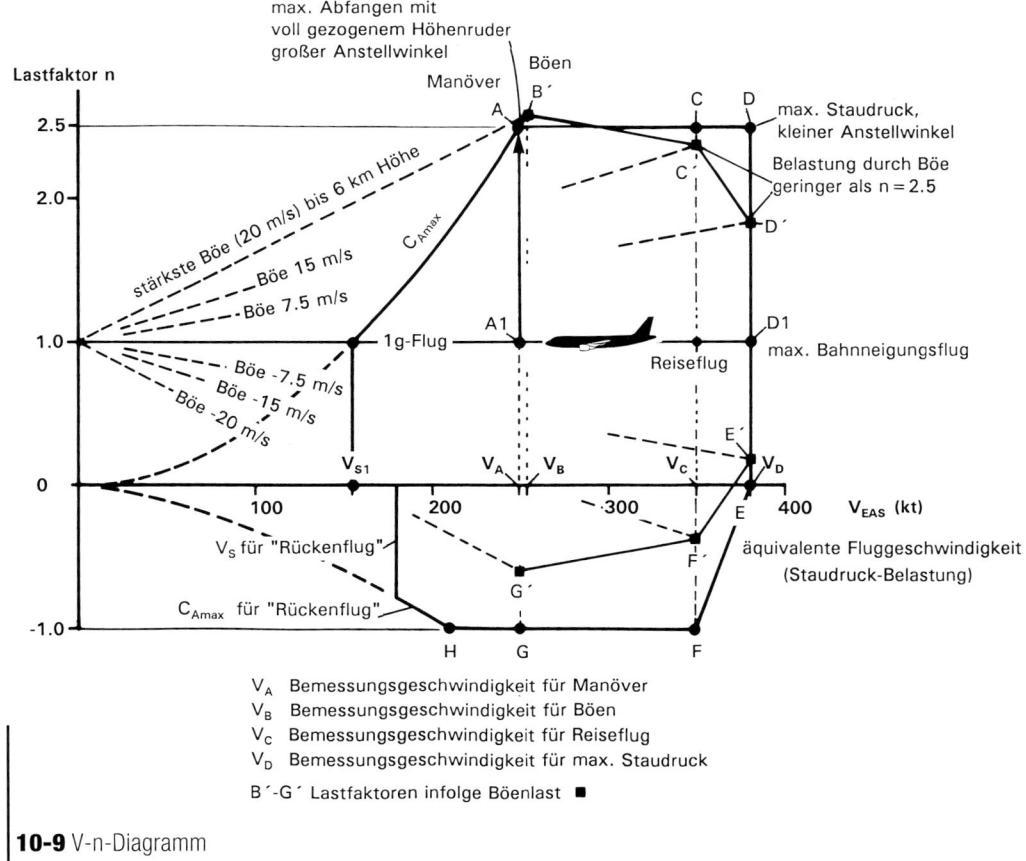

V_A Bemessungsgeschwindigkeit für Manöver
V_B Bemessungsgeschwindigkeit für Böen
V_C Bemessungsgeschwindigkeit für Reiseflug
V_D Bemessungsgeschwindigkeit für max. Staudruck

B´-G´ Lastfaktoren infolge Böenlast ■

10-9 V-n-Diagramm

Der von einer Böe verursachte Lastfaktor ist in den Zulassungsvorschriften formelmäßig vorgegeben (JAR 25.341). Er berücksichtigt neben der Böengeschwindigkeit U_{de} die Fluggeschwindigkeit V, die höhenabhängige Luftdichte sowie charakteristische Merkmale des Flugzeugs (Flächenbelastung, Auftriebsanstieg, Profiltiefe).

10.2.4 V-n-Diagramm

Die Darstellung der Flugbereichsgrenzen erfolgt in Form eines Diagramms, das sowohl Böenlasten als auch Manöverlasten gemeinsam enthält (**Abb. 10-9**). Aufgetragen werden Lastfaktoren n, für die das Flugzeug bemessen wurde und die im Betrieb nicht überschritten werden dürfen, als Funktion der äquivalenten Fluggeschwindigkeit V. Dieses Schaubild ist als V-n-Diagramm für die Zulassung verbindlich vorgeschrieben (FAR/JAR 25.333,

25.335, 25.337, 25.341). Es stellt eine wichtige Information für Konstrukteur und Pilot dar.

Bei ungestörter Atmosphäre im Reiseflug werden die auftretenden Lasten nur durch das Gewicht bestimmt. Dieser Zustand entspricht dem 1g-Flug und ist gewissermaßen die Grundlast für das Flugzeug (**Abb. 10-9**). Durch Manöver (Abfangen, Überdrücken, Kurvenflug) werden zusätzliche Kräfte aufgebracht, die von der Zelle ausgehalten werden müssen. Auf die gleiche Weise wirken vertikale Böen, die eine Erhöhung der Belastung durch Änderung des Anstellwinkels verursachen. Eine wichtige Grenzlinie im V-n-Diagramm ist der Verlauf des Maximalauftriebs beim Manöverflug. Der Maximalauftrieb hängt quadratisch vom Lastfaktor ab und folgt dem Gesetz $V = \sqrt{n} \cdot V_{S1}$, wobei V_{S1} die niedrigste Geschwindigkeit ist, bei der das Flugzeug ohne Klappenausschlag den Horizontalflug noch sicher durchführen kann (s. Kap. 10.2.2). Diese Geschwindigkeit wird aus Windkanalversuchen abgeleitet und entspricht der Geschwindigkeit beim höchsten Auftriebsbeiwert C_{Amax}, versehen mit einem Sicherheitsfaktor gegen Überziehen. Unter C_{Amax}-Bedingungenwird V_A, die Bemessungsgeschwindigkeit für Manöver (*design maneuvering speed*) festgelegt. Hierbei befindet sich das Flugzeug im horizontalen Flug (Punkt A1); durch plötzliches Ziehen des Höhenleitwerks auf Vollausschlag wird der Maximalauftrieb erzeugt. V_A ist die höchste Geschwindigkeit, die das Höhenruder bei Vollausschlag verträgt. Bei einer Geschwindigkeit oberhalb V_A darf das Flugzeug nicht mit voll ausgeschlagenem Höhenruder belastet werden. In vielen Fällen wird bei V_A das maximal erlaubte Lastvielfache von 2.5 erreicht (**Abb. 10-9**, Punkt A). Im Klartext: das härteste Flugmanöver, nämlich Abfangen aus dem Bahnneigungsflug mit voll gezogenem Höhenruder unter Maximalauftrieb, ist nur bis zur Geschwindigkeit V_A erlaubt. Bei höheren Geschwindigkeiten muß das Abfangmanöver durch geringeren Ausschlag des Höhenruders entsprechend »weich« geflogen werden.

Bei stark böigem Wetter wird eine Höchstgeschwindigkeit vorgeschrieben, die zu einer maximal zulässigen Böenbelastung des Flugzeugsführt. Dies ist die Bemessungsgeschwindigkeit V_B für Böenbelastung (design speed for maximum gust intensity). Sie ergibt sich aus dem Schnittpunkt der C_{Amax}-Kurve mit der Böenlinie V=20 m/s (**Abb. 10-9**, Punkt B). Jede höhere Geschwindigkeit würde größere Böenbelastungen verursachen und die Zelle gefährden.

Das Lastvielfache, das sich beim Schnitt beider Kurven einstellt, kann durchaus den Wert von 2.5 übersteigen (**Abb. 10-9**, Punkt B). Entscheidend ist, daß die Festigkeit entsprechend berücksichtigt wurde und nachgewiesen wird. Die Geschwindigkeit V_B wird für vertikale Böen ermittelt. Es kann aber der Fall eintreten, daß bei dieser Geschwindigkeit eine horizontal auftreffende Böe (deren Auswirkung auch untersucht werden muß) das Seitenleitwerk zu stark belastet. Der Hersteller muß dann eine kleinere Geschwindigkeit als Bemessungsgeschwindigkeit für die Böenbelastung festlegen (so geschehen seinerzeit mit der Boeing 707, bei der die horizontale Böe begrenzend war).

V_C ist die Bemessungsgeschwindigkeit für den Reiseflug (*design cruising speed*). Sie wird vom Flugzeughersteller beim Entwurf festgelegt und so hoch gewählt, daß einerseits der wirtschaftliche Reiseflug durchgeführt werden kann, andererseits aber niedrig genug, daß bei einer Böe von 15 m/s (50 ft/s) der zulässige Lastfaktor von 2.5 nicht überschritten wird (**Abb. 10-9**, Punkt C).

Die maximale Reiseflug-Geschwindigkeit V_{MO} (*maximum operating speed*) darf V_C nicht überschreiten und ist meist identisch mit V_C. Bei dieser Geschwindigkeit ist das Flugzeug ausreichend gesichert gegen Machzahl-Effekte (Schütteln, Geschwindigkeits-Instabilität) und Flattern. Die höchste Bemessungsgeschwindigkeit ist die Endgeschwindigkeit V_D (*design diving speed*), bei welcher der Staudruck seinen größten Wert hat. Bei dieser Geschwindigkeit muß die Zelle noch eine Böe von 7.5 m/s (25 ft/s) sicher ertragen können. V_D liegt etwa 10% oberhalb V_C und muß so gewählt werden, daß bei einer Störung im Reiseflug (z.B. unbeabsichtigtes Überschreiten der Maximalgeschwindigkeit) die Rückkehr in den sicheren Flugzustand gewährleistet ist (**Abb. 10-9**, Punkt D). Die gefährliche Flattergeschwindigkeit, die das Flugzeug niemals erreichen darf, muß wenigstens 20 Prozent oberhalb der Endgeschwindigkeit V_D liegen (s. Kap. 10.1.3.1).

Das V-n-Diagramm muß auch negative Lasten berücksichtigen, die bei Fallböen oder durch entsprechende Manöver auftreten können (Drücken bei Übergang in Sinkflug). Der größte Lastfaktor, den die Struktur ertragen muß, ist n = -1.

Auch für die Langsamflug-Konfiguration (mit ausgefahrenen Klappen) wird die Aufstellung eines V-n-Diagramms verlangt. Wegen der höheren Auftriebsbeiwerte ist der Geschwindigkeitsbereich bei ausgefahrenen Klappen eingeschränkt. Der maximale Lastfaktor ist kleiner (2.0 statt 2.5), negative Lastfaktoren werden nicht berücksichtigt. Überziehgeschwindigkeit und Abfanggeschwindigkeit liegen erheblich niedriger als mit eingefahrenen Klappen. Als Bemessungsgeschwindigkeit V_F für Klappen (*design wing-flap speed*) verlangen die Zulassungsvorschriften das 1.8-fache der Überziehgeschwindigkeit für die jeweilige Klappenstellung (FAR/JAR 25.335e).

Beispiel für Airbus A320-200 mit 72 t Startgewicht: bei einer Klappenstellung von 22° für den Vorflügel und 10° für die Hinterkantenklappe (d.h. zweite Startstellung) ist die Überziehgeschwindigkeit 128 kt (66m/s, 237 km/h) und die Bemessungsgeschwindigkeit nach FAR/JAR demnach 1.8*128 = 230 kt; vom Hersteller gewählt wurde schließlich 245 kt (454 km/h).

Bemessungsgeschwindigkeiten sind äquivalente Geschwindigkeiten, die gleichbedeutend (= äquivalent) einer Staudruckbelastung in Meereshöhe sind. Der Fahrtmesser im Flugzeug verwendet jedoch einen Staudruck, den das Pitotrohr in der jeweiligen Flughöhe mißt. Unter Verwendung geeigneter Korrekturen und Umrechnungen wird dem Piloten daraus die »wahre« Fluggeschwindigkeit angezeigt (V_{TAS}, true airspeed).

11

Das Verkehrsflugzeug von morgen

Der Wettbewerb auf dem Verkehrsflugzeug-markt, steigendes Verkehrsaufkommen, aber auch Vorbehalte in der Öffentlichkeit hinsichtlich der Umweltwirkung erfordern Verkehrsflugzeuge, die bei hoher Transportleistung geringe Betriebskosten verursachen, zuverlässig und sicher arbeiten und die Umwelt wenig belasten. Auch wenn Verkehrsflugzeuge, die gegenwärtig an Fluggesellschaften ausgeliefert werden, einen hohen Entwicklungsstand erreicht haben und spektakuläre Neuerungen in naher Zukunft nicht zu erwarten sind, so wird die Entwicklung dennoch weitergehen.

Die Luftfahrt-Industrie ist daher auch weiterhin gefordert, Flugzeuge zu entwickeln und herzustellen, die die geforderte Transportaufgabe erfüllen und die zunehmend strenger werdenden behördlichen Auflagen einhalten. Die Entwicklungsziele sind gerichtet auf leichtere Strukturen, bessere Aerodynamik, sparsame Triebwerke mit geringem Schadstoff-Ausstoß und ein Höchstmaß an Sicherheit. Wir wollen nachfolgend kennenlernen, wie diese Ziele erreicht werden können.

11.1 Aerodynamik

Von jeher war das Interesse der Luftfahrtforschung auf ein Ziel besonders gerichtet: die Verringerung des aerodynamischen Widerstandes. Erfolge auf diesem Gebiet sichern die höchsten Einsparungen an den direkten Betriebskosten. Das technische Maß, das Aussagen über den Erfolg einer widerstandsverbessernden Maßnahme gestattet, ist die *aerodynamische Güte* , ausgedrückt durch das Produkt aus Flug-Machzahl und Gleitzahl (s. Kap.

9.3.3, Reichweitenfaktor in Breguet -Gleichung): aerodynamische Güte M^*C_A/C_W

Beispielsweise wurde durch Verbesserungen an der Profilierung und der Flügelgeometrie sowie durch einen niedrigen schädlichen Widerstand bei der A310 ein Gütefaktor von 13.8 erzielt, eine Steigerung von 12 Prozent gegenüber der A300-B4. Selbst der ursprüngliche Flügel der A300-B4 konnte bei der A300-600 um 8 Prozent verbessert werden durch vergrößerte Wölbung im Bereich des Hinterholms (Flügelkasten bleibt unverändert), durch Winglets an den Flügel-Enden und durch eine Reihe von widerstandsverbessernden Maßnahmen. Eine Steigerung der aerodynamischen Leistungsfähigkeit verspricht eine Technologie, die als »variable Wölbung« die Hinterkantenklappen aktiv zur Auftriebserzeugung beim Reiseflug einsetzt (**Abb. 11-1**). Durch Vergrößern der Flügelfläche beim Ausfahren der Klappen (»Ausfowlern«) und durch den Wölbungseffekt wird trotz eines höheren Systemgewichts eine Verbesserung der aerodynamischen Güte bis 3 Prozent im Reiseflug erwartet.

Darüber hinaus erlaubt die Verringerung des Widerstandes höhere Flug-Machzahlen und eine weitere Verbesserung des aerodynamischen Gütefaktors (beispielsweise durch Steigerung der Machzahl von M = 0.78 bei A310 auf M = 0.82 bei A340).

Während all diese Maßnahmen eher begrenzte Schritte zur Leistungsverbesserung darstellen, verspricht man sich einen geradezu revolutionären Schritt vorwärts durch Laminarisierung der Grenzschicht. Wir erinnern uns: die Grenzschicht verursacht den Reibungswiderstand, der bei einem Verkehrsflugzeug die Hälfte des gesamten Widerstandes im Reiseflug ausmacht. Der Grenz-

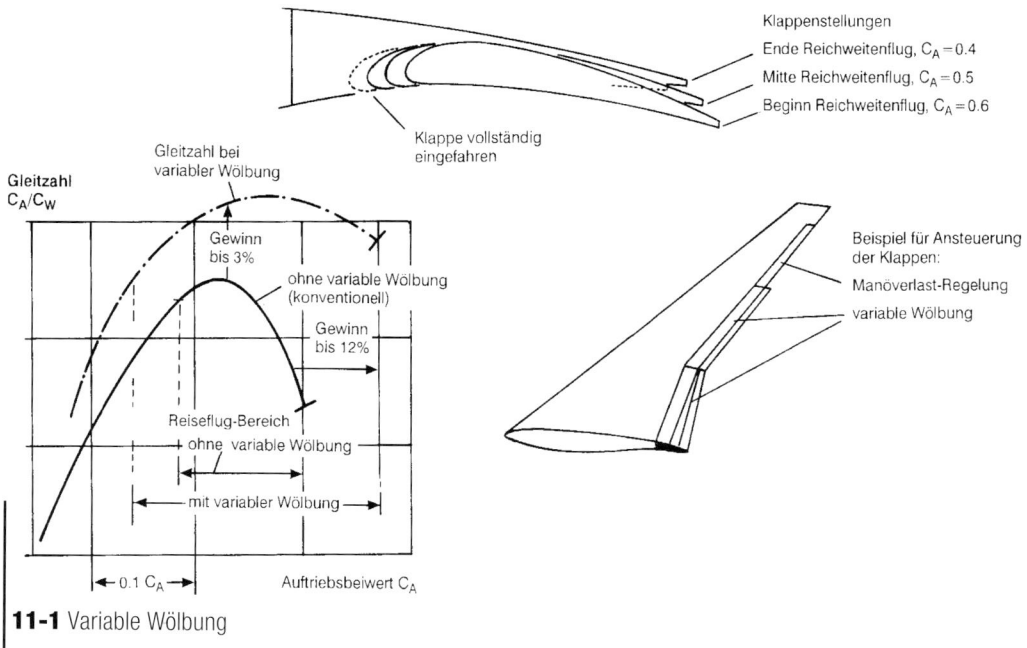

11-1 Variable Wölbung

schichttypus (laminar oder turbulent) hängt von der Reynoldszahl ab. Im Reiseflug liegen die Reynoldszahlen bei 20 bis 70 Millionen (2 bis 7*10⁷), die Grenzschicht ist stets turbulent (**Abb. 11-2**). Durch künstliche Laminarisierung ließe sich der Reibungswiderstand um 90 Prozent reduzieren. Derart große Gewinne sind mit keiner anderen Maßnahme möglich. Dieses Thema ist daher von der Luftfahrtforschung weltweit aufgegriffen worden.

Laminare Grenzschichten lassen sich am Flügel vor allem durch geeignete Profilierungen erzielen (**Abb. 11-3**). In der Praxis wird man sich darauf beschränken müssen, nur einen Teil des Flügels laminar zu halten (unter Zuhilfenahme von künstlicher Absaugung), wobei 75 Prozent der Flügelfläche als erreichbar gelten. Dadurch kann der Reibungswiderstand auf 30 Prozent gesenkt und die Gleitzahl entsprechend verbessert werden. Aber selbst dann sind die Gewinne noch beachtlich: auf Kurzsteckenflügen können 10 Prozent Kraftstoff eingespart werden, auf Langstreckenflügen sogar 20 Prozent. Versuche hierzu haben den Nachweis erbracht, daß das Prinzip der künstlichen Laminarisierung funktioniert. Die Natur ist aber nicht leicht zu überlisten, und von einer Anwendungsreife ist man noch weit entfernt.

11.2 Neue Werkstoffe und Bauweisen

Durch Verwendung besserer Werkstoffe und durch fortschrittliche Bauweisen werden merkbare Gewichtseinsparungen erwartet. Beispiele für neue Werkstoffe sind Aluminium-Lithium (5% mehr Festigkeit, 10% weniger Gewicht als herkömmliche Al-Legierung) sowie Kohlefaser-Verbundwerkstoffe.

Das Anwendungsgebiet für Aluminium-Lithium sind die tragenden Strukturen wie Flügel und Rumpf. Hierbei wird eine Gewichtseinsparung von 10 Prozent gegenüber heutigen Aluminium-Legierungen erwartet. Noch größer sind die Gewinne durch Verwendung von Kohlefaser-Verbundwerkstoffen, bei denen die Gewichtsersparnis bis zu 25 Prozent ausmacht. Dadurch kann der Kraftstoffverbrauch um 4 Prozent gesenkt werden. Kohlefaser-Verbundwerkstoffe (CFK) haben sich bereits in Sekundärstrukturen (Spoiler, Fahrwerktüren) bewährt. Mit dem Seitenleitwerk der A320 ist erstmals eine Primärstruktur aus Kohlefaser gebaut worden, ein Beweis für das Vertrauen, das in den neuen Werkstoff gesetzt wird (**Abb. 11-4**).

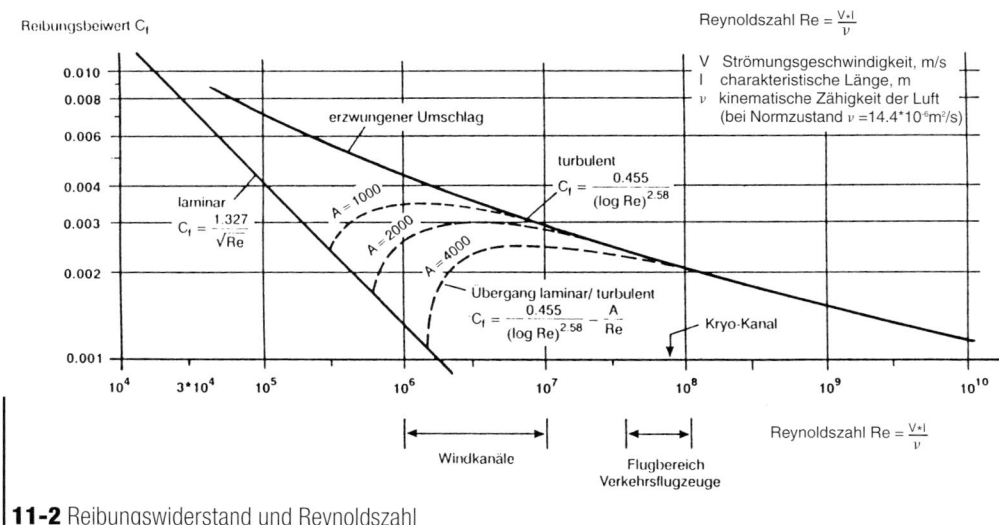

Reibungsbeiwert C_f

Reynoldszahl $Re = \frac{V \cdot l}{\nu}$

V	Strömungsgeschwindigkeit, m/s
l	charakteristische Länge, m
ν	kinematische Zähigkeit der Luft (bei Normzustand $\nu = 14.4 \cdot 10^{-6} m^2/s$)

erzwungener Umschlag

turbulent
$$C_f = \frac{0.455}{(\log Re)^{2.58}}$$

laminar
$$C_f = \frac{1.327}{\sqrt{Re}}$$

A = 1000
A = 2000
A = 4000

Übergang laminar/ turbulent
$$C_f = \frac{0.455}{(\log Re)^{2.58}} - \frac{A}{Re}$$

Kryo-Kanal

Reynoldszahl $Re = \frac{V \cdot l}{\nu}$

Windkanäle

Flugbereich
Verkehrsflugzeuge

11-2 Reibungswiderstand und Reynoldszahl

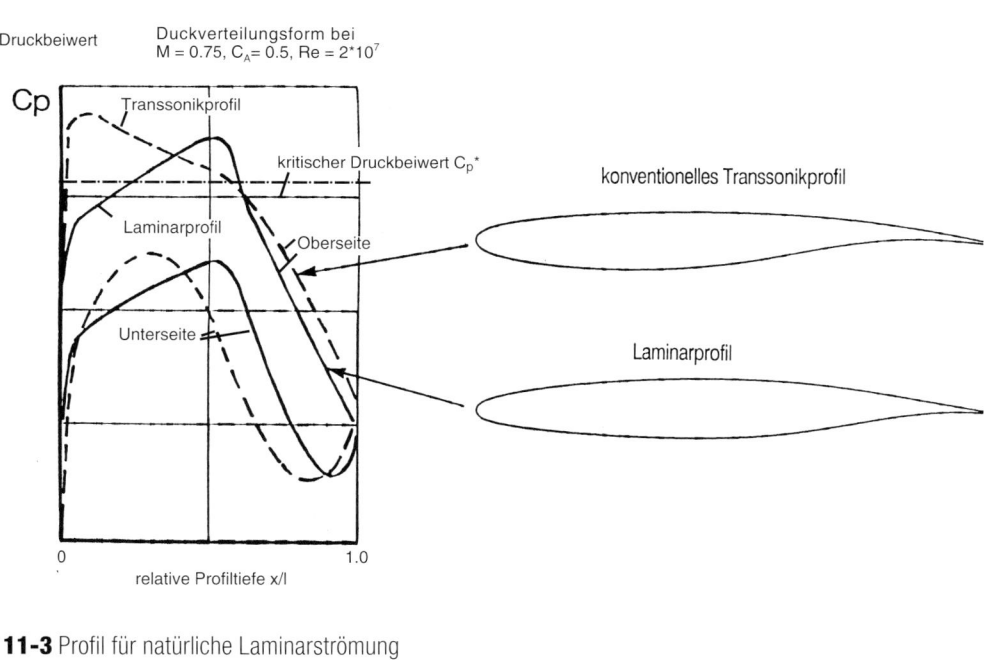

Druckbeiwert

Duckverteilungsform bei
$M = 0.75$, $C_A = 0.5$, $Re = 2 \cdot 10^7$

Cp

Transsonikprofil

kritischer Druckbeiwert C_p^*

Laminarprofil

Oberseite

Unterseite

konventionelles Transsonikprofil

Laminarprofil

0   1.0
relative Profiltiefe x/l

11-3 Profil für natürliche Laminarströmung
und überkritischesProfil

Die Anwendung neuer Bauweisen und Werkstoffe macht nur dann Sinn, wenn die Kosten hierfür vertretbar sind und die Instandhaltung während der Nutzungsphase des Flugzeugs nicht erschwert wird. Mit der Einführung von Verbundwerkstoffen in großem Stil müssen neue Konstruktionsprinzipien erarbeitet werden, die sich von den bisherigen Verfahren mit metallischen Strukturen erheblich unterscheiden. Erst wenn die Risiken der neuen Technologie beherrschbar sind, können die modernen Werkstoffe die bisherigen metallischen Werkstoffe erfolgreich ablösen.

11-4 CFK-Seitenleitwerk Airbus A320

11.3 Antriebstechnik

Die historische Entwicklung des Verkehrsflugzeugs war stets eng verbunden mit der Antriebstechnik, wobei der spektakulärste Entwicklungsschritt die Ablösung des Kolbentriebwerks durch den Gasturbinen-Antrieb darstellte. Der hohe Entwicklungsstand, den die Triebwerktechnik inzwischen erreicht hat, läßt revolutionäre Neuerungen in absehbarer Zeit kaum erwarten, bietet aber noch Spielraum für Verbesserungen einzelner Triebwerk-Komponenten.

Die logische Weiterentwicklung geht in Richtung größerer Nebenstrom-Verhältnisse und höherer Verdichter-Druckverhältnisse mit dem Ziel, den spezifischen Kraftstoffverbrauch weiter zu senken (s. Kap. 6). Diese Entwicklung kann jedoch nicht beliebig weit getrieben werden, denn mit dem Nebenstrom-Verhältnis steigt die Stirnfläche der Triebwerke und damit der aerodynamische Widerstand, wodurch der Gewinn im Kraftstoffverbrauch teilweise wieder aufgezehrt wird. Als Obergrenze wird ein Nebenstrom-Verhältnis von 10:1 angesehen, das beim Triebwerk GE90 von General Electric verwirklicht wird.

Ebenso werden Triebwerke zukünftig mit noch höheren Verdichter-Druckverhältnissen arbeiten: 48:1 gegenüber bislang 30:1. Die Turbinen- Eintrittstemperaturen werden sich dagegen nicht verändern, da anderenfalls die Wartungskosten unverhältnismäßig ansteigen würden. Mit verbesserten Brennkammern, die den Verbrennungsprozeß an den Lastzustand des Triebwerkes anpassen

können, lassen sich die schädlichen Abgas-Emissionen (Stickoxyde) nochmals deutlich senken.

Alle Maßnahmen zusammen lassen eine Verringerung des spezifischen Kraftstoffverbrauchs um etwa 10 Prozent gegenüber dem heutigen Stand erwarten, bei gleichzeitiger Senkung des Lärmpegels und der Abgas-Emissionen. Hierbei wird aber auch erkennbar, daß sich die erzielbaren Verbesserungen in Grenzen halten – ein deutliches Zeichen für den Entwicklungsstand, den Hochbypass-Triebwerke inzwischen erreicht haben.

Eine deutliche Senkung des Kraftstoffverbrauchs erwartet man dagegen von Propfan-Antrieben, die ähnlich wie Turboprop-Antriebe der fünfziger Jahre arbeiten, jedoch Fluggeschwindigkeiten zulassen, die bislang nur von strahlgetriebenen Verkehrsflugzeugen erreicht werden (**Abb. 11-5**). Die Rückwendung vom Strahlantrieb zum Propellerantrieb besitzt wegen des hohen Vortriebs-Wirkungsgrades von 80 Prozent große Attraktivität, doch scheiterte die Anwendung bislang an technischen Schwierigkeiten wie Schall-Ermüdung der Zelle, Notwendigkeit eines schweren Untersetzungsgetriebes, Auslegung der Propellerblätter, technische Zuverlässigkeit der Konstruktion und Lärm. Wenn es gelingt, diese Probleme in den Griff zu bekommen, könnte sich für das Verkehrsflugzeug von morgen eine neue Dimension eröffnen.

11-5 Propfan: Antrieb der Zukunft? (Versuchsträger DC-9, TriebwerkGeneral Electric)

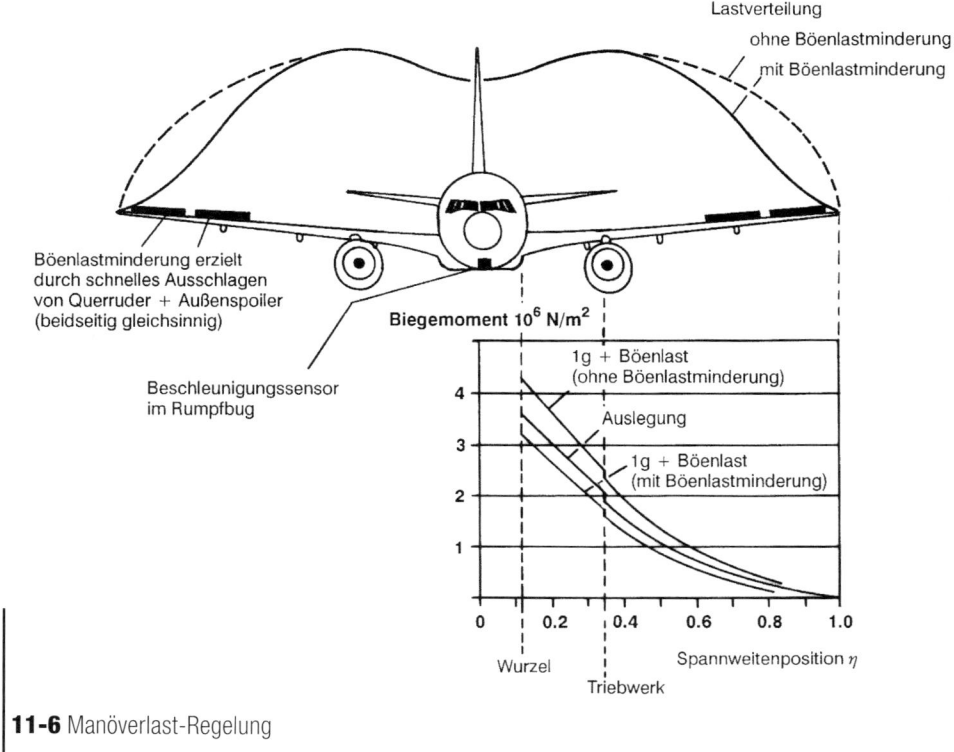

11-6 Manöverlast-Regelung

11.4 Neuartige Steuerungskonzepte

Die Anwendung elektrischer Flugsteueranlagen beeinflußt den Flugzeug-Entwurf von Grund auf, da die möglichen Regelungskonzepte völlig neue Wege zur Verbesserung der Flugleistung eröffnen. Der Begriff des *reglergestützten Flugzeugs* (control configured vehicle, CCV) besagt, daß mit hochwirksamen Steuerungskonzepten Leistungssteigerungen möglich sind, die sich hauptsächlich in einer Reduzierung des Strukturgewichts auswirken. Für Verkehrsflugzeuge können folgende CCV-Konzepte in Zukunft an Bedeutung gewinnen:

- Manöverlast-Regelung (maneuver load control, MLC)
- Böenlast-Abminderung (gust load alleviation, GLA)
- aktive Flatterdämpfung (active flutter suppression).

11.4.1 Manöverlast-Regelung

Verkehrsflugzeuge werden so ausgelegt, daß die Auftriebsverteilung des Flügels nahezu elliptisch ist und im stationären Horizontalflug möglichst geringen Widerstand erzeugt. Bei Flugmanövern wie Abfangen und Kurvenflug muß der Flügel mehr Auftrieb erzeugen, aber die Auftriebsverteilung bleibt ihrem Charakter nach erhalten. Das bedeutet: die Biegebeanspruchung an der Flügelwurzel wird größer, die Struktur muß für die erhöhte Beanspruchung ausgelegt sein (**Abb. 11-6**). Das kostet Gewicht, welches im Reiseflug unproduktiv mitgeführt werden muß. Das Konzept der Manöverlast-Regelung hat eine Umverteilung des Auftriebs zum Ziel, und zwar derart, daß der höhere Auftrieb während des kurzzeitigen Manöverfluges mehr in den rumpfnahen Bereich des Flügels verlagert und zusätzlicher Auftrieb am Außenflügel sogar vernichtet wird. In der Summe bleibt der für den Manöverflug erforderliche Auftrieb erhalten, aber die Auftriebsverteilung hat einen anderen Verlauf (**Abb. 11-6**). Weil der große Auftrieb des In-

11-7 Sechshundert Passagiere auf zwei Decks: Großtransporter der Zukunft (Konzept Airbus A3XX)

nenflügels nur einen kurzen Hebelarm zum Flügel-Anschluß hat, ist das Biegemoment an der Wurzel nicht größer als beim Reiseflug, so daß Material-verstärkungen entbehrlich sind.

Bewerkstelligt wird die Manöverlast-Regelung durch die vorhandenen Klappen und Spoiler. Diese werden (dank der elektrischen Flugsteuerung) so angesteuert, daß Hinterkanten-Klappen im Innenbereich ausfahren und dadurch die Flügelfläche und den Auftrieb vergrößern (ähnlich der variablen Wölbung, s. Kap. 11.1), während Spoiler am Außenflügel gegebenenfalls Auftrieb vernichten müssen (**Abb. 11-6**).

Aus aerodynamischer Sicht ist eine derart »vergewaltigte« Auftriebsverteilung ungünstig, aber die möglichen Gewichtseinsparungen gleichen den Zusatzwiderstand allemal aus, zumal die Zeit des Manöverflugs bei Verkehrsflugzeugen nur kurz ist.

11.4.2 Böenlast-Abminderung

Die größten Störungen des stationären Horizontalflugs gehen von Böen aus. Das Konzept der Böenlast-Abminderung hat zum Ziel, die durch Böen verursachten zusätzlichen Auftriebskräfte abzubauen. Dies bedingt extrem schnelle Verstellmöglichkeiten der Klappen und Spoiler. Die Dämpfung der Böenlasten erhöht den Komfort für die Passagiere, verlängert die Lebensdauer der Zelle (weil die Ermüdungsbelastung geringer ist) und spart Gewicht, weil die Struktur für geringere Böenbelastung ausgelegt werden kann.

11.4.3 Aktive Flatterdämpfung

Flattern ist eine Schwingungsform, die sich aus einer Kopplung von aerodynamischen, elastischen und Trägheitskräften entwickelt (s. Kap. 10.1.3.1). Bei konventioneller Auslegung wird Flattern durch Versteifung der Flügelstruktur verhindert, was zu größerem (unproduktiven) Gewicht führt. Das Konzept der aktiven Flatterdämpfung macht Zusatzversteifungen entbehrlich und führt zur Verringerung des Strukturgewichts. Bewerkstelligt wird die Flatterdämpfung durch schnell verstellbare Klappen, die von einer hierfür entwickelten Elektronik angesteuert werden.

Alle genannten Steuerungskonzepte verlangen hohe Entwicklungskosten, versprechen aber auch Gewinn für die Fluggesellschaften durch leichtere Flugzeuge und besseren Kraftstoffverbrauch. Ihr Einsatz ist jedoch nur dann vertretbar, wenn diese Rechnung aufgeht.

11.5 Großflugzeuge der Superlative

Die zunehmende Überlastung der Flughäfen und des Luftverkehrsnetzes durch die große Anzahl von Flugzeug-Bewegungen begünstigt einen Markt für Flugzeuge mit Kapazitäten von 600 bis 1000 Passagieren, mithin Flugzeuge einer Größenordnung, welche die heute noch als riesig erscheinende Boeing 747-400 mit einem Fassungsvermögen von 412 Passagieren fast als Zwerg erscheinen läßt (**Abb. 11-7**). Da sich das Verkehrsaufkommen bis zum Jahre 2015 gegenüber dem Aufkommen des Jahres 2000 verdoppeln soll (so die Marktvorhersagen), der vorhandene Luftraum aber nicht vermehrbar ist, wird in den zukünftigen »Mega-Carrier«-Flugzeugen ein gangbarer Ausweg gesehen. Die großen Hersteller Boeing und Airbus beschäftigen sich inzwischen intensiv mit derartigen Projekten (z. B. A3XX bei Airbus). Diese Großflugzeuge werden voraussichtlich den gleichen technologischen Standard aufweisen wie die gegenwärtig modernsten Flugzeuge; keineswegs werden Technologien Anwendung finden, die bis zum »Go-Ahead« noch nicht ausgereift sind. Insbesondere die Laminartechnik (zur Verringerung des Reibungswiderstandes) dürfte kaum eine Anwendung erfahren.

Eine große Herausforderung stellt der Entwurf der Passagierkabine dar, denn die Unterbringung so vieler Passagiere ist für die strukturelle Gestaltung des Rumpfes bislang ohne Parallele. Die von Airbus untersuchten Querschnittformen lassen erkennen, wie schwierig die Suche nach einer bestmöglichen Rumpfform ist.

Ganz neue Probleme werden auf die Flughäfen zukommen, die bei der Abfertigung mit großen Passagierzahlen fertig werden müssen, insbesondere wenn mehrere dieser Flugzeuge in kurzen Zeitabständen ankommen oder abfliegen. Ebenso müssen die Start- und Rollbahnen imstande sein, Flugzeuggewichte von über 500 Tonnen zu tragen (gegenüber 350 Tonnen bei der Boeing 747-400). Schließlich müssen die Flugsteige Spannweiten von 85 Metern akzeptieren (gegenüber maximal 64 Metern bei der Boeing 747), ohne daß nebeneinander abgestellte Flugzeuge miteinander in Berührung kommen.

Man erkennt, daß die vermeintliche Lösung *eines* Problems ungewollt neue Probleme schafft. Für Ingenieure bleibt noch viel zu tun.

Schlußbemerkung

In den vorangegangenen Kapiteln konnten wir einen Einblick gewinnen in die vielfältigen technischen Bereiche, die gerade mit dem Flugzeug verbunden sind.

Die Entwicklung steht jedoch nicht still. Dies betrifft sowohl die Hersteller wie auch ihre Produkte. So sah das Ende des 20. Jahrhunderts eine beispiellose Konzentration bei den Flugzeugherstellern. Mit der Übernahme von McDonnel-Douglas durch Boeing im Jahre 1997 verschwanden die vertrauten »DCs« aus der Angebotsliste; Lockheed hatte sich schon 1985 vom zivilen Flugzeugmarkt verabschiedet, nach 249 fertiggestellten Exemplaren seiner »L-1011 Tristar«. Europa bemüht sich seinerseits um Wettbewerbsfähigkeit, indem es seine Flugzeug-Industrie unter dem Airbus-Dach konzentriert. Somit wird es zu Beginn des 21. Jahrhunderts nur noch zwei große Anbieter von zivilem Fluggerät geben, Boeing und Airbus.

Was bringt die Zukunft?

Alle Vorhersagen gehen von einem weiteren Anwachsen des Luftverkehrs aus. Bis zum Jahre 2015 wird eine Verdoppelung gegenüber dem Jahr 2000 erwartet. Andererseits ist eine Verdoppelung der Flughäfen oder gar des Luftraumes ausgeschlossen – ein Dilemma, das völlig neuartige technische wie auch politische Lösungskonzepte erfordert. Dies könnte bedeuten:

- für vielbeflogene Flughäfen wie Frankfurt, London-Heathrow, Paris CDG eine dichtere Staffelung der anfliegenden Flugzeuge, wobei der hohe Sicherheitsstandard nicht beeinträchtigt werden darf;
- die Verlagerung der Luftfracht auf ehemalige Militärflughäfen;
- Interkontinentalflüge auch von Sekundärflughäfen aus;
- Aufgabe des Kurzstreckenverkehrs und Verlagerung auf die Schiene.

Die Zukunft wird zeigen, wie die Gesellschaft mit dieser Herausforderung fertig geworden ist.

Ein Wort des Dankes

Das Material zu diesem Buch wurde aus vielen Quellen zusammengetragen. Ich möchte mich auf diesem Wege bei folgenden Firmen und Institutionen bedanken:

- Airbus Industrie, Toulouse
- Daimler-Benz Aerospace Airbus, Hamburg
- Centre d'Etudes Aeronautique Toulouse
  (CEAT)
- Aerospatiale, Toulouse
- British Aerospace Airbus, Filton, England
- McDonnel Douglas, Long Beach, USA
- Lockheed Corporation, Los Angeles, USA
- Boeing Airplane Corporation, Seattle, USA
- General Electric, Cincinnati, USA
- Pratt&Whitney, East Hartfort, USA
- Rolls-Royce, Derby, England
- Deutsche Lufthansa, Köln
- Swissair, Zürich

Mein besonderer Dank gilt Mdm. Francoise Trupiano und Dipl.-Ing. Ivan da Cruz, Airbus Industrie Toulouse, sowie Dipl.-Ing. Heinrich Rekersdrees, DA Toulouse.

Meinen Kollegen in Bremen und Hamburg, den Diplom-Ingenieuren U. Graeber, A. Flaig, G. Pattenhausen, W. Brix, F.-R. Brühl, R. vom Baur, G. Mewing und K.-D. Klevenhusen danke ich für zahlreiche Hinweise und Diskussionen. Schließlich bedanke ich bei meiner Frau für ihre Geduld und ihre Unterstützung während der Erstellung des Manuskriptes.

Klaus Hünecke

Anhang

Einheitensysteme

Im praktischen Gebrauch befinden sich gegenwärtig drei Einheitensysteme:

- Internationales Einheitensystem (SI, metrisch);
- Technisches Einheitensystem (metrisch);
- Angelsächsiches Einheitensystem (Zoll).

Das Internationale Einheitensystem ist vorzugsweise zu verwenden und soll die übrigen Systeme ersetzen. Während die europäischen Staaten den Übergang größtenteils vollzogen haben, halten die USA (als größter Industriestaat der Erde) noch weitgehend am angelsächsischen System fest. Die hohen Kosten einer Umstellung und angestammte Gewohnheiten haben wiederholte Versuche zur Einführung des Internationalen Einheitensystems immer wieder scheitern lassen (Allerdings wurde die Boeing 767 erstmals im metrischen System vermaßt).

In diesem Buch wird grundsätzlich das Internationale Einheitensystem verwendet, doch werden mitunter die anderen Einheitensysteme zusätzlich benutzt, wenn dies international üblich ist (beispielsweise Geschwindigkeitsangaben zusätzlich in Knoten). Die erforderlichen Umrechnungen sind in der nebenstehenden Tabelle gegeben.

Das Internationale Einheitensystem verwendet sechs Grundgrößen, von denen vier in der Flugtechnik von großer Bedeutung sind:

- der Meter (m) als Einheit der Länge;
- das Kilogramm (kg) als Einheit der Masse;
- die Sekunde (s) als Einheit der Zeit;
- das Grad Kelvin (K) als Einheit der Temperatur.

Die übrigen Einheiten, beispielsweise Kraft, Energie, Leistung, Druck, sind abgeleitete Einheiten.

Griechische Symbole

Zur Kennzeichnung physikalischer und mathematischer Größen werden oftmals Buchstaben des griechischen Alphabets verwendet, entweder für sich allein (z.B. α für den Anstellwinkel) oder in Verbindung mit einem lateinischen Buchstaben (z.B. ΔA fürAuftriebsdifferenz). Nachfolgend sind die verwendeten griechischen Symbole mit Bedeutung tabellarisch zusammengestellt.

Standard-Atmosphäre

Für flugtechnische Anwendungen ist die Änderung des Zustandes der Luft in Abhängigkeit von der Flughöhe wichtig (Druck, Temperatur, Dichte). Wegen ständiger atmosphärischer Schwankungen je nach Wetterlage wurde durch internationale Vereinbarung eine Norm-Atmosphäre geschaffen, die beobachtete Mittelwerte annähert.

Für den Normzustand in Meereshöhe wurden folgende Werte vereinbart:
- Druck p = 1.01325 bar = 101325 N/m^2
- Dichte ρ = 1.225 kg/m^3
- Temperatur t = 288 K (15 C)
- Temperatur-Abnahme mit der Höhe dt/dh = - 6.5 grd/km

Umrechnungen zwischen Einheitensystemen

Größe	Angelsächsisches System	Umrechnung
Länge	inch (in) = Zoll foot (ft) = Fuß statute mile = Landmeile nautical mile = Seemeile	1 inch = 2.54 cm 1 ft = 0.3048 m 1 st. mile = 1.609 km 1 nm =1.852 km
Masse	pound mass (lbm)	1 lbm = 0.4536 kg
Druck	pound/square inch 1lb/sq in = 0.07 kp/cm²	1 lb/sq in = 0.069 bar
Leistung	horse-power (hp)	1 hp = 0.746 kW = 1.0139 PS
Geschwindigkeit	knot (kt) = 1 nm/h (Knoten) foot/minute (ft/min)	1 kt = 1.852 km/h 1 ft/min = 0.005 m/s
Temperatur	Absolute Temperatur in Grad Rankine (R)	1 R = 5/9 K

Symbol	Aussprache	Bedeutung
α	Alfa	Anstellwinkel
β	Beta	Schiebewinkel
γ	Gamma	Neigung der Flugbahn
δ	Delta	Ruderwinkel
Δ	Delta	Differenz
ϵ	Epsilon	Abwindwinkel
η	Eta	bezogene Halbspannweite
κ	Kappa	Verhältnis der spezifischen Wärmen
Λ	Lambda	Streckung (internat.: A oder AR für aspect ratio)
λ	klein-Lambda	Zuspitzung (Flügel)
ρ	Rho	Luftdichte
Σ	Sigma	Summenzeichen
φ	Phi	Winkel, Flügelpfeilung
ν	Nü	kinematische Zähigkeit der Luft

Höhe H (km)	Druck p (bar)	Dichte ρ (kg/m3)	Temp. (C)
0	1.013	1.225	15.0
1	0.899	1.111	8.5
2	0.795	1.008	2.0
3	0.701	0.909	-4.5
4	0.616	0.820	-11.0
5	0.601	0.736	-17.5
6	0.472	0.660	-24.0
7	0.410	0.589	-30.5
8	0.356	0.526	-37.0
9	0.307	0.467	-43.5
10	0.264	0.413	-50.0
11	0.226	0.364	-56.5
12	0.194	0.311	-56.5
über 12 km	weiter abfallend	weiter abfallend	konstant

Internationales und Technisches Einheitensystem

Größe	Einheit	Definition SI	Technisches Einheitensystem
Kraft	Newton N	$1N = 1\,\dfrac{mkg}{s^2}$	$1\,kp = 9.81\,N$
Energie	Joule N	$1J = 1Nm = 1\,\dfrac{m^2\,kg}{s^2}$	$1\,mkp = 9.81\,J$
Druck	Bar	$1\,bar = 10^5\,\dfrac{N}{m^2}$	$1\,kp/cm^2 \approx 1\,bar$
	Pascal Pa	$1Pa = \dfrac{N}{m^2}$	
Leistung	Watt W	$1W = 1\,\dfrac{J}{s} = 1\,\dfrac{m^2kg}{s^3}$	$1PS = \dfrac{75\,mkp}{s} =$ $= 0.736\,kW$

Literaturverzeichnis

Nivet, R.
Airlines' Approach to Aircraft Selection
Journal of the Royal Aeronautical Society,
Dec. 1962

Neue Antriebe und ihre Chancen
Gedanken zur Flottenpolitik der Lufthansa
Aerokurier 9/1985, S. 946-952

Schairer, G. S.
Aircraft Design: Present and Future
AIAA paper 64-533

Hünecke, K.
Flugtriebwerke- Ihre Technik und Funktion
Motorbuchverlag, Stuttgart, 1989
ISBN 3-87943-703-3

Dickinson, B.
**Aircraft Stability and Control for Pilots
and Engineers**
Pitman, London

Hafer, X.; Sachs, G.
Flugmechanik
Springer Berlin Heidelberg New York, 1980
ISBN 3-540-10072-5

Perkins, C.D.; Hage, R.E.
Airplane Performance Stability and Control
John Wiley & Sons, Inc., New York London
Sidney, 1967

Hünecke, K.
**Das Kampfflugzeug von heute -
Technik und Funktion**
Motorbuchverlag, Stuttgart, 1989
ISBN 3-87943-407-7

Etkin, B.
Dynamics of Flight Stability and Control
John Wiley & Sons, Inc., New York London, 1963
Library of Congress Catalog 59-5884

McCormick, B.W.
Aerodynamics, Aeronautics and Flight Mechanics
John Wiley & Sons, Inc., New York Toronto, 1979
ISBN 0-471-03032-5

Just, W.
Flugmechanik
Verlag Flugtechnik Stuttgart, 1965

Oates, G.C.
**Aircraft Propulsion Systems
Technology and Design**
AIAA Education Series
AIAA Inc., Washington DC, 1989
ISBN 0-930403-24-X

Mattingly, J.D.
Aircraft Engine Design
AIAA Education Series
AIAA Inc., Washington DC, 1987
ISBN 0-930403-23-1

Anon.
Airframe/Engine Integration
AGARD Lecture Series 53, 1972

Anon.
Airframe/Propulsion Interference
AGARD CP-150, 1974

Anon.
Aerodynamics of Power Plant Installation
AGARD Conference Proceedings 301, 1981

Dusa, D.; Lahti, D.J.; Berry,D.
**Investigation of Subsonic Nacelle Performance
Improvement Concept**
AIAA/SAE/ASME 18th Joint Propulsion Conf.
AIAA-82-1042

DIN 9020
Masseaufteilung für Luftfahrzeuge
Teil 1 bis 4
Beuth Verlag, Berlin, 1983

Torenbeek, E.
Synthesis of Subsonic Airplane Design
Delft Universitiy ress, 1988
Raymer, D. P.

Aircraft Design:
A Conceptual Approach
AIAA Education Series, 1989
ISBN 0-930403-51-7

Field, G.G.
MD-11 design – evolution, not revolution
AIAA paper 87-2928

Hancock, G.J. ; Wright, J.R.
On the teaching of the principles of wing
flexure-torsion flutter
Aeronautical Journal, Oct. 1985

Bisplinghoff, R.L.; Ashley, H.; Halfman, R.L.
Aeroelasticity
Addison-Wesley Publishing Company
Reading, Mass.

Böge, A.
Mechanik und Festigkeitslehre
Vieweg-Verlag, Braunschweig

Anon.
Aircraft Stalling and Buffeting
AGARD Lecture Series No. 74, 1975

Anon.
Introduction to unsteady aerodynamics
ESDU 82020

Dommasch, D.O.; Sherby, S.S.; Connolly, T.F.
Airplane Aerodynamics
Pitman Publishing Corporation, New York, 1967

Bruhn, E.F.
Analysis and design of flight vehicle structures
Jacobs & Associates, Indianapolis, 1973

Sachregister

A
Auftrieb 37, 45

B
Baugruppen 134 ff
Beiwerte, aerodynamische 44
Belastung 174 ff
Bezugssystem 32
Blockzeit 23
Böenlast 183
Brennkammer 115

C
Cockpit 140 ff

D
Druckbeiwert 39
Dutch roll 107

E
Einlauf 122
Entwurf 27
–, Tragflügel 54

F
Fadec-Regler 125
Flattern 178
Flügel 33
Flügeldicke 35
Flügeltiefe 34
Flugdauer 154
Flugleistung 144 ff
Flugprofil 23
Flugsteuerung 142

G
Gewichte 134 ff
Grenzschicht 41

H
Höhenleitwerk 37, 68, 88, 101
Hochauftrieb 59
Horizontalflug 148

I
Instrumentierung 140 ff

Integration, Triebwerk-Zelle 129
Isobaren-Konzept 57

K
Klappen 59 ff
Kosten 23
Kräfte 147
Kurzstrecke 21

L
Landung 170 ff
Langstrecke 23
Längsbewegung 77, 92
Längsmoment 50
Längsstabilität, statische 78
Längssteuerbarkeit 83
Lebensdauer 175
Leitwerke, Aerodynamik 67

M
Machzahl 86
Manöverlast 181
Manöverpunkt 84
Mittelstrecke 22

N
Neutralpunkt 81
Nutzlast 139

P
Pfeilung 35, 56
Phasen, Entwurf 27 ff
Profilstömung 39

R
Reichweite 139, 154
Reynoldszahl 42
Richtungsstabilität 94
Ruder-Umkehr 179
Rumpf 36, 71

S
Schub, erforderlicher 148
Schub, verfügbarer 150
Schubdüse 121
Schwerpunktlage 82, 88, 89
Seitenbewegung 93
–, dynamische 105
Seitenleitwerk 37, 69, 100

Sinkflug 157
Stabilität 75 ff
Start 157 ff
Steigflug 155
Steuerbarkeit 75 ff
–, Mindestgeschwindigkeit 103
Spannweite 34

T
Tragfügelprofil 38
–, transsonisches 52
Triebwerk 109 ff
–, Systeme 124
–, Cockpit-Anzeige 128
Turbine 117

U
Überschall 50

V
V-n-Diagramm 184
V-Stellung 36, 98
Verdichter 113
Verwindung 36, 58

W
Werkstoff-Ermüdung 175
Widerstand 41, 47

Z
Zeitplan 30
Zuspitzung 34

Faszination Luftfahrt

http://www.flug-revue.rotor.com

FLUG REVUE zeigt Ihnen monatlich die ganze Welt der Militär- und Zivil-Luftfahrt: mit den Top-News, aktuellen Hintergrundberichten und Reportagen über Raumfahrt, Luftfahrt-Wirtschaft und Technik. Dazu die faszinierende Serie „Superlative der Luftfahrt", Portraits legendärer historischer Flugzeuge plus Tips und Infos für Modellbauer.

Monatlich aktuell am Kiosk!